"十四五"时期国家重点出版物
出版专项规划项目

水体污染控制与治理科技重大专项"十三五"成果系列丛书
重点行业水污染全过程控制技术系统与应用标志性成果
流域水污染治理成套集成技术丛书

食品加工行业
水污染治理成套集成技术

◎ 孔英俊 杭晓风 陆文超 等 编著

化学工业出版社
·北京·

内 容 简 介

本书为"流域水污染治理成套集成技术丛书"中的一个分册，以食品加工行业水污染治理技术集成为主线，首先详细介绍了食品加工行业水污染控制现状及存在的问题，然后从水污染全过程控制的角度系统地总结了"十一五"以来水污染控制技术在食品加工领域所取得的成果；其中，清洁生产成套技术包括赖氨酸高效发酵与结晶分离技术、大豆蛋白多级逆流固液提取技术、糖醛清洁生产技术、酶法脱胶技术、淀粉糖脱盐技术；末端处理成套技术包括味精废水处理技术、酒精废水处理技术、果汁加工废水处理技术、大豆分离蛋白废水处理技术。最后详细阐述了食品加工行业水污染全过程控制的理念及方案设计案例。

本书具有较强的技术应用性和针对性，可供从事食品加工生产和环境保护工作的工程技术人员、科研人员及管理人员参考，也可供高等学校环境科学与工程、食品科学与工程及相关专业师生参阅。

图书在版编目（CIP）数据

食品加工行业水污染治理成套集成技术/孔英俊等
编著. —北京：化学工业出版社，2020.12
（流域水污染治理成套集成技术丛书）
ISBN 978-7-122-38170-5

Ⅰ.①食 … Ⅱ.①孔 … Ⅲ.①食品工业-水污染防治
Ⅳ.①X52

中国版本图书馆 CIP 数据核字（2020）第 243709 号

责任编辑：刘兴春　刘兰妹　　　　　装帧设计：史利平
责任校对：宋　夏

出版发行：化学工业出版社（北京市东城区青年湖南街 13 号　邮政编码 100011）
印　　装：北京建宏印刷有限公司
787mm×1092mm　1/16　印张 14¾　字数 295 千字　2022 年 5 月北京第 1 版第 1 次印刷

购书咨询：010-64518888　　　　　售后服务：010-64518899
网　　址：http://www.cip.com.cn
凡购买本书，如有缺损质量问题，本社销售中心负责调换。

定　　价：128.00 元

前　言

改革开放以来，我国食品加工业在强烈的消费升级的推动下平稳健康地发展。随着产业结构不断调整优化，行业效益和规模在持续扩大，食品加工业的发展和取得的成就，对于促进经济的增长，提高人民的生活水平以及促进就业等方面都起到了重要作用。但食品加工业快速发展的同时也消耗了大量的资源，如粮食和水，并产生了大量的废水和废弃物，食品加工业带来经济利益的同时也造成了一定的环境污染和破坏。

当前中国食品加工业以以农副食品为原料的初加工为主，存在过程副产物和废弃物产生量大、资源利用率不高等问题。因此，随着食品加工业产品产量的增加，废水和废弃物的产量也在逐年增加。食品加工废水和废弃物中大多含有大量的营养物质，如果合理利用可节约资源并促进农副产业的发展，如果不加以利用或处理不当则将给环境带来极大的负担。

"水体污染控制与治理"国家科技重大专项在食品加工水污染控制方面给予了极大的支持，提出了水污染全过程控制的理念，在此理念的指导下科研人员进行了大量的研究，产生了很多先进的技术。本书从水污染全过程控制的角度系统地总结了"十一五"以来水污染控制技术在食品加工领域所取得的成果，不仅汇集了各项技术在原理上取得的突破，而且对技术的使用效果进行了详细的阐述，为新技术的推广应用与发展提供依据与支持。本书的出版可供从事食品加工生产和环境保护工作的工程技术人员、科研人员及管理人员参考，也可供高等学校环境科学与工程、食品科学与工程及相关专业师生参阅。

本书架构由中国科学院过程工程研究所孔英俊提出，并负责组织人员编著。全书主要由孔英俊、杭晓风、陆文超、檀胜编著；另外，高建萍、张扬、邢芳毓、孙红英、石绍渊、张笛、贺延龄、崔炜、徐红彬、隋红、吕波等参与了部分内容的编著。

限于编著者的水平和编著时间，书中难免有疏漏和不足之处，敬请读者和同仁予以指正。

编著者
2020 年 10 月

目 录

第1章 概述 ……………………………………………… 1

1.1 ▶ 食品加工行业简介 ……………………………………… 1
1.1.1 食品加工业的经济地位 …………………………… 1
1.1.2 食品加工业发展情况 ……………………………… 2

1.2 ▶ 食品加工行业水污染概况 ……………………………… 4
1.2.1 食品加工行业水污染主要控制指标 ……………… 4
1.2.2 食品加工行业水污染的来源 ……………………… 6
1.2.3 食品加工行业水污染的特点 ……………………… 6
1.2.4 食品加工行业水污染危害 ………………………… 8

1.3 ▶ 食品加工行业水污染控制技术现状 …………………… 9
1.3.1 食品加工行业水污染控制技术分类 ……………… 11
1.3.2 食品加工行业水污染控制技术现状 ……………… 18

1.4 ▶ 食品加工行业废水污染控制相关政策 ………………… 23
1.4.1 食品加工行业废水污染控制相关标准 …………… 23
1.4.2 食品加工行业废水污染控制面临的问题 ………… 26

参考文献 …………………………………………………… 29

第2章 食品加工行业典型清洁生产成套技术 …………… 31

2.1 ▶ 赖氨酸高效发酵与结晶分离技术 ……………………… 31
2.1.1 技术简介 …………………………………………… 31
2.1.2 适用范围 …………………………………………… 33
2.1.3 技术就绪度评价等级 ……………………………… 33
2.1.4 技术指标及参数 …………………………………… 33
2.1.5 主要技术优势及经济效益 ………………………… 36
2.1.6 工程应用及第三方评价 …………………………… 37

2.2 ▶ 大豆蛋白多级逆流固液提取技术 ……………………… 38

2.2.1 技术简介 ·· 38
2.2.2 适用范围 ·· 38
2.2.3 技术就绪度评价等级 ·································· 39
2.2.4 技术指标及参数 ·· 39
2.2.5 主要技术优势及经济效益 ···························· 45
2.2.6 工程应用及第三方评价 ································ 45

2.3 ▶ 糠醛清洁生产技术 ·· 45
2.3.1 技术简介 ·· 45
2.3.2 适用范围 ·· 47
2.3.3 技术就绪度评价等级 ·································· 47
2.3.4 技术指标及参数 ·· 47
2.3.5 主要技术优势及经济效益 ···························· 70
2.3.6 工程应用及第三方评价 ································ 70

2.4 ▶ 酶法脱胶技术 ·· 70
2.4.1 技术简介 ·· 70
2.4.2 适用范围 ·· 70
2.4.3 技术就绪度评价等级 ·································· 70
2.4.4 技术指标及参数 ·· 71
2.4.5 主要技术优势及经济效益 ···························· 79

2.5 ▶ 淀粉糖脱盐技术 ·· 80
2.5.1 技术简介 ·· 80
2.5.2 适用范围 ·· 84
2.5.3 技术就绪度评价等级 ·································· 84
2.5.4 技术指标及参数 ·· 84
2.5.5 主要技术优势及经济效益 ···························· 103
2.5.6 工程应用及第三方评价 ································ 103

参考文献 ··· 104

第3章 食品加工行业典型水污染末端处理成套技术 ············· 105

3.1 ▶ 味精废水处理技术 ·· 105
3.1.1 技术简介 ·· 105
3.1.2 适用范围 ·· 106
3.1.3 技术就绪度评价等级 ·································· 106
3.1.4 技术指标及参数 ·· 106
3.1.5 主要技术优势及经济效益 ···························· 149
3.1.6 工程应用及第三方评价 ································ 149

3.2 ▶ 酒精废水处理技术 ································· 150
    3.2.1 技术简介 ······································ 150
    3.2.2 适用范围 ······································ 150
    3.2.3 技术就绪度评价等级 ······················ 150
    3.2.4 技术指标及参数 ··························· 150
    3.2.5 主要技术优势及经济效益 ··············· 194
    3.2.6 工程应用及第三方评价 ·················· 194

3.3 ▶ 果汁加工废水处理技术 ······················ 195
    3.3.1 技术简介 ······································ 195
    3.3.2 适用范围 ······································ 195
    3.3.3 技术就绪度评价等级 ······················ 195
    3.3.4 技术指标及参数 ··························· 195
    3.3.5 主要技术优势及经济效益 ··············· 198
    3.3.6 工程应用及第三方评价 ·················· 199

3.4 ▶ 大豆分离蛋白废水处理技术 ················· 199
    3.4.1 技术简介 ······································ 199
    3.4.2 适用范围 ······································ 199
    3.4.3 技术就绪度评价等级 ······················ 200
    3.4.4 技术指标及参数 ··························· 200
    3.4.5 主要技术优势及经济效益 ··············· 209
    3.4.6 工程应用及第三方评价 ·················· 210

参考文献 ·· 210

第4章 食品加工行业水污染全过程控制 ················· 212

4.1 ▶ 水污制全过程控制理念 ······················ 212
4.2 ▶ 食品加工行业水污染全过程控制方案 ······· 212
    4.2.1 水污染源解析 ······························ 212
    4.2.2 水污染控制技术评估 ······················ 216
4.3 ▶ 食品加工行业水污染全过程控制方案设计案例 ··· 224
    4.3.1 凉果行业水污染全过程控制设计 ········· 224
    4.3.2 大豆加工行业水污染全过程控制设计 ····· 226

参考文献 ·· 227

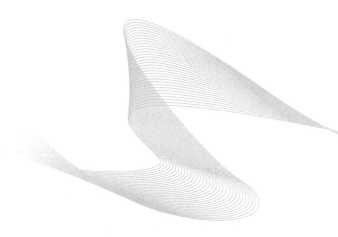

第1章 概 述

1.1 食品加工行业简介

食品加工，是指直接以农、林、牧、渔业产品为原料进行的谷物磨制、饲料加工、植物油和制糖加工、屠宰及肉类加工、水产品加工，以及蔬菜、水果和坚果等食品加工的活动，是广义农产品加工业的一种类型。食品加工是关系国计民生的"生命工业"，也是一个国家、一个民族经济发展水平和人民生活质量的重要标志。

根据《国民经济行业分类》（GB/T 4754—2017），与食品加工业相关的分类包括农副食品加工业，食品制造业，酒、饮料和精制茶制造业三个行业。

1.1.1 食品加工业的经济地位

食品加工业是第二产业中的一个行业集群，是连接第一产业（农林牧渔业）和第三产业（主要是服务业）的重要纽带。作为国计民生的生命工业，在国民经济中有着其自身特殊的地位和作用。其基本特点如下。

食品加工业的关联产业众多。首先，我国食品加工业的发展与第一产业联系紧密，二者是相互促进的关系。食品加工业是与第一产业连接最紧密的下游产业，是其生产的延续，发展的进一步深化，第一产业的发展为食品加工业提供了充足的原材料，而且第一产业的发展规模对食品加工业具有决定性作用。食品加工业的原料几乎全部来自农业，食品加工业的发展亦对农业生产具有积极作用，可为农业的健康发展提供广阔的市场，并能提高农民的收入和生活水平；反过来，农业的健康发展和农民收入的提高也会促进食品加工业的发展。其次，食品加工业作为工业行业的一种，还能带动机械工业、包装等行业的发展，推动行业内部的协调发展和有序运行。最后，食品加工业企业制造出产品后，需要经过流通、运输、消费等环节才能进入市场，进而拉动了以服务业为主的第三产业的发展。

此外，食品加工业的发展对于提高居民收入，促进就业，保持经济合理增长，保持社会治安稳定等方面具有重要作用。尤其对于中国这样的人口大国，比世界其他国家有更多的食品需求，因此食品加工在中国的意义更为深远重大。作为农业产业化的主要推动力，中国食品加工业的发展对于有效解决农村发展、农业增效、农民增收的"三农"问题，增加财政收入，实现社会充分就业，保持经济持续、合理的增长等方面都具有重要作用。

1. 1. 2　食品加工业发展情况

自 1978 年改革开放以来，特别是 2001 年加入 WTO 以来，中国社会经济得到了快速发展，人民生活水平大幅度提高，在原料供给充足、市场需求旺盛和科技进步的推动下，中国食品加工业快速发展。现已成为门类齐全，既能满足国内市场需求又具有一定出口竞争力的产业。

总体来看中国食品加工业的发展呈现如下特点。

（1）食品加工业的产值不断增长，经济效益稳步提高

加入 WTO 后，由于出口需求的增加，宏观经济的快速增长，中国食品加工业的增长迎来了更好的机遇。

2000 年，我国食品加工业产值仅为 0.50 万亿元，到 2016 年则达到 9.24 万亿元，16 年间食品加工业产值增加了 17.48 倍，年均增速达到 19.99%，增长速度远高于包括美国、日本在内的经合组织 30 多个成员国的平均增速水平（2.30%）。

就经济效益而言，在企业改制和技术进步的推动下，中国食品加工业的效益不断提升。2000～2016 年，中国食品加工业的企业数量、工业产值及利润总额等各项经济指标总体保持增长趋势，且增速较大（图 1-1、图 1-2）。

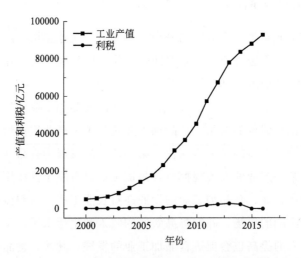

图 1-1　2000～2016 年中国食品加工业产值和利税情况

对相关资料进行统计得出：2016 年，食品加工业企业数量 35054 家，其中从业人员达 628.55 万人，企业平均从业人数为 179 人，与 2000 年相比，平均每个企业从业人数减少 62 人，数据表明，我国食品加工业劳动生产率有所提高；2000年，企业利润总额为 123.53 亿元，到 2016 年增至 5707.01 亿元，16 年间食品加工业利润总额增加了 45.20 倍，这表明我国食品行业企业效率变化显著。据国家统计局统计，2016 年食品加工业累计总产值达 9.28 万亿元，其资产占全国工业的

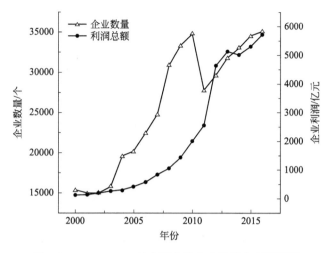

图 1-2　2000～2016 年中国食品企业数量和利润情况

7.1%，主营业务收入占 10.4%，利润总额占 12.0%。食品加工业行业职工人数达 628.55 万人，占全国工业企业职工总人数的 6.63%。

（2）主要食品产量大幅度增加，产品结构不断优化

随着国内外市场需求快速增长，食品加工业主要产品产量大幅提高，其中增幅较大的主要有小麦粉、液体奶、食用油、乳及乳制品、罐头、水产加工品、方便主副食品、礼品食品等。此外，中国食品加工业的产品结构趋于优化。粮食加工业中特等米和标一米占大米总产量的 92% 以上，液体乳产量占乳制品产量的比例提高到 90% 以上，软饮料制造业形成了包装饮用水、果蔬饮料、碳酸饮料、茶饮料等多元化发展的态势。其原因主要是由于居民收入水平的提高，人们的保健意识增强，食品消费结构逐渐发生了变化。

（3）主要食品生产的优势区域布局渐趋合理，企业集群式发展的格局日渐形成

随着各地农产品生产基地和食品消费市场的不断发展，初步形成了一批食品生产企业密集区和多个优势农产品加工产业带。例如，东北及内蒙古东部玉米、大豆加工产业带，华北、东北、西北地区乳制品加工产业带，黄淮海地区优质专用小麦加工产业带，长江流域优质油菜加工产业带，华东、华北、中南、西南猪牛羊禽肉加工产业带，东南沿海、黄渤海出口水产品加工产业带以及广西、云南糖料加工产业带，这些产业带的形成，使得主要食品生产呈现出集群式发展的特色和较为合理的区域布局。

（4）食品企业组织结构进一步优化，生产集中度逐步提高

随着我国食品加工业兼并、重组步伐的加快，一批具有市场竞争优势的骨干食品企业发展壮大，成长起一批知名企业和名牌产品，名优产品的市场份额明显提高。部分食品行业的生产集中度达到较高水平，其中，乳制品行业十强企业销售收入占全行业的 54.7%，饮料行业十强企业产量占全行业的 39.5%，制糖行业十强企业产量占全行业的 43.6%，啤酒行业 3 大企业集团的产量合计占全行业

的 31.6%。

（5）食品加工业出口创汇平稳发展，出口额逐年增加

进出口结构变化较大，在经历了全球贸易迅速增长之后，全球商品出口贸易增长趋缓，而中国商品出口占全球出口比重不断上升。1989 年、1999 年和 2008 年分别为 1.7%、3.6% 和 9.1%，贸易排名由第 14 位、第 9 位跃居世界第 2 位。近年来，中国食品加工业对外贸易呈现出递增趋势。尤其是 2008 年，食品进出口总额增长率达 38.9%，全国食品出口 323.41 亿美元，增长 29%，进口总额 306.68 亿美元，增长 51%，实现食品进出口贸易顺差 16.73 亿美元。

食品加工业的发展从长远的和宏观的因素来看，主要是工业结构的变迁、产业的升级、服务业和高技术行业的不断兴起，但科技的不断进步是根本的推动力。

短期主要是"需求的拉动"和"农产品生产的推动"两方面的作用。首先，从需求拉动的角度来看，在经济增长过程中，随着人们收入的不断提高，食品消费支出在人们生活消费支出中所占的比重将不断降低，这是一个客观规律（恩格尔定律）。其次，从农产品生产的角度来看，随着经济的增长，农业生产在国民经济中的份额也呈不断下降的趋势，即随着经济的增长，农产品的生产、供给将呈现相对递减的趋势，从而使食品加工业原料的供给受到制约。

当前中国食品加工业还是以农副食品加工原料的初加工为主，过程副产物和废弃物产生量大，而低产污的精细加工比例低，尚处于成长期。因此，随着食品加工业产量的增加，副产物和废弃物的产量也在逐渐增加。这些副产物大多可作为农田肥料，有的则是富含营养物质的饲料，如果合理利用可节约资源并促进农副业的发展，如果不加以利用或利用不当，则将成为主要的环境污染源。

1.2 食品加工行业水污染概况

食品加工工艺都具有一定的独特性。食品加工又有一定的季节性，一种产品往往只在一个季节里加工，其他季节则处于停产状态，其产量也是从一个范围到另一个范围变化着。因此食品加工业的废水来源、废水排放量和废水特征各有不同。

1.2.1 食品加工行业水污染主要控制指标

食品废水中主要涉及以下几个指标。

（1）BOD_5

五日生化需氧量（biochemical oxygen demand after 5 days，BOD_5），在 20℃下，5d 微生物氧化分解有机物所消耗水中溶解氧量。第一阶段为碳化（C-BOD），第二阶段为硝化（N-BOD）。

（2）COD

化学需氧量（chemical oxygen demand，COD），去除 COD 的氧化剂主要有

$KMnO_4$ 和 $K_2Cr_2O_7$。COD_{Cr}测定简便快速,不受水质限制,可以测定有毒的工业废水,是代替 BOD_5 的指标。也可以看作还原物的量。

COD_{Cr}可近似看作总有机物量,COD_{Cr}和 BOD_5 的差值表示污水中难被微生物分解的有机物,用 BOD_5/COD_{Cr}值表示污水的可生化性,当 BOD_5/COD_{Cr}值$\geqslant 0.3$时,认为污水的可生化性较好;当 BOD_5/COD_{Cr}值< 0.3 时,认为污水的可生化性较差,不宜采用生物处理法。

(3)SS

悬浮物质(suspended soild,SS),水中悬浮物用 2mm 的筛通过,并且用孔径为 $1\mu m$ 的玻璃纤维滤纸截留下来的物质为 SS。胶体物质在滤液(溶解性物质)和截留悬浮物中均存在,但大多数认为胶体物质和悬浮物质一样可被滤纸截留。

(4)TS

蒸发残留物(total solid,TS),水样经蒸发烘干后的残留量。溶解性物质量等于蒸发残留物减去悬浮物质量。

(5)总氮、有机氮、氨氮、亚硝酸盐氮、硝酸盐氮

氮在自然界以各种形态进行循环转换。有机氮如蛋白质水解为氨基酸,在微生物作用下分解为氨氮,氨氮在硝化细菌作用下转化为亚硝酸盐氮(NO_2^-)和硝酸盐氮(NO_3^-);另外,NO_2^- 和 NO_3^- 在厌氧条件下在脱氮菌作用下转化为 N_2。

$$总氮＝有机氮＋无机氮$$
$$无机氮＝氨氮＋NO_2^-＋NO_3^-$$
$$有机氮＝蛋白性氮＋非蛋白性氮$$
$$凯氏氮＝有机氮＋氨氮$$

氮是细菌繁殖不可缺少的物质元素,当工业废水中氮量不足时,采用生物处理时需要人为补充氮;相反,氮也是引发水体富营养化污染的元素之一。

(6)总磷、有机磷、无机磷

在粪便、洗涤剂、肥料中含有较多的磷,污水中存在磷酸盐、聚磷酸盐、聚磷酸等无机磷盐和磷脂等有机磷酸化合物。磷同氮一样,也是污水生物处理所必需的元素,磷同时也是引发封闭性水体富营养化污染的元素之一。

(7)pH 值

生活污水 pH 值在 7 左右,强酸或强碱的工业废水排入会导致 pH 值变化;异常的 pH 值或 pH 值变化很大会影响生物处理效果。另外,采用物理化学处理时 pH 值是重要的操作条件。

(8)碱度($CaCO_3$)

碱度表示污水中和酸的能力,通常是以 $CaCO_3$ 含量表示。污水中多为 $Ca(HCO_3)_2$ 和 $Mg(HCO_3)_2$,碱度较高缓冲能力强,可满足污水硝化反应碱度的消耗。在污泥硝化中有缓冲超负荷运行引起的酸化作用,有利于硝化过程稳定。

除了以上的指标外还有重金属、细菌总数、大肠杆菌总数等指标来判断水体污染的程度。

1.2.2 食品加工行业水污染的来源

按生产工序过程，食品加工行业的废水主要来自原料清洗及输送、生产加工和成形 3 个生产工段，如图 1-3 所示。

图 1-3 食品加工行业主要流程及污水特征

（1）原料清洗工段及输送

食品加工业整体用水量很大，但其中很少量是构成制品供消费者使用，而大部分水是用来对各种食品原料的清洗、烫煮、消毒，以及冲洗设备和冷却制品。此外，近年来在工厂内部广泛增设输送原料的水利系统，增加了总用水量和污水排放量。

该工段包括原料、容器、加工设施清洗以及原料在各工序的输送过程。水中的大量砂土、杂物、叶、皮、鳞、肉、羽、毛等进入废水中，使废水中含大量悬浮物。

（2）生产加工

该工段包括解冻、漂白和油脂品制取等工序，原料中很多成分在加工过程中不能全部利用，未利用部分进入废水，使废水含大量的有机物。

（3）成形工段

为增加食品色、香、味，延长保存期，使用了各种食品添加剂，一部分流失进入废水，使废水化学成分复杂。

（4）冷却水等公用工程废水

食品原料加工过程中，由于工艺条件的原因，存在着大量的冷却水、冷凝水，一般是将不同条件的冷却水作为工艺用水，但在循环使用过程中不可避免地排放了一些废水，其污染物浓度相对较低，但是排放量巨大，且具有一定的温度，不能直接排放到外界环境中，一般与其他工段的废水混合之后进入终端污水处理系统。

1.2.3 食品加工行业水污染的特点

食品加工业对环境污染的最大危害是对水环境的影响。其特点如下。

（1）污水排放总量大

近些年来，食品加工行业污水排放量虽有所降低，但仍是污水排放量较大的行业。如 2012 年，在调查统计的 41 个工业行业中，废水排放量位于前 4 位的行业依次为造纸和纸制品业（16.9%）、化学原料及化学制品制造业（13.5%）、纺织业（11.7%）、农副食品加工业（7.7%），4 个行业的废水排放量 101.1 亿吨，占重点调查工业企业废水排放总量的 49.8%。

（2）污水中 COD 含量高

在调查统计的 41 个工业行业中，食品加工行业化学需氧量所占比例最高，高达 15.7%。化学需氧量排放量前 4 位的行业依次为农副食品加工业（15.7%）、化学原料和化学制品制造业（13.5%）、造纸和纸制品业（13.1%）、纺织业（8.1%）。4 个行业的化学需氧量排放量为 128.9 万吨，占重点调查工业企业排放总量的 50.4%。

（3）污水中 NH_4^+-N 含量高

在调查统计的 41 个工业行业中，食品加工行业的 NH_4^+-N 排放量仅次于化学原料和化学品制造业，位于前 4 位的行业依次为化学原料和化学制品制造业（29.3%），农副食品加工业（9.2%），石油加工、炼焦和核燃料加工业（7.6%），纺织业（7.5%）。4 个行业的 NH_4^+-N 排放总量为 10.5 万吨，占重点调查工业企业排放总量的 53.6%。

（4）污水中 SS 含量高

食品加工制造过程中，因涉及清洗、去壳、去皮、融化、切割、蒸煮、研磨和成型等多种工序的需要，在其中部分工序会产生废气、废水或废渣，导致污水含有致病微生物，呈现有机物质和悬浮物含量高、易腐败且酸碱程度不一的特点。

（5）污水可生化性好，无毒

由于食品加工原料源于自然界有机物质，其废水中的成分以有机物质为主，不含有毒物质，故可生物降解性好，N/C 值、BOD_5/COD_{Cr} 值较高。

（6）单位废水排放量和水质不均一、波动大

食品加工企业的生产规模不一，产品种类繁多，原料、工艺、规模等差别很大，导致废水排放量不等。此外，食品加工企业因原料、产品的缘故，不同企业的生产情况随季节变化，废水成分和性质存在显著差异，其水质水量也随之改变。

（7）处理目标多样、水质标准差别大

食品加工废水的回用或排放途径，即处理出水的去向多样，包括工艺内回用、厂内杂用、厂间回用、区域回用、市政管网排放和直接排放等。去向不同，水质要求不同，处理工艺选择和处理目标也不同。利用单一的技术原理难以保证处理水质达标，往往需要多种技术原理和处理单元组合，形成比城市生活污水更复杂的处理工艺。食品废水来源和特点见表 1-1。

表 1-1　食品废水来源和特点

加工厂类别	产品名称	原料	主要污染源	排水水质/(mg/L)
肉类加工厂	红肠、咸肉（包括各种肉类罐头）	畜禽肉、鱼肉、调料	原料处理设备、水煮设备、冷却水	pH值:5.5～7.5 BOD:300～600; SS:100～150
奶制品厂	奶油、干酪、加工奶、冰激凌	牛奶	设备和各器具清洗排水	pH值:6.5～11 BOD:50～400 SS:70～150
砂糖加工厂	砂糖、糖粒	原糖	过滤设备、冷却水	pH值:6.0～8.0 BOD:80～200 SS:70～100
膨化粉、酵母、其他酵母合成剂制造厂	膨化粉、酵母和酵母合成剂	面粉、糖蜜	糖蜜发酵排水、清洗排水、杂排水	pH值:6.0～9.0 BOD:300～1200
饮料厂	汽水、柠檬汁、橙汁、果露	砂糖、碳酸	设备和各种容器清洗水	pH值:6.0～12.0 BOD:250～350 SS:100～150
啤酒厂	啤酒	麦芽、酒花、碳酸	麦芽清洗设备和冷却水	pH值:8.0～11.0 BOD:200～800 SS:210～350
酒厂	白酒、威士忌酒、白兰地酒、果酒、药酒	薯类、各种水果和米	蒸馏后发酵排水、冲洗设备	pH值:6.0～8.0 BOD:600～900 SS:600～2000
调料厂	豆酱、酱油、食用氨基酸、西红柿酱、蔬菜调味汁、醋、香辣调料、咖喱粉	小麦、米和蔬菜	原料处理设备、洗涤设备、清洗排水	pH值:6.0～8.0 BOD:40～300 SS:200～300
粮食加工厂	大米、面粉、荞麦粉、玉米粉、豆粉、黄豆面	小麦、大豆和水稻	原料处理设备、收集装置排水	pH值:6.0～8.0 BOD:20～400 SS:400～600
食用油制造厂	食用油、色拉油、人造奶油、食用精制油脂	各种油	原油洗净设备、脱酸设备、冷却水	pH值:1.4～7.0 BOD:150～1100 SS:90～100
大豆分离蛋白厂	大豆分离蛋白	大豆、豆粕	提取废水、冷却水、清洗废水	pH值:1.4～7.0 BOD:150～20000 SS:100～300
豆制品加工厂	豆腐、豆干、豆浆等	大豆	泡豆废水、乳清废水、清洗废水	pH值:1.4～7.0 BOD:150～20000 SS:50～200
葡萄糖、麦芽糖制造厂	葡萄糖、麦芽糖	淀粉、麦芽	原料处理设备、漂白设备	pH值:6.0～8.0 BOD:1500～2000 SS:1000～2500

1.2.4　食品加工行业水污染危害

食品加工业废水具有废水量大、有机物质和悬浮物含量高、易腐败、毒性相对较小的特点。若不经处理便将废水排入水体，会使水体富营养化，迅速消耗水中的溶解氧，造成水体缺氧，使鱼类和水生生物死亡。废水中的悬浮物沉入河底，在厌氧条件下分解，产生臭气恶化水质，对环境的污染严重。若将废水引入农田进行灌溉，会影响农产品的食用，并污染地下水源。废水中夹带的动物排泄物，含有虫卵和致病菌，将导致疾病传播，直接危害人畜健康。

① 食品工业产生的废水如若直接外排，大量的有机物、氨氮、脂肪与各种悬浮物等会直接冲入自然水中。水中各种杂质混合，严重阻挡光线进入水中，影响水生植物的光合作用，并且有机物质分解会大量消耗水中的溶解氧，导致水生生物缺氧死亡腐烂，产生臭气，水环境被污染，生态环境被破坏。

② 食品加工过程中，一些色素类物质、添加剂会大量残留在废水中，造成水体透光度低，严重影响水生生物的光合作用，并且金属物质、芳香族物质等成分也会对水生生物产生毒害作用。

③ 食品加工过程中，使用的设备和管道都是金属材质的，长期与食品摩擦接触，其中的金属元素必定会溶入食品，并进入废水中。如果这类废水不经处理直接流入河中或者农田，必定对河中生物产生毒害作用，对农产品的种植造成影响。

④ 如果食品企业产生的废水不经过处理直接外排，将破坏接纳水体的平衡，降低净化能力。下游污水处理站也将遭遇高负荷冲击，轻者造成系统的效率下降，重者造成系统的崩溃停转，后果不可估量。

国务院于 2015 年 4 月印发的《水污染防治行动计划》中明确提出要专项整治十大重点行业，而食品加工制造业正是其中之一，需要制定专项治理方案，实施清洁化改造。

1.3 食品加工行业水污染控制技术现状

食品加工行业的废水因其突出特点，决定了其不能简单模仿城市生活污水的处理模式和处理工艺，也不能简单照搬同类企业或同类工厂的废水处理工艺和运行管理模式。因此，建立基于食品加工行业废水特点的优选处理工艺和设计方法，是食品加工业废水污染治理研究需要重点解决的科学问题。掌握废水的处理特性，针对不同的工业废水选择适宜的工艺，确定最佳的工艺参数和运行操作管理模式，是废水处理工程中需要遵循的基本原则之一。科学、系统地评价和客观掌握废水的处理特性，现有处理技术和工艺的适用性，适用对象，废水种类和浓度等处理能力、能源效率以及经济性等，是食品加工业废水处理工艺选择的前提。

随着我国的环保要求越来越高，食品加工行业废水污染控制技术，逐步从单项处理技术及管网终端处理技术为主向无害化工艺，闭路循环和水资源保护与利用为主的转变，即达到经济上的合理性、技术上的可行性和环境保护的安全可靠性等多种目标，并综合考虑自然因素、技术因素和社会因素等多种因素。

根据食品加工工艺、用水环节及废水特征，提出"源头节水、清洁生产→中间减污、循环利用→末端治污、达标减排"的水污染全过程控制技术体系，即清洁生产技术体系和末端治理技术体系。其中清洁生产技术体系分为生产工艺减排和废水循环使用；末端治理技术体系包括废水处理系统及其优化。生产工艺减排、废水循环利用和废水处理系统优化是工业废水污染治理的基本途径（图1-4）。

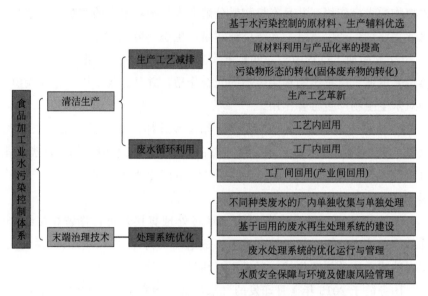

图 1-4　食品加工业废水污染防治的基本策略和途径

生产工艺减排的具体措施很多，也有许多科研成果和资料，这里特别强调的是应重视生产原料和生产辅料的选择。从生产工艺的源头，即原材料选择阶段采取科学、合理措施，减少污染物的产生隐患，在满足生产要求的前提下尽可能采用产污少、处理性好的原材料。这就要求企业环保部门和采购部门密切合作，建立有效机制，制定切实有效的程序和方法。在选择和购置生产材料阶段，就从环境保护的角度、系统评价水溶性原材料的处理难度，对难处理的原材料要寻求替代产品或强化管理限制使用，也就是说企业要赋予环保部门参与生产决策的权利。

废水循环利用和废水处理系统优化运行与管理密不可分，后者是前者实施的前提和保障。不同的回用途径对废水处理系统的处理水质和优化运行提出不同的要求。关于废水的处理模式，厂内不同种类的废水混合收集、集中处理模式给运行管理带来很大的难度，不同企业间的废水集中处理，工业废水和生活污水混合处理带来的问题会更大，在实践中也确实遇到很多的运行管理问题。因此，转变工业废水的处理模式，实施废水的"分类收集和分别处理"可以大大降低废水处理的技术难度和运行管理难度，也有利于实现废水的循环利用。

1.3.1 食品加工行业水污染控制技术分类

1.3.1.1 废水处理技术按处理程度分类

废水处理技术按处理程度可分为一级处理、二级处理、三级处理。

(1) 一级处理

去除废水中的漂浮物和部分悬浮状态的污染物质，调节废水 pH 值，减轻废水的腐化程度和后续处理工艺负荷的处理方法。常用方法有筛滤法、沉淀法、上浮法及预曝气法等。

1) 筛滤法

分离污水中呈悬浮状态污染物的方法。常用设备是格栅和筛网。格栅主要用于截留污水中大于栅条间隙的漂浮物，一般布置在污水处理场或泵站的进口处，以防止管道、机械设备以及其他装置的堵塞。筛网的网孔较小，主要用于滤除废水中的纤维、纸浆等细小悬浮物，以保证后续处理单元的正常运行和处理效果。

2) 沉淀法

沉淀法是通过重力沉降分离废水中呈悬浮状态污染物质的方法。沉淀法的主要构筑物有沉砂池和沉淀池，用于一级处理的沉淀池，称初级沉淀池，主要作用有：

① 去除污水中的大部分可沉降的悬浮固体；

② 作为化学或生物化学处理的预处理，以减轻后续处理工艺的负荷并提高处理效果。

3) 上浮法

用于去除污水中相对密度小于 1 的污染物，或者是通过投加药剂、加压溶气等措施去除相对密度稍大于 1 的污染物质。在一级处理工艺中，主要是用于去除污水中的油类及悬浮物质。

4) 预曝气法

是在污水进入处理构筑物以前，先进行短时间 (10~20min) 的曝气，其作用为：

① 可产生自然絮凝或生物絮凝作用，使污水中的微小颗粒变大，以便沉淀分离；

② 氧化废水中的还原性物质；

③ 吹脱在污水中溶解的挥发物；

④ 增加污水中的溶解氧，减轻污水的腐化，提高污水的稳定度。

(2) 二级处理

污水经过一级处理后的再处理，以除去污水中大量有机污染物，主要是去除可生物降解的有机溶解物和部分胶状物，用以减少废水的 BOD 和部分 COD，使污水进一步净化的工艺过程。

目前，国内外食品加工业废水处理中广泛采用的方法是生物处理工艺（图1-5），其中包括好氧生物处理工艺、厌氧生物处理工艺、好氧生物处理与厌氧生物处理相结合的综合生物处理工艺以及废水的生物脱氮除磷等。

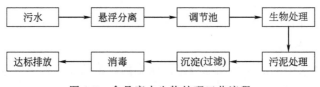

图 1-5　食品废水生物处理工艺流程

1) 好氧生物处理

在好氧生物处理工艺中，出水水质较好，多用于处理中低浓度废水，主要有活性污泥法和生物膜法。

① 活性污泥法。活性污泥法是废水生物化学处理中的主要方法。以污水中有机污染物作为底物，在有氧条件下，对各种微生物群体进行混合连续培养，形成活性污泥，利用这种活性污泥在废水中的凝聚、吸附、氧化、分解、沉淀等作用过程，去除废水中的有机污染物，从而得到净化。活性污泥法中在国内外应用较为广泛的工艺是SBR法（序批式间歇活性污泥法），即生物反应池将生物降解过程、沉淀过程和污泥回流功能集于一体，工艺相对简单。

② 生物膜法。生物膜法是使废水通过生长在固定支撑物表面的生物膜，利用生物氧化作用和各相物质间的物质交换，降解废水中有机污染物的方法。用这种方法处理废水的构筑物有生物滤池、生物转盘和生物接触氧化池等。生物膜法中的BAF法（曝气生物滤池法）和MBR法（膜生物反应器）较为典型，具有一定的代表性，该工艺是将过滤过程、吸附过程和生物代谢过程等多种反应过程综合一体。SBR法稳定性好、适应性强，避免了BAF法存在污泥量增加的问题；BAF法能耗较低；MBR法所产污泥少，且兼具两者优势，但其一直以来存在膜污染和膜清洗困难的问题，不利于大规模使用。

2) 厌氧生物处理

厌氧生物处理由于其基建投资费用和运行管理费用均低于好氧生物处理工艺，因此近年来厌氧生物处理工艺在国内外得到了广泛的应用，其中在上流式厌氧污泥床（UASB）反应器的基础上演变发展起来的以厌氧颗粒污泥膨胀床及厌氧内循环反应器为典型代表的第3代厌氧处理工艺被逐渐应用到食品加工业废水处理中。一些研究结果表明厌氧生物处理工艺在处理食品加工业废水方面具有良好的处理效果。

与好氧法相比，厌氧法所产污泥少、节省能源。UASB和膨胀颗粒污泥床（EGSB）均能产生沼气。但UASB反应器内混合强度不够，导致底部污泥超高负荷运行，从而抑制微生物活性。兼氧工艺将好氧、厌氧法有机结合，集去除有机物、悬浮物和除磷脱氮为一体。接触氧化法（H/O）基于对废水中污染物进行完全降解以提高废水可生化性，污泥剩余量少。吸附-生物降解（AB）具有良好的污泥沉降性和适应性，但剩余污泥量大。生物法处理周期长、工艺复杂，一般均存在污泥剩余问题及污泥、微生物易随排水流失的问题。与其他工艺相耦合处理食品废水以避免其劣势，则具有更好效果。

（3）三级处理

污水三级处理又称污水深度处理或高级处理。

对于环境卫生标准要求高而废水的色、味污染严重，或 BOD_5/COD_{Cr} 值更小（<0.2），则必须采用三级处理方法予以深度净化。进一步去除二级处理未能去除的污染物，其中包括微生物未能降解的有机物或磷、氮等可溶性无机物。

三级处理是深度处理的同义词，但二者并不完全一样，三级处理是经二级处理后，为了从废水中去除某种特定的污染物质，如磷、氮等，而补充增加的一项或几项处理单元。至于深度处理则往往是以废水回收、重复使用为目的，在二级处理后所增加的处理单元或系统。三级处理耗资巨大，管理也比较复杂，但能充分利用水资源。具体处理单元有以下几种。

1）除磷

最有效和实用的除磷方法是化学沉淀法。即投加石灰或铝盐、铁盐形成难溶性的磷酸盐沉淀。石灰与废水中的磷化物发生如下反应：

$$3HPO_4^{2-} + 5Ca^{2+} + 4OH^- \Longrightarrow Ca_5(OH)(PO_4)_3 \downarrow + 3H_2O$$

为了保证投加石灰的沉淀效果，需要 pH 值提高到 9.5～11.5，若为磷酸铝则 pH 值为 6 时沉淀最好，磷酸铁在 pH 值为 4 时沉淀最好。

2）除氮

除氮主要有以下几种方法。

① 生物硝化-反硝化法。这是好氧生物处理和厌氧生物处理过程串联工作的系统。污水中的含氮有机物首先经好氧生物过程转化为硝酸盐，随后再经过厌氧生物过程将硝酸盐还原为氮气析出而除氮。

② 物理化学法

A. 气提法：是用污水中的铵离子在高 pH 值条件下将 NH_4^+ 大部分转变为氨气：

$$NH_4^+ + OH^- \Longrightarrow NH_3 \uparrow + H_2O$$

B. 折点氯化法：通过投加不同量的氯，使污水中的氮转化为氯化铵，最后又被氧化为氮气或各种含氮的无氯产物。

C. 选择性离子交换法：是以沸石对铵比对钙、镁、钠等离子有优先交换吸附的性能为基础去除氨氮的方法。

常规生物脱氮除磷工艺流程见图 1-6。

3）有机污染物的去除

活性炭能有效地去除二级处理出水中的大部分有机污染物，如果臭氧氧化和活性炭吸附配合使用，往往能更有效地去除有机物并延长活性炭的使用寿命。

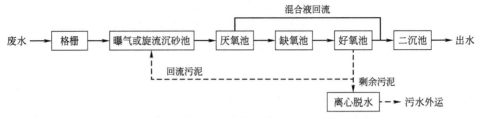

图 1-6 常规生物脱氮除磷工艺流程

4）溶解性无机物的去除

有三种可以采用的方法，即离子交换法、电渗析法和反渗透法。目前在污水三级处理中对于反渗透法脱除矿物质和有机污染物最为重视。反渗透法能有效地去除各种污染物，例如：总溶解性固体可去除 90%～95%，磷酸盐可去除 95%～99%，氨氮可去除 80%～90%，硝酸盐氮可去除 50%～85%，悬浮物可去除 99%～100%，总有机碳（TOC）可去除 90%～95%。该法缺点是设备造价高。

5）病毒的去除

用铝盐和铁盐混凝沉淀，可去除约 90% 的致病菌和病毒，经滤池能进一步提高去除率，但致病微生物不能被消灭，仍在污泥中存活，而石灰混凝沉淀则能杀灭污泥中的病毒。

1.3.1.2 废水处理技术按原理分类

废水处理技术按原理可分为物理处理法、化学处理法、生物化学处理法。

（1）物理处理法

物理处理法是指应用物理作用改变废水成分的处理方法。用于食品加工废水处理的物理处理法有筛滤、撇除、调节、沉淀、气浮、离心分离、过滤、微滤等。前五种工艺多用于预处理或一级处理；后三种主要用于深度处理，主要作用是去除食品加工废水中的固态大颗粒杂质，并且起到一定程度的均匀废水水质的效果。

1）筛滤

筛滤是分离食品工业废水中较大颗粒状态的分散性悬浮固体，筛滤采用的设备主要是格栅和格筛。筛滤是预处理中使用最广泛的一种方法。格栅拦截较粗的悬浮固体，其作用是保护水泵和后续处理设备。食品加工废水中常用的格筛有固定筛、转动筛和振动筛等。

2）撇除

某些食品工业废水中含有大量的油脂，这些油脂必须在进入生物处理工艺前予以除去，否则会造成管道、水泵和一些设备的堵塞，还会对生物处理工艺造成一定的影响。此外，油脂除去并回收又有较大的经济价值。废水中的油脂根据其物理状态可分为游离漂浮状和乳化状两大类。通常隔油池除去漂浮状油脂，隔油池对漂浮状油脂的去除率可达 90% 以上。

3）调节

食品加工废水排放的废水量和废水水质随时间变化的幅度都较大。因此在整个处理流程的开始阶段设置物理处理工艺，能使后续的处理工艺稳定、长期地运行，在一定程度上稳定了食品加工废水的水量和水质变化。

4）沉淀

主要作用是去除食品加工废水中的无机类固体物和有机类固体物，并且用于分离生物处理过程中的液相和生物相。

5）气浮

气浮主要用于除去食品加工废水中的乳化油、表面活性物质和其他悬浮固体。有真空式气浮、加压溶气气浮和散气管（板）式气浮。当废水进入容器气浮池之前，往水中投加化学混凝剂或助凝剂，可提高乳化油脂和胶体悬浮颗粒的去除率。

6）其他处理工艺

对二级处理出水进行深度处理，常用的方法是过滤，可采用砂滤池或复合滤料滤池。按滤速大小分慢速砂滤池和快速砂滤池。一般单层砂滤池的滤速为 8~12m/h。

（2）化学处理法

化学处理法是指应用化学原理和化学作用将废水中的污染物成分转化为无害物质，使废水得到净化。污染物经过化学处理过程改变了化学本性，处理过程中总是伴随着化学变化。用于食品加工废水的化学处理法有中和、混凝、电解、氧化还原、离子交换、电渗析等。

1）混凝法

食品加工废水处理中所用的化学处理工艺主要是混凝法。混凝法不能单独使用，必须与物理处理工艺的沉淀或气浮法结合使用，构成混凝沉淀或混凝气浮，混凝沉淀可作为生物处理的预处理，也可作为生物处理后的深度处理。混凝沉淀法是水处理的一个重要方法。对于一些颗粒较小，或是一些胶体溶液难以或不能发生沉降的废水加入化学混凝剂，使其形成易于沉降的大颗粒而去除。废水中呈胶体状态的蛋白质和多糖类物质，经加药混凝沉淀即有较好的去除效果。常用的药剂有石灰、硫酸亚铁、三氯化铁和硫酸铝等。石灰一般不单独使用，常与其他药剂配合使用，最佳投药量和 pH 值宜通过试验确定。

2）氧化还原法

氧化还原法是转化废水中污染物的有效方法。废水中呈溶解状态的无机物和有机物，通过化学反应被氧化或还原为微毒或无毒的物质，或者转化成容易与水分离的形态，从而达到处理的目的。

3）离子交换法

离子交换法主要是利用离子交换剂对水中存在的有害离子进行交换去除的方法。

（3）生物化学处理法

生物化学处理法是有机废水处理系统中重要的过程之一。在食品加工的废水处理中，生物处理工艺可分为好氧工艺、厌氧工艺、稳定塘、土地处理以及由各工艺的结合而形成的各种组合工艺。食品废水是有机废水，生物法是主要的二级处理工艺，目的在于降低 COD、BOD_5。

1）好氧生物处理工艺

好氧生物处理工艺根据所利用的微生物的生长形式分为活性污泥工艺和膜法工艺。前者包括传统活性污泥法、阶段曝气法、生物吸附法、完全混合法、延时曝气法、氧化沟、间歇活性污泥法（SBR）等；后者包括生物滤池、塔式生物滤池、生物转盘、活性生物滤池、生物接触氧化法、好氧流化床等。一般好氧处理对低浓度废水处理效果较好。

① SBR 法（间歇活性污泥法）。SBR 法是由原始的间歇式活性污泥法发展而来的，与其他活性污泥处理方法相比较，SBR 法设二次沉淀池和活性污泥回流设备，整个反应器集生物降解过程、沉淀过程和污泥回流功能于一体，处理工艺和基建构筑物结构简单，整个工艺占地面积较少，运行管理费用较低，不容易造成活性污泥膨胀等问题。SBR 工艺处理食品加工废水的运行过程一般包含进水、充氧曝气、静止沉淀、排水、排泥 5 个步骤。

② BAF 法（曝气生物滤池法）。BAF 法是 20 世纪 80 年代末从欧美地区发展起来的一种废水处理技术，该处理方法将过滤过程、吸附过程和生物代谢过程等多种作用综合一体，使得该工艺具有占地面积少、出水水质好，并具有不容易造成活性污泥膨胀等方面的诸多优点。

③ MBR 法（膜生物反应器）。MBR 法是 20 世纪 90 年代发展起来的一种废水处理技术，该方法是用膜组件替代了传统工艺中的二沉池进行了固相和液相分离，与传统的活性污泥法相比较，该处理方法具有占地面积小、去除效率相对较高、出水水质好、装置容积负荷大、活性污泥产率低、管理操作简便等优点。

④ 生物接触氧化法。选用煤渣填料塔式装置的生物接触氧化法，污水通过流量为 220L/h 的煤渣填料生物接触氧化塔式装置，处理后水质 COD≤100mg/L，BOD≤130mg/L，SS≤10mg/L，完全达到国家要求的排放标准。

2）厌氧生物处理工艺

厌氧生物处理工艺适用于食品加工废水的主要原因是废水中含易生物降解的高浓度有机物，且无毒性。此外，厌氧处理动力消耗低，产生的沼气可作为能源，生成的剩余污泥量少，厌氧处理系统全部密闭，利于改善环境卫生，可以季节性或间歇性运转，污泥可长期储存。

① UASB（升流式厌氧污泥床）。由荷兰 Wageningen 大学 Lettinga 教授发明，该工艺的主体结构分为配水系统，反应区，气相、液相、固相三相分离区，以及沼气收集区四大部分。该工艺具有占地面积少、投资运行费用低、生物处理效率高、有利于形成厌氧颗粒污泥等诸多优点，因此在食品加工废水处理中有着较为明显的优势。

② EGSB 反应器（厌氧膨胀颗粒污泥床）。EGSB 反应器综合了 FB（流化床）和 UASB 的优点，该技术主要依靠厌氧颗粒污泥处理有机污染废水。食品加工废水从 EGSB 反应器的底部进入反应器中，缓慢通过厌氧颗粒污泥的主体污泥区，有机污染物在厌氧颗粒污泥的作用下大量被去除，并产生大量沼气。沼气和出水通过 EGSB 反应器顶部的分离器分别排出，同时厌氧颗粒污泥沉降回到主体污泥区。该反应器是通过在运行中维持非常高的进水上升流速（6~12m/h），从而使得反应器主体污泥区的厌氧颗粒污泥处于高度悬浮状态，在此高浓度的悬浮状态下保证了食品加工废水中的有机污染物与厌氧污泥颗粒的充分有效接触，从而大大提高了食品加工废水中有机污染物的去除效果。

③ IC 反应器（内循环厌氧反应器）。IC 反应器在处理食品加工废水时，具有占地面积小、能够长期稳定运行等诸多优点。IC 反应器省去了传统工艺中的回流过程，一定程度上节省了运行管理费用。

④ ASBR 反应器（厌氧序批式活性污泥法）。ASBR 反应器是以间歇操作为主要特点的厌氧处理工艺。运行过程分为进水、反应、沉淀和排水 4 个阶段。ASBR 反应器是将有机物的去除和固相液相分离集为一体的一种厌氧处理工艺。该工艺具有占地面积小、运行管理费用低、抗有机污染物的冲击负荷能力强等特点，在食品加工废水处理中有着明显的优势。

食品废水处理方法汇总见表 1-2。

表 1-2　食品废水处理方法汇总

分类	单元处理法	主要设备	主要处理对象
物理法	调节	调节池	水质、水量
	格栅、筛网	格栅、筛网	大的悬浮物
	自然沉淀	沉淀池	悬浮物
	自然上浮	浮选池	悬浮物、胶体物
	过滤	过滤池	悬浮物
	蒸发	蒸发器、供热设备	溶解物
	结晶	结晶器、热交换器	溶解物
	反渗透	RO 膜	溶解物
	超滤	超滤膜	溶解物
化学法	中和	反应池、沉淀池	酸、碱等
	氧化还原	反应池	溶解物
	凝聚	混凝池、沉淀池、浮选池	悬浮物、胶体物
	电解、电凝聚	电解、电凝聚器	溶解物
物化法	吸附	吸附塔	溶解物、胶体物
	离子交换	交换器	溶解物
	电渗析	电渗析器	溶解物
	萃取	萃取塔	溶解物
生化法	好氧生物膜法	生物滤池、生物转盘	有机物
		塔滤池、生物流化床	有机物
	好氧活性污泥法	曝气法、沉淀池	有机物
	厌氧硝化法	硝化池、供热设备	有机物

1.3.2 食品加工行业水污染控制技术现状

1.3.2.1 清洁生产技术现状

清洁生产是一种全新的环境保护战略和思维方式，是从单纯依靠末端治理逐步向过程控制的一种转变。目前，食品加工业实施清洁生产技术的途径有以下几种。

（1）资源的综合利用

资源的综合性，首先表现为组分的综合性，即一种资源通常都含有多种组分；其次是用途的综合性，同一种资源可以有不同的利用方式，生产不同的产品，可以找到不同的用途。资源的综合利用是推行清洁生产的首要方向，即生产过程的"源头"。

（2）改进产品设计

改进产品设计的目的在于将环境因素纳入产品开发的全过程，使其在使用过程中效率高、污染少，在使用后易于回收再利用，在废弃后对环境危害小，即在不影响产品的性能和寿命的前提下尽可能体现环境目标。

（3）改革工艺和设备

工艺是从原材料到产品实现物质转化的基本条件。一个理想的工艺具有流程简单、原材料消耗少、无（或少）废弃物排出、安全可靠、操作简便、易于自动化、能耗低、所用设备简单等特点。设备的选用是由工艺决定的，它是实现物料转化的基本硬件。改革工艺和设备是预防废物产生、提高生产效率、实现清洁生产最有效的方法之一，但是工艺技术和设备的改革通常需要投入较多的人力和资金，因而实施时间较长。

工艺设备的改革主要采用如下 4 种方式。

① 生产工艺改革。开发并采用低废或无废生产工艺和设备来替代落后的旧工艺，提高生产效率和原料利用率，消除或减少废物，这是生产工艺改革的基本目标。采用高效催化剂提高选择性和产品收率，也是提高产量、减少副产品生产和污染物排放量的有效途径。

在工艺技术改造中采用先进技术和大型装置，以期提高原材料利用率，发挥规模效益，在一定程度上可以帮助企业实现减污增效。需要强调的是，废物的削减应与工艺开发活动充分结合，从产品研发阶段起就应考虑到减少废物量，从而减少工艺改造中设备改进的投资。

② 改进工艺设备。可以通过改善设备和管线或重新设计生产设备来提高生产效率，减少废物量。例如：优选设备材料，提高可靠性、耐用性；提高设备的密闭性，以减少泄漏；采用节能的泵、风机、搅拌装置等。

③ 优化工艺控制过程。在不改变生产工艺或设备的条件下进行操作参数的调

整，优化操作条件常常是最容易而且最便宜的减废方法。大多数工艺设备都是采用最佳工艺参数（如温度、压力和加料量）设计以取得最高的操作效率，因而在最佳工艺参数下操作，避免生产控制条件波动和非正常停车，可大大减少废物量。

④ 加强自动化控制。采用自动化控制系统调节工作操作参数，维持最佳反应条件，加强工艺控制，可增加生产量、减少废物和副产品的产生。例如，安装计算机控制系统监测和自动复原工艺操作参数，实施模拟结合自动定点调节。在间歇操作中，使用自动化系统代替手工处置物料，通过减少操作失误，降低废物产生及泄漏的可能性。

中国食品加工业发展中普遍存在技术含量低、技术装备和工艺水平不高、创新能力不强、高新技术产业化比重低、能耗低、能源消费结构不合理、国际竞争力不强等问题，这些问题已经成为制约中国经济可持续发展的主要因素，亟须利用高新技术进行改造和提升。在改造工艺和设备中首先应分析产品的生产全过程，将那些消耗高、浪费大、污染严重的陈旧设备和工艺技术替换下来，通过改革工艺和设备，使生产过程实现少废或无废化。

（4）生产过程的科学管理

有关资料表明，目前的工业污染约有 30% 以上是由生产过程中管理不善造成的，只要加强生产过程的科学管理、改进操作，不需花费很大的成本，便可获得明显减少废弃物和污染的效果。在企业管理中要建立一套健全的环境管理体系，使环境管理落实到企业中的各个层次，分解到生产过程的各个环节，贯穿于企业的全部经济活动中，与企业的计划管理、生产管理、财务管理、建设管理等专业管理紧密结合起来，使人为的资源浪费和污染排放减至最小。

主要管理方法如下所述。

① 调查研究和废弃物审计。摸清从原材料到产品的生产全过程的物料、能耗和废弃物产生的情况，通过调查发现薄弱环节并改进。

② 坚持设备的维护保养制度。使设备始终保持最佳状况。

③ 严格监督。对于生产过程中各种消耗指标和排污指标进行严格的监督，及时发现问题，堵塞漏洞，并把员工的切身利益与企业推行清洁生产的实际成果结合起来进行监督、管理。

（5）物料再循环和综合利用

工业生产中产生的"三废"污染物质，从本质上讲都是生产过程中流失的原材料、中间产物和副产物。因此，对"三废"污染物进行有效的处理和回收利用，既可以创造财富又可以减少污染。开展"三废"综合利用是消除污染、保护环境的一项积极而有效的措施，也是企业挖潜、增效、截污的一个重要方面。

在企业的生产过程中，应尽可能提高原料利用率并降低回收成本，实现原料闭路循环。在生产过程中比较容易实现物料闭路循环的是生产用水的闭路循环。根据清洁生产的要求，工业用水组成原则上应是供水、用水和净水组成的一个紧密的体系。根据生产工艺要求，一水多用，按照不同的水质需求分别供水，净化后的水重复利用。

（6）必要的末端处理

在目前技术水平和经济发展水平条件下，实行完全彻底的无废生产是很困难的，废弃物的产生和排放有时还难以避免，因此需要对它们进行处理和处置，使其对环境的危害降至最低。此处的末端处理与传统概念的末端处理相比区别如下：a. 末端处理是清洁生产不得已而采取的最终污染控制手段，而不应像以往那样处于实际上的优先考虑地位；b. 厂内的末端处理可作为送往厂外集中处理的预处理措施，因而其目标不再是达标排放，而只需要处理到集中处理设施可以接纳的程度；c. 末端处理重视废弃物资源化；d. 末端处理不排斥继续开展推行清洁生产的活动，以期逐步缩小末端处理的规模，乃至最终以全过程控制措施完全替代末端处理。

为实现有效的末端处理，必须开发一些技术先进、处理效果好、投资小、见效快、可回收的有用物质及有利于组织物料再循环的实用环保技术。目前，我国已经开发了一批适合国情的实用环保技术，需要进一步推广。同时，有一些环保难题尚未得到很好的解决，需要环保部门、有关企业和工程技术人员共同努力。

1.3.2.2 末端治理技术现状

中国对食品废水污染的治理与西方发达国家相比起步较晚，在借鉴国外先进处理技术经验的基础上，以国家科技攻关课题为平台，引进和开发了大量的食品废水处理新技术，某些项目已达到国际先进水平。这些新技术的投产运行为缓解中国严峻的水污染现状，改善水环境发挥了至关重要的作用。

食品加工业废水中的污染物质是多种多样的，往往不能采用一种处理单元就把所有的污染物质去除干净。一般一种污水往往需要通过几种方法或几个处理单元组成的处理系统处理后才能够达到排放要求。究竟采用什么样的方法，要根据污水的水质和水量、处理目的、排放标准、处理方法的特点、处理成本和回收经济价值等各方面考虑。

（1）污水处理的主要原则

首先是从清洁生产的角度出发，改革生产工艺和设备，减少污染物，防止污水外排，进行综合利用和回收。必须外排的污水，其处理方法随水质和要求而异。废水的处理流程，一般应遵循先易后难，先简后繁的原则。即首先使用物理法去除大块污染物和漂浮物，然后再使用化学法或生物法依次去除悬浮固体、胶体物质及溶解性物质。

（2）污水处理技术选择的主要依据

① 生物处理特性。在废水处理工艺选择中，往往简单利用废水的生物降解性指标，即 $\rho(\mathrm{BOD_5})$ 和其他有机污染物综合指标的比值来判断，如 $\rho(\mathrm{BOD_5})/\rho(\mathrm{COD_{Cr}})$，$\rho(\mathrm{BOD_5})/\rho(\mathrm{TOD})$，$\rho(\mathrm{BOD_5})/\rho(\mathrm{TOC})$ 等（如表 1-3 所列）。但是，

由于废水中存在多种多样的有机污染物，$\rho(BOD_5)/\rho(TOC)$ 的总体指标 $\Sigma[\rho(BOD_5)/\rho(TOC)]$ 是各污染物 $[\rho(BOD_5)/\rho(TOC)]_i$ 之和，即使 $\Sigma[\rho(BOD_5)/\rho(TOC)]>1.2$，也会存在 $[\rho(BOD_5)/\rho(TOC)]_i<1.2$ 的污染物，即存在不适宜于生物处理的污染物。而这些难生物处理的污染物，往往是造成处理效果不理想和水质不达标的重要原因。此时，需要更加系统的废水生物处理特性评价方法，如 TOC 去除率效果图评价法，如图 1-7 所示。

表 1-3 废水生物处理特性评价指标

指标	数值	生物处理特性
$\rho(BOD_5)/\rho(TOC)$	>1.2	适于生物处理
$\rho(BOD_5)/\rho(COD_{Cr})$	0.4~0.6	适于生物处理
	0.2~0.4	废水中存在难生物降解性污染物
	<0.1	不适于生物处理

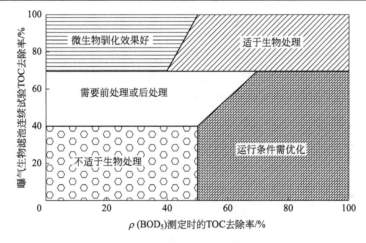

图 1-7 TOC 去除率效果图评价法

② 化学氧化处理特性。化学氧化（包括臭氧氧化、Fenton 氧化和湿式氧化等）是工业废水预处理和深度处理常用的技术，特别是在难生物降解废水的处理中发挥着重要作用。化学氧化处理的目的不同，其评价指标也不尽相同。

对于作为生物预处理的情况，废水化学氧化处理特性的评价，不仅要关注废水生物处理性指标的改善，如 $\rho(BOD_5)/\rho(TOC)$ 的改善，还需重点评价生物可降解性有机碳（biodegradable organic carbon，BOC）的转化率（R_b）。R_b 值越高，化学氧化处理的技术可行性就越大。生物降解性改善潜力（biodegradability improvement potential，BIP）是优化化学氧化处理单元工艺设计及评价其经济性的重要指标。

③ 基于分子量和生物降解性的处理工艺选择。溶解性有机污染物的分子量对废水的处理有很大影响。系统评价和掌握废水中有机污染物的分子量及分布情况，对选择处理工艺十分重要。不同生物降解性和不同分子量的污染物适宜的处理方法

如图 1-8 所示。

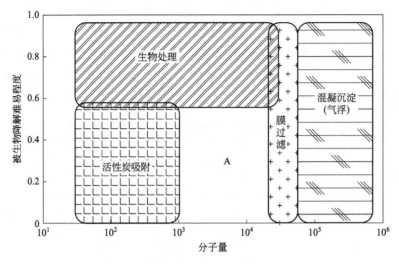

图 1-8　废水分子量与生物降解性关系

由图 1-8 可以看出，对于分子量为 $10^3 \sim 10^4$ 的难生物降解性污染物不易被活性炭吸附，也不易用絮凝处理，膜过滤去除效果也不理想，是废水处理中的难点（图中 A 区域）。如何有效去除该部分污染物是技术研发需要关注的重点之一。

④ 生物处理工艺的有机物去除性能与能耗评价。生物处理是工业废水处理中应用最为广泛的技术，系统掌握和评价各种生物处理工艺的技术性和经济性，是选择和优化废水处理工艺的重要依据。特别是在资源能源危机日益加重的今天，在选择处理工艺时应特别关注生物处理系统的能源消耗效率。从图 1-9 可以看出，提高生物处理系统单位占地面积的 BOD_5 处理速率往往以牺牲能源效率为代价。如果 BOD_5 处理速率增加，单位电力消耗能够去除的 BOD_5 量减少，即能源效率降低。

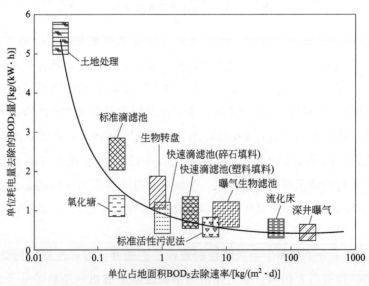

图 1-9　生物处理系统的处理效果和能源效率的比较

曝气生物滤池具有较高的 BOD_5 去除能力和较高的能源效率，是一个"性价比"较高的处理技术。

1.4 食品加工行业废水污染控制相关政策

1.4.1 食品加工行业废水污染控制相关标准

1.4.1.1 食品加工行业清洁生产标准

目前我国普遍实行的清洁生产审核是清洁生产在企业层次的主要实施手段。它可以帮助企业从污染源头减少或消除废弃物的产生，从而实现最小的环境影响、最少的资源能源使用、最佳的管理模式以及最优化的经济增长水平，最终实现经济的可持续发展。

我国陆续制定了中华人民共和国环境保护行业标准的清洁生产标准，按照各个行业进行清洁生产审核。例如我国已经出台的清洁生产标准，其中清洁生产指标按照三级划分，一级代表国际清洁生产先进水平，二级代表国内清洁生产先进水平，三级代表国内清洁生产基本水平。

目前我国已经出台的食品行业有关的清洁生产标准有《清洁生产标准　啤酒制造业》（HJ/T 183—2006）、《清洁生产标准　食用植物油工业（豆油和豆粕）》（HJ/T 184—2006）、《清洁生产标准　甘蔗制糖业》（HJ/T 186—2006）、《清洁生产标准　乳制品制造业（纯牛乳及全脂乳粉）》（HJ/T 316—2006）、《清洁生产标准　白酒制造业》（HJ/T 402—2007）、《清洁生产标准　味精工业》（HJ 444—2008）、《清洁生产标准　淀粉工业（玉米淀粉）》（HJ 445—2008）、《清洁生产标准　葡萄酒制造业》（HJ 452—2008）、《清洁生产标准　酒精制造业》（HJ 581—2010）等。这些食品行业的清洁生产标准的颁布，为保护环境和食品行业开展清洁生产提供技术支持和导向。随着技术的发展和不断进步，这些标准将适时修订。

从物料平衡的角度来讲，投入一定的原辅材料和能源，通过一定的生产过程得到产品，不可避免地会产生废弃物，排放到环境中。如果原辅材料转变为产品的转化率越高，就意味着排放到环境中的废弃物就越少。从理论上讲，如果原辅材料全部得以利用，转化为产品的转化率为100%，则没有废弃物排放到环境中，真正实现了"零排放"。当然，对于目前的生产技术和工艺，这只是一个理论上成立的假想。随着工艺革新和科技的进步，食品加工业会不断提高原辅材料转变为产品的转化率，这个转化率会不断趋近于100%。

食品加工业的原辅材料都是无毒无害的，从材料的综合利用角度看，材料是没有废弃物之说，只是目前人们还没有认识到"废弃物"的使用价值。因此，从这个角度出发，尽管目前食品加工业原辅材料的产品转化率不高，但仍然可以通过梯级综合利用，将原辅材料转化为多种产品，从而提高原辅材料的综合转化率。这也是我国食品行业所倡导的"吃干榨净"的做法，其根本目的是尽可能将原辅材料中的物质进行综合利用，这和清洁生产的出发点是一致的。

目前我国食品加工业产量很大，产生的废水量也较高。现在食品废水的治理方式依然是以"末端治理方式"为主，但这种治理方式很难从根本上缓解环境压力，主要的原因有以下几个方面。

① 废水处理设施投资大、费用高、建设周期长、经济效益低、企业缺乏一定的积极性。

② 废水治理往往使污染物从一种形式转化为另一种形式，例如废气治理产生废水、废水治理产生污泥、污泥治理产生废气等，不能从根本上消除污染。

因此，注重清洁生产，提高资源综合利用水平，加强节能减排，较大幅度地降低水耗、电耗和污染物排放总量，降低污染物的排放浓度。认真贯彻清洁生产，从源头进行控制，并一直贯彻生产过程的始终，只有这样才能改变以往末端治理的弊病，才能实现食品加工业的可持续发展。

食品加工废水中有机物含量较高，易被生物降解，因此可以与市政污水管网合并处理，也可以处理后直接排放，需要达到相应的国家排放标准，不同型号和工艺的食品加工污水处理设备可以达到不同的排放标准。

1.4.1.2 食品加工行业污水综合排放标准

（1）污水综合排放标准

《污水综合排放标准》（GB 8978—1996）规定除肉类加工工业所排放的污水执行相应的国家行业标准，其他一切排放污水的食品生产单位一律执行本标准。

1）标准分级

排入《地表水环境质量标准》（GB 3838）Ⅲ类水域（划定的保护区和游泳区除外）和排入《海水水质标准》（GB 3097）中二类海域的污水，执行一级标准。排入 GB 3838 中Ⅳ、Ⅴ类水域和排入 GB 3097 中Ⅲ类海域的污水，执行二级标准。排入设置二级污水处理厂的城镇排水系统的污水，执行三级标准。排入未设置二级污水处理厂的城镇排水系统的污水，必须根据排水系统出水受纳水域的功能要求，分别执行上述规定。

GB 3838 中Ⅰ、Ⅱ类水域和Ⅲ类水域中划定的保护区，GB 3097 中Ⅰ类水域，禁止新建排污口，现有的排污口应按水体功能要求，实行污染物总量控制，以保证受纳水体水质符合规定用途的水质标准。

2）标准值

本标准将排放的污染物按其性质及控制方法分为两类。

① 第一类污染物。不分行业和污水排放方式，也不分受纳水体的功能类别，一律在车间或车间处理设施排放口采样，其最高允许排放浓度必须达到本标准要求

（见表 1-4）。

表 1-4 第一类污染物最高允许排放浓度

序号	污染物	最高允许排放浓度/(mg/L)	序号	污染物	最高允许排放浓度/(mg/L)
1	总汞	0.05	8	总镍	1.0
2	烷基汞	不得检出	9	苯并芘	0.00003
3	总镉	0.1	10	总铍	0.005
4	总铬	1.5	11	总银	0.5
5	六价铬	0.5	12	总 α 放射性	1Bq/L
6	总砷	0.5	13	总 β 放射性	10Bq/L
7	总铅	1.0			

② 第二类污染物。在排污单位排放口采样，其最高允许排放浓度必须达到本标准要求。

本标准按年限规定了第一类污染物和第二类污染物最高允许排放浓度及部分行业最高允许排水量，并根据单位建设时间不同执行不同的规定。

（2）城镇污水处理厂污染物排放标准

《城镇污水处理厂污染物排放标准》（GB 18918—2002）规定，根据城镇污水处理厂排入地表水域环境功能和保护目标，以及污水处理厂的处理工艺，将基本控制项目的常规污染物标准值分为一级标准、二级标准、三级标准。一级标准分为 A 标准和 B 标准。一类重金属污染物和选择控制项目不分级。

① 一级标准的 A 标准是城镇污水处理厂出水作为回用水的基本要求。当污水处理厂出水引入稀释能力较小的河湖作为城镇景观用水和一般回用水等用途时，执行一级标准的 A 标准。

② 城镇污水处理厂出水排入 GB 3838 地表水Ⅲ类功能水域（划定的饮用水水源保护区和游泳区除外）、GB 3097 海水Ⅱ类功能水域和湖、库等封闭或半封闭水域时，执行一级标准的 B 标准。

③ 城镇污水处理厂出水排入 GB 3838 地表水Ⅳ、Ⅴ类功能水域或 GB 3097 海水Ⅲ、Ⅳ类功能海域，执行二级标准。

④ 非重点控制流域和非水源保护区的建制镇的污水处理厂，根据当地经济条件和水污染控制要求，采用一级强化处理工艺时，执行三级标准。但必须预留二级处理设施的位置，分期达到二级标准。

食品加工污水排放标准排放基本控制项目执行表 1-5 要求。

表 1-5　基本控制项目最高允许排放浓度（日均值）　　　单位：mg/L

序号	基本控制项目		一级标准		二级标准	三级标准
			A 标准	B 标准		
1	化学需氧量(COD)		50	60	100	120①
2	生化需氧量(BOD₅)		10	20	30	60①
3	悬浮物(SS)		10	20	30	50
4	动植物油		1	3	5	20
5	石油类		1	3	5	15
6	阴离子表面活性剂		0.5	1	2	5
7	总氮(以 N 计)		15	20	—	—
8	氨氮(以 N 计)②		5(8)	8(15)	25(30)	—
9	总磷(以 P 计)	2005 年 12 月 31 日前建设的	1	1.5	3	5
		2006 年 1 月 1 日起建设的	0.5	1	3	5
10	色度(稀释倍数)		30	30	40	50
11	pH 值		6～9			
12	粪大肠菌群数/(个/L)		10^3	10^4	10^4	—

① 下列情况下按去除率指标执行：当进水 COD 浓度大于 350mg/L 时，去除率应大于 60%；BOD 浓度大于 160mg/L 时，去除率应大于 50%。

② 括号外数值为水温＞120℃时的控制指标，括号内数值为水温≤120℃时的控制指标。

（3）肉制品加工工业水污染物排放标准

《肉类加工工业水污染物排放标准》（GB 13457—1992）按废水排放去向，分年限规定了肉类加工企业水污染物最高允许排放浓度和排水量等指标。

1）适用范围

本标准适用于肉类加工工业的企业排放管理，以及建设项目的环境影响评价、设计、竣工验收及其建成后的排放管理。

2）标准分级

按排入水域的类别划分标准级别

① 排入 GB 3838 中类水域（水体保护区除外），GB 3097 中Ⅱ类海域的废水，执行一级标准；

② 排入 GB 3838 中Ⅳ、Ⅴ类水域，GB 3097 中Ⅲ类海域的废水，执行二级标准；

③ 排入设置二级污水处理厂的城镇下水道的废水，执行三级标准；

④ 排入未设置二级污水处理厂的城镇下水道的废水，必须根据下水道出水受纳水域的功能要求，分别执行标准中相关规定；

⑤ GB 3838 中Ⅰ、Ⅱ类水域和Ⅲ类水域中的水体保护区，GB 3097 中Ⅰ类海域，禁止新建排污口，扩建、改建项目不得增加排污量。

1.4.2　食品加工行业废水污染控制面临的问题

目前，废水处理在工程化应用中，以生物法为主、物化法为辅的处理法较为常见。近年来，我国学者通过借鉴和研发国内外操作稳定的技术，逐渐将我国废水处理技术趋于工业化。但就食品废水处理现状而言，废水处理技术还面临一些棘手的问题，如传统的物化法处理能力有限；生物法存在设备昂贵、污泥易膨胀、稳定性不强和微生物培养技术弱等问题；而物化生组合工艺的工艺顺序、工艺参数及其在差异性较大废水中的适用性也有待进一步研发。

我国食品加工行业存在的污染控制问题，从企业、政府政策、市场、公众等方面解析，可以分为污染控制的认识和态度障碍、技术障碍、机制障碍、公众参与程度低、污染控制战略转变滞后、污染排放标准的缺失等。

（1）态度障碍

食品加工企业的负责人对污染控制的认识不深，污染控制简单等同于降低污染产生的技术改造；或在尝试新的污染控制方案或清洁生产方案上顾虑重重，害怕失败；此外，企业维持正常生产的技术改造任务艰巨，污染防治资金不足或难以落实，在污染治理上维持现状，得过且过。

（2）技术障碍

由于食品加工行业的特性，实施新型的污染控制技术，需要必备的技术基础条件。然而，许多食品企业缺乏污染控制所需的必要数据以及取得数据所需要的设备、仪表等，无法落实污染控制；有的企业缺乏获得新型的污染控制的能力和途径，妨碍了企业及时了解水污染控制的最新发展动态和应用最新技术成果；企业职工特别是相关技术人员未能普遍接受污染控制方面的知识培训，开展污染控制的技术知识十分缺乏；此外，中小食品企业生产工艺和技术装备落后，不能解决存在的技术关键问题，因而难以有效开展污染控制工作。

（3）机制障碍

我国的污染控制机制主要是企业的被动接受，缺乏保障、企业缺乏相应的激励机制和约束机制加以驱动。例如尽管我国政府已于1996年出台了《中华人民共和国清洁生产促进法》，但是，由于目前我国政策性激励机制和约束机制相对滞后，主要是相关产业政策、资源政策、财税政策及排污控制制度等的缺失和不完善，执法的力度不够。结果未能充分调动企业开展清洁生产的积极性，大多数食品企业仅将末端治理作为应付政府环保要求的主要手段。又如，我国目前的政策强调环境排放标准，尚未实行总量控制来减少废弃物的排放，加之资源定价和排污收费很不合理，环境和资源的价值长期被低估或忽视，排污收费采取超标收费，根本不足以治理污染物，结果使得企业缴纳排污费要比治理废弃物"合算"得多，严重影响了食品企业开展污染防治的积极性和主动性。企业宁愿采用末端处理以达规定的排放标准而不愿采用清洁生产方式进行源头削减。

导致上述现象的原因之一是市场机制发育不健全。由于市场对企业开展污染控制的拉力不强，使得食品企业对开展污染控制缺乏内在需求，严重影响到企业实施污染控制的积极性。进一步了解和分析可知，市场上缺少价廉物美的污染控制技术工艺供应给企业；同时，企业花费巨资研发和生产的无污染的产品的价值没有得到市场的充分认同。

（4）公众参与程度低

我国公民参与环境保护、推崇污染控制的意识尚不够高，甚至连污染控制的概念本身还需要大力普及。多数人对环境污染不满，希望企业实施污染控制技术以减少污染，改善环境，却不愿意从自身、从自己的企业做起，尤其是当环境保护工作影响到个人或本单位利益的时候更是如此。

（5）污染控制战略转变滞后

食品加工业的污染治理大致经历了三个阶段，即稀释排放、末端治理和清洁生产。

针对工业界长期滥用稀释排放从而导致严重的环境污染，人们实施了"末端治理"战略，即对生产末端产生的污染物进行治理，实为"先污染后治理"。迄今为止，食品加工业治理污染主要还是采用这种战略。

与稀释排放相比，末端治理算是一大进步，它在一定程度上减缓了工业生产活动对环境的污染程度。然而，末端治理虽然付出巨大，但造成的污染依然未得到有效的控制。其原因如下：

① 由于末端治理体现的是传统环保理念，它仅着眼于控制企业排污口即末端，使排放的污染物通过治理达标排放。在污染治理技术有限的情况下，末端治理不能从根本上解决污染问题，有些污染物不能生物降解，若在末端治理不当还会造成二次污染。

② 随着食品加工业的发展和人们对健康重视程度的提高，一方面，生产所排污染物的种类越来越多，污染物的治理难度增大；另一方面，政府规定控制的污染物排放标准越来越严格，企业的治理费用也不得不大为增加。然而即使花费巨大，末端治理仍未能达到预期污染控制的目的。

③ 末端治理不能使污染控制与生产过程控制密切配合，以致使资源和能源在生产过程中得不到充分利用。

为此，1984年，联合国环境规划署对清洁生产所下的定义为："清洁生产是一种新的创造性的思想，该思想将整体预防的环境战略持续应用于生产过程、产品和服务中，以增加生态效率并减少对人类和环境的风险。""对生产过程，清洁生产包括节约原材料和能源，淘汰有毒原材料，减少所有废弃物的数量，降低其毒性。""对产品，要求减少从原材料提炼到产品最终处置的全生命周期的不利影响。""对服务，要求将环境因素纳入设计和所提供的服务中。"但在食品加工业中推行的清洁生产过程存在诸多问题，导致难以落实清洁生产技术。

（6）污染排放标准的缺失

水污染物排放标准是我国进行污染控制的一项基本手段。一般来说，水污染排放标准包括行业排放标准和综合排放标准，有行业排放标准的，优先执行行业排放标准。而在我国的污水排放标准中，仅有少数食品加工细分行业出台了相关的行业标准，绝大多数食品加工的细分行业标准缺失，即便颁布了行业标准，也存在着适用范围交叉严重的问题，因而食品加工行业更多地在使用污水综合排放标准，在进行食品加工行业废水的污染控制中存在着一系列问题：

① 污染控制项目缺乏针对性；

② 未设与食品加工制造业密切相关的总氮和细菌等特征指标，可能导致这些污染物排放失控；

③ 现行《污水综合排放标准》中 SS 浓度限值要求相对较宽泛，TP 浓度限值要求太严格，且污染物浓度限值与现行食品加工制造业的生产工艺、清洁生产技术和末端治理技术发展趋势不符；

④《污水综合排放标准》仅针对制糖工业和发酵及酿造工业两种食品加工制造业设置单位产品的最高允许排水量，大部分行业没有排水量的限制，只有浓度标准，很难杜绝稀释排放，从而无法实现对污染物排放总量的有效控制。

此外，《污水综合排放标准》中污染物指标无法有效地体现食品加工制造业的污染特征，不便于环境管理部门直接掌握行业废水的主要污染物及其特性。同时该标准中污染物指标过多，地方环境保护部门执法过程中开展监测工作时容易遗漏一些重要指标或者出现选择监测项目偏多的问题。

参 考 文 献

[1] GB/T 4754—2017.

[2] GB 8978—1996.

[3] GB 18918—2002.

[4] GB 13457—1992.

[5] 唐受印，戴友芝，刘忠义，等 . 食品加工业废水处理 [M] . 北京：化学工业出版社，2001：9-13.

[6] 刘梦佳 . 食品加工业废水处理技术综述 [J] . 建筑与预算，2019 (04)：32-36.

[7] 王思巧 . 食品加工业废水处理技术概述 [J] . 科技经济导刊，2016 (09)：141-142.

[8] 高雪桃，张涛，张侠，等 . 浅谈食品加工中废水处理技术 [J] . 民营科技，2015 (06)：63-64，225.

[9] 李秀芬 . 食品加工业废水资源化与处置 [J] . 生物产业技术，2010 (1)：47-50.

[10] 邹文，郑瑶，郑超 . 食品加工业废水的处理技术 [J] . 四川水泥，2015 (10)：43-43.

[11] 翁新春，方薇，陈祎斐 . 食品加工业废水处理工艺及节能探究 [J] . 资源节约与环保，2015 (2)：63-65.

[12] 俞汉青 . 食品加工业废水资源化处理与利用方法 [J] . 资源开发与保护，1992 (2)：143-144.

[13] 朱航 . UASB-SBR 工艺处理食品加工业废水 [J] . 首都师范大学学报（自然科学版），2014，35 (2)：46-48.

[14] 孙迎雪，何国霞 . AB 法在食品生产废水处理工程中的应用 [J] . 兰州交通大学学报，2004 (04)：41-43.

[15] 夏永红，夏禹，刘清慧 . 浅谈食品加工业废水处理 [J] . 现代化农业，2009 (10)：18-21.

［16］　杨岳平，徐新华，刘传富．废水处理工程及实例分析［M］．北京：化学工业出版社，2003.

［17］　姜深，宋人楷，杨平．食品工厂常用的废水控制和处理方法［J］．粮油加工与食品机械，2001（02）：31-33.

［18］　李明，高峰．食品废水处理技术研究进展［J］．山东化工，2017，46（13）：66-67，70.

［19］　裴继春．水污染的危害及防治［J］．工业安全与环保，2006，32（3）：18-19.

第2章
食品加工行业典型清洁生产成套技术

2.1 赖氨酸高效发酵与结晶分离技术

2.1.1 技术简介

赖氨酸化学名称为 2,6-二氨基己酸或 α,ε-二氨基己酸,是人和动物生长发育所必需的一种氨基酸,作为第一限制性必需氨基酸广泛应用于食品、饲料和医药领域,在平衡氨基酸组成方面起着十分重要的作用。游离 L-赖氨酸呈碱性,放置时极容易吸收空气中的 CO_2 气体生成碳酸盐。因此,一般工业制造产品是以 L-赖氨酸盐酸盐形式存在。

国内企业一般采用直接发酵法生产赖氨酸,以淀粉水解液作为碳源,以豆粕水解液作为有机氮源,以硫酸铵、液氨等作为无机氮源,采用特定菌株在发酵罐中发酵,发酵法生产赖氨酸分为四个工段,即淀粉水解、豆粕水解、发酵和提取精制。

1)淀粉水解

将淀粉乳计量后送入调浆罐调浆,并加液化酶液化,液化后采用间歇糖化,达到规定的 DE 值时送入发酵工段,糖化浓缩冷凝液排出,滤渣可混入饲料综合利用。

2)豆粕水解

豆粕与盐酸在密闭条件下加热反应,反应后降温、降压、闪蒸蒸出盐酸,用水和稀氨水吸收;反应液再经蒸发浓缩得到豆粕水解液,蒸出的盐酸用水和稀氨水吸收。在真空泵放空气中会含有微量 HCl,蒸发吸收尾气中也含有极微量 HCl。豆粕水解蒸发冷凝液排入污水站,稀氨水用来冲洗离子交换柱。

3)发酵

豆粕水解液和从淀粉糖化工序送来的糖化液、硫酸铵、无机盐、营养素和消泡剂等添加剂在发酵罐内反应。采用单级直接间歇好氧发酵,发酵温度控制在(32±1)℃,pH=7,发酵时间为 50h 左右,反应结束后再经浓缩,得到的发酵液送入提取精制工序,发酵液浓缩冷凝液送入污水站,洗罐水排入污水处理站。

4)提取精制

L-赖氨酸是一种碱性氨基酸,其等电点为 9.74,当溶液在酸性情况下赖氨酸呈阳离子状态交换吸附于阳离子交换树脂上。树脂在交换柱内吸附赖氨酸盐酸盐，再用稀氨水把赖氨酸盐酸盐从树脂上洗脱下来。离子交换产生的固定床废水（PIT）在车间内絮凝沉淀后再排入污水站。提取赖氨酸后的母液用高速离心机分离，菌体和固体物浓缩于底流中，用于制取蛋白饲料，顶流上清液为赖氨酸提取液浓缩后经储罐暂存的液体，作为液体肥料外运，提取液蒸发冷凝液、EF、EL、冷凝液进入中水回用车间再处理后回用。

因洗脱液中赖氨酸浓度较低，而铵离子含量较高，所以需要浓缩脱氨，提高赖氨酸浓度，当溶液中赖氨酸浓度达到 50%～60% 后进入中和罐，蒸出的氨水经吸收后制成稀氨水用于冲洗离子交换柱。

浓缩液放入中和罐，边搅拌边加入盐酸调节 pH 值，冷却过饱和液自然结晶，析出 1 分子结晶水的粗赖氨酸盐酸盐晶体，再用离心机分离得到粗赖氨酸，结晶废水及离心清洗废水返回中和罐。

新的赖氨酸结晶工艺省略了传统的离子交换工序，对发酵和结晶工艺进行优化，能够提高赖氨酸收率，大幅度降低酸碱和水的消耗，同时降低能耗，减少有价组分随废水排放，从源头降低废水排放量和废水中的有机物。具体包括：

① 发酵菌种及发酵工艺（培养基）研究与优化。应用基因工程技术等手段研发高产赖氨酸新菌种，新菌种对氯盐等改性添加剂适应性强，原料消耗低；研发大规模工业化条件下，赖氨酸菌种的发酵动力学、发酵工程技术；简化培养基配方，降低发酵结束后发酵液中发酵因子的残存量，减少结晶过程中的影响因素。将发酵添加的营养盐由硫酸铵改为氯化铵，赖氨酸盐酸盐的收率为 50%～60%。

② 超滤工艺优化研究。通过控制膜通过孔径的大小，减少低分子量蛋白、多肽的通过率，从而提高后段赖氨酸结晶物的纯度。本示范装置采用了法国欧瑞利斯的微滤陶瓷膜，赖氨酸盐酸盐的收率为 50%～60%，产成品纯度≥98.5%，符合 NY 39—1987 标准要求。

③ 多效蒸发工艺优化研究。通过改变多效蒸发的时间和温度，达到合理的物料的结晶浓度，最大限度地提高一次结晶率，降低能源消耗。本示范装置采用了四效真空蒸发，一效温度≤90℃。

④ 发酵液黏度、微粒对膜通量、膜污染影响及微滤过程强化研究。通过对发酵液黏度、发酵液成分、影响膜通量因素的分析研究，确定最佳发酵液浓度，最佳膜压力及最佳膜污染的处理方法。

⑤ 赖氨酸结晶热力学、动力学研究。研究赖氨酸结晶过程中温度、浓度与结晶速率之间的相互关系，找出最佳结晶温度和物料浓度。

⑥ 高效结晶反应器优化设计与控制技术研究。确定最佳物料结晶体积，结晶过程中搅拌速率、结晶温度及分离膜孔径的优化。

⑦ 结晶残液制饲料工艺与关键设备研究。研究结晶母液的后处理工艺、结晶母液发酵造粒技术及设备研究。本示范装置结晶残液全部用于流化床制粒干燥，生

产 65％含量的赖氨酸硫酸盐产品。工艺流程为结晶残液—膜过滤滤出液—pH 值调整—造粒烘干—成品。

2.1.2　适用范围

赖氨酸的生产。

2.1.3　技术就绪度评价等级

TRL-6。

2.1.4　技术指标及参数

（1）赖氨酸结晶动力学计算

采用间歇动态法中的矩量变换法测定赖氨酸水溶液中蒸发结晶成核与生长速率，按照多元线性回归求出相应的动力学参数。

用于动力学参数回归的过饱和度 ΔC 和悬浮密度 M_T 均为两次取样间的平均值［式(2-1)，式(2-2)］

$$\overline{\Delta C_{i,i+1}} = \frac{\Delta C_i + \Delta C_{i+1}}{2} \tag{2-1}$$

式中　ΔC_i——第 i 次取样时的过饱和度；

　　　ΔC_{i+1}——第 $i+1$ 次取样时的过饱和度；

　　　$\overline{\Delta C_{i,i+1}}$——第 i 次和第 $i+1$ 次取样过饱和度的平均值。

$$\overline{M_{T_{i,i+1}}} = \frac{M_{T_i} + M_{T_{i+1}}}{2} \tag{2-2}$$

式中　M_{T_i}——第 i 次取样时的悬浮密度；

　　　$M_{T_{i+1}}$——第 $i+1$ 次取样时的悬浮密度；

　　　$\overline{M_{T_{i,i+1}}}$——第 i 次和第 $i+1$ 次取样悬浮密度的平均值。

根据取样分析得到的一系列不同时刻下的溶液过饱和度 ΔC、悬浮密度 M_T 以及样品的粒度分析结果，采用矩量变换法计算出相应时间间隔下的成核速率 B^0 和生长速率 G 后，再根据成核和生长动力学经验方程按多元线性最小二乘法回归出各动力学参数，即得到赖氨酸的结晶动力学方程为［式(2-3)，式(2-4)］：

$$G = 2.9 \times 10^6 \exp\left(-\frac{92100}{RT}\right) \Delta C^{1.84} \tag{2-3}$$

式中　ΔC——溶液过饱和度；

　　　G——生长速率。

$$B^0 = 1.1 \times 10^{16} \exp\left(-\frac{48900}{RT}\right) \Delta C^{0.96} M_T^{0.94} N_p^{0.77} \tag{2-4}$$

式中　T——温度；

　　　ΔC——溶液过饱和度；

M_T——悬浮密度；

B^0——成核速率；

N_p——搅拌速率。

实验中温度的变化范围 T 为 $45\sim60℃$，搅拌速率的变化范围是 $300\sim550r/min$。根据式(2-3)、式(2-4) 得到生长过程的活化能 $E_G=92.1kJ/mol$，成核过程活化能 $E_B=48.9kJ/mol$。

（2）温度对结晶动力学的影响

在工业结晶中，成核速率 B^0 常用经验表达式来描述（式 2-5）

$$B^0 = K_N N_p^i M_T^j \Delta C^b \qquad (2\text{-}5)$$

式中 K_N——成核速率常数；

 ΔC——溶液过饱和度；

 M_T——悬浮密度；

 B^0——成核速率；

 N_p——搅拌速率；

i,j,b——受操作条件影响的常指数。

温度对于成核的影响表现在对成核速率常数 K_N 的影响，K_N 表示为温度的函数 $K_N = k_b \exp(-EB/RT)$。由于温度的升高加强了溶液中溶质分子的热运动，使分子间的碰撞能量和碰撞概率增加。对于初级成核需要克服能垒才能产生临界晶核，温度的升高使形成晶核的能垒减小，临界粒径变小，成核更易进行；而二次成核过程形成晶核所需能量就小得多。因此温度的升高有利于成核的发生，见图 2-1。

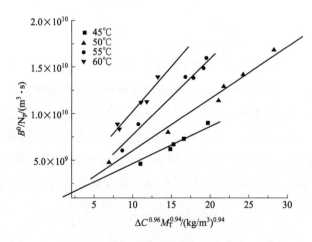

图 2-1 温度对成核的影响（400r/min）

晶体生长采用经验关系式：

$$G = K_g (C-C^*)^g = K_g \Delta C^g$$

式中 g——成长指数；

 K_g——成长动力学常数；

ΔC——过饱和度。

由晶体生长的扩散学说可知，晶体生长过程由溶质扩散和表面反应两个步骤组成，即溶液中溶质分子在浓度梯度推动力的作用下，穿过靠近晶体表面的静止液层，扩散到晶体表面，克服表面反应的能垒进入晶格使晶体成长。通常在溶质扩散过程中，温度升高溶液的黏度减小，扩散系数增大，有利于扩散过程的进行。对于表面反应过程，升高温度，使得溶质分子具有更高的能量，更容易克服表面反应的能垒进入晶格，见图2-2。

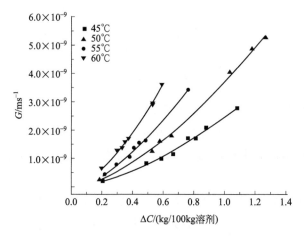

图 2-2　温度对生长速率的影响（400r/min）

因此，升高温度，扩散和表面反应两个步骤的综合作用使晶体生长速率常数 K_g 增大，由实验回归得到的晶体生长过程活化能为 92.1kJ/mol。由于表面反应速率随温度的增加比扩散快，高温下晶体生长偏向扩散控制，低温则被表面反应控制。

（3）搅拌对结晶动力学的影响

由结晶动力学的分析可知，悬浮液的流体力学状态显著影响结晶成核和晶体生长速率。影响结晶器内流体状态的主要因素包括结晶器和搅拌桨的形式以及搅拌速率等。

结晶过程中二次成核过程是晶核的主要来源，由二次成核过程的机理可以看出表观二次成核和真正二次成核均与结晶器内流体和晶体的相互作用有关，而接触二次成核则取决于晶体与器壁、搅拌桨以及其他晶体的碰撞。当搅拌桨的形式确定之后，增大搅拌桨转速，晶体所受到的作用力增加，晶体表面形成的二次晶核由于流体的作用从晶体表面脱离，造成晶核数量增加。随着晶体运动速率的加大，晶体与器壁、搅拌桨以及其他晶体的碰撞频率显著增加，因而成核速率随搅拌速率的增加而增大，结果见图2-3。

当搅拌桨形式一定时，结晶器内固液相混合随着搅拌速率的增大而加剧，减弱溶液过饱和度在空间上的差异。若使悬浮液的晶浆均匀悬浮，搅拌速率应大于某一最小值。该最小值取决于晶体的特性，如晶体形状、粒度、密度以及溶液的性质。

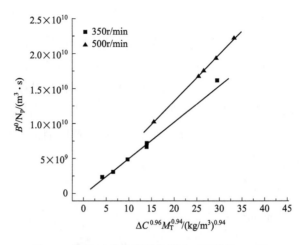

图 2-3 搅拌对成核速率的影响（温度为 323K）

对于控制晶体生长的扩散和表面反应两个步骤，由于搅拌速率的增大，靠近晶体表面的滞留层变薄，溶质的扩散阻力减弱，扩散传质系数增大；当浓度推动力一定时，表面反应推动力也会增加。所以，提高搅拌速率有助于同时提高扩散速率和表面反应速率。

为了保证实验过程中每次取样具有代表性，搅拌速率必须足以使结晶器内的晶浆混合均匀。实验结果证明，改变搅拌速率对晶体生长速率的影响不大。这是因为在实验所选用的搅拌速率下，晶体的生长被表面反应控制，增加搅拌速率对晶体生长的影响已经十分微小，实验结果见图 2-4。

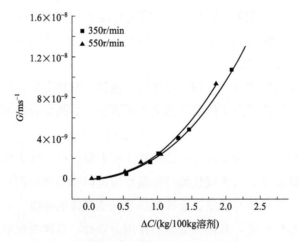

图 2-4 搅拌对生长速率的影响（温度为 323K）

2.1.5 主要技术优势及经济效益

赖氨酸生产传统工艺为发酵液经过调酸、灭菌、膜过滤后，清液再经离子交换、蒸发（浓度控制 18°Bé）、结晶（浓度控制 25.5°Bé）、离心（含水量在 30% 左右）、干燥（水分控制<1%），最后出 98% 赖氨酸的成品。此工艺经过多年的运行

和改进，清洁生产上已取得了一些成效，但因离子交换固有的缺陷，在运行过程中能耗巨大，主要存在以下问题：

① 上柱过程离子交换需要大量新鲜软化水；

② 排放大量高 COD，高氨氮污水，处理困难；

③ 发酵液在上柱过程中被稀释后再浓缩处理，需要大量蒸汽；

④ 液氨、盐酸、氯化铵等原料不能充分利用，对环境造成污染，对生产造成浪费。

而赖氨酸直接结晶法是将发酵液经过灭菌等预处理后，直接进行蒸发浓缩结晶，分离得到干燥的 98% 赖氨酸成品，并利用分离母液生产 65% 复合氨基酸的过程。新工艺具有以下优点：

① 大量减少蒸汽和新鲜水，节省能源和水量消耗；

② 无需使用液氨和氯化铵，盐酸用量也大幅减少；

③ 污水排放几乎为零，达到无污染生产；

④ 赖氨酸发酵液得到充分利用。

采用传统离子交换工艺与赖氨酸直接结晶能耗及污水排放对比如表 2-1 所列。

表 2-1　传统离子交换工艺与赖氨酸直接结晶能耗及污水排放对比

序号	项目	目前工艺最低用能	新工艺用能	节约能耗	单位
1	新鲜软化水	12	0	12	t
2	污水排放	28	0	28	m³
3	能源排放	12	0	12	t
4	蒸汽	4.9	3.0	1.9	t
5	液氨	0.125	0	0.125	t
6	盐酸	0.689	0.068	0.621	t
7	氯化铵	0.15	0	0.15	t
8	电	700	600	100	kW·h

直接结晶法生产赖氨酸改变了传统的高纯度赖氨酸离子交换生产工艺，实现污水的"零排放"，节能降耗，为解决发酵法生产氨基酸工艺后处理过程易产生大量污水的问题提供了切实可行的解决方案。按年产 10 万吨 98% 赖氨酸计算，采用赖氨酸直接结晶法，每年可少排污水 280 万吨、节新鲜水 120 万吨、节约液氨 1.25 万吨、节约盐酸 6.21 万吨、节约氯化铵 1.5 万吨、节约蒸汽 19 万吨、节约用电 1000 万千瓦时。

2.1.6　工程应用及第三方评价

2009 年在长春大成新资源集团有限公司建立日产 3t、5t 直接结晶法赖氨酸提取工艺的示范装置 2 套。2010 年年底，50t/d 装置投入满负荷生产，总处理能力达到 2 万吨/年，源头减少污水排放 30 万吨/年，COD 减排 1725t/a，每年节省新鲜水 20 万吨、液氨 2000t、盐酸 6000t、氯化铵 600t、蒸汽 5000t。

2.2 大豆蛋白多级逆流固液提取技术

2.2.1 技术简介

大豆分离蛋白（SPI）是以脱脂豆粕为原料制备而成的蛋白粉，在食品行业应用十分广泛。目前，国内生产企业普遍采用的 SPI 生产工艺——碱溶酸沉工艺，即豆粕经水（pH＞7.0）浸提后离心去除不溶物，将获得的提取液通过酸沉处理后离心分离出凝乳和乳清，凝乳经水洗后进行喷雾干燥获得 SPI 粉末。碱溶酸沉工艺中豆粕处理过程多采用传统的罐式提取，该提取工艺中主要存在着 4 个方面的问题：

① 蛋白回收率低。每生产 1t 大豆蛋白粉需要的原料为 2.4t 豆粕，大豆蛋白粉中的蛋白质含量按 90％计算，原料豆粕中的蛋白质含量按 55％计算，则原料豆粕中蛋白质的收率为 65％。

② 用水量大。生产每吨蛋白粉的用水量约为 33t，导致目前每条生产线的乳清废水量高达 21.5～22.0t/h。

③ 乳清废水中蛋白质含量高。目前该工艺导致的乳清废水中的蛋白质含量高达 0.4％～0.5％，导致了大量蛋白质的流失。

④ 蛋白质功能性质不高。由于高分子量的蛋白质组分释放速率较慢，导致传统的罐式提取得到的蛋白粉中高分子量的蛋白质组分含量较低，导致其功能性质不高，从而影响其在食品工业中的应用。因此，研究新型 SPI 提取工艺以降低用水量并提高蛋白质的回收率对于大豆分离蛋白质制备行业清洁生产和降低排污量等方面具有重要意义。

多级逆流固液提取（multi-stage solid-liquid countercurrent extraction）是一种固相物料和溶剂的相对运动方向相反、连续定量加入物料和溶剂并导出残留物和提取液的分离技术。根据提取设备的不同，多级逆流固液提取可分为罐组式、连通器式、螺旋式以及离心式等多种形式。在多级逆流固液提取过程中处于不同位置的溶剂存在浓度梯度，增加了溶剂和固相之间的浓度差异，从而获得较快的目标物释放速率并获得较高的提取液浓度。多级逆流固液提取技术由于具有溶剂用量少、提取时间短和生产效率高等优点，近年来在食品、中药、天然产物等领域中的应用日益增多。

大豆蛋白多级逆流固液提取技术建立了基于多级逆流固液萃取的大豆分离蛋白提取工艺，总体流程如图 2-5 所示。在提取过程中清水从右向左移动，豆粕相对于提取液从左向右移动，在整体上豆粕与提取液相对运动方向相反。提取液 E_3 经过酸沉淀后依次经离心、洗涤和喷雾干燥后获得 SPI 粉。

2.2.2 适用范围

大豆分离蛋白生产。

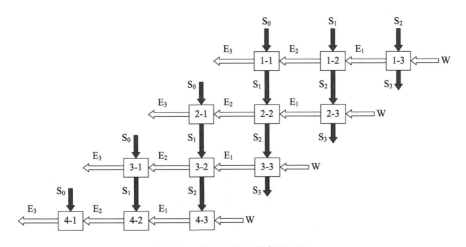

图 2-5　多级逆流固液提取过程

S$_0$—新鲜豆粕；S$_1$、S$_2$和S$_3$—提取1次、2次和3次后的豆粕；W—清水；E$_1$—提取两次后的豆粕与清水混合后的提取液；E$_2$—提取1次后的豆粕与E$_1$混合后的提取液；E$_3$—新鲜豆粕与E$_2$混合后的提取液

2.2.3　技术就绪度评价等级

TRL-6。

2.2.4　技术指标及参数

大豆蛋白多级逆流固液提取技术的主要指标及参数通过以下研究过程来确定。

（1）豆粕中蛋白质识别方法

利用蛋白质反相色谱技术对大豆分离蛋白中不同种类的蛋白质进行了分离，对不同保留时间的组分进行了收集。利用蛋白质酶解技术对各组分进行了酶解处理，采用 HPLC-MS 技术对各蛋白质组分进行了识别，确定了反相色谱分离后获得的各种蛋白质种类及其亚基，及其在 2S、7S、11S 和 15S 组分等不同种类蛋白的归属性。

利用蛋白质反相色谱技术对提取大豆分离蛋白后的乳清废水中不同种类的蛋白质进行分离，对不同保留时间的组分进行了收集。利用蛋白质酶解技术各组分进行了酶解处理，采用液质联用技术对各蛋白质进行了识别。确定了乳清废水中各种蛋白质及其在 2S、7S、11S 和 15S 组分等不同种类蛋白的归属性。

豆粕中不同组分释放过程中的蛋白质识别研究以及乳清废水中的蛋白质识别研究结果表明，7S 组分和 11S 组分中的蛋白质的二硫键解聚是影响大豆分离蛋白提取工艺的关键因素，建立多级逆流固液萃取工艺应重点避免在蛋白提取过程中 7S 组分和 11S 组分解离；乳清废水中存在大量碱性、等电点较高的蛋白质或亚基，这些蛋白质和亚基主要来源于大豆 11S 组分中的碱性亚基（β subunit）。使用 HPLC-MS 技术研究了乳清废水中的蛋白质种类，发现主要蛋白是 11S 蛋白质中的碱性亚基，这些亚基具有较高的等电点，在酸沉过程中不易通过等电点沉淀法被去除，因此在大豆分离蛋白的提取过程中通过减少 11S 组分解离可增加 11S 组分的蛋白沉淀量，减少乳清废水中的蛋白质总量。在大豆分离蛋白提取过程中应尽可能降低11S亚基的解聚，以减少乳清废水中11S组分的碱性亚基含量，并进而降低乳清废水中的总蛋白浓度。

（2）大豆分离蛋白释放行为

比较了豆粕中不同组分释放行为，重点以2S组分以及7S组分和11S球蛋白为指标考察了不同提取条件下提取液中各组分相对含量变化。图2-6是不同提取次数获得的豆粕提取液HPLC图谱。从图2-6中各色谱峰变化可以看出，随着提取次数增加上清液中2S组分（保留时间为14.98～20min）的含量逐渐降低，保留时间为23min的色谱峰中存在11S球蛋白的碱性亚基和2S组分中的Kunitz型胰蛋白酶抑制剂（KTI），该色谱峰面积随着提取次数增加逐渐降低。

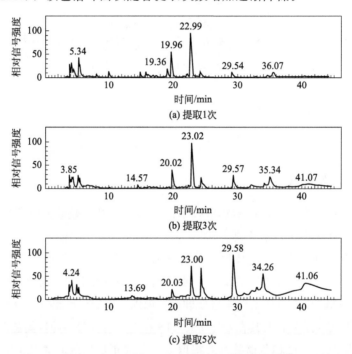

图2-6　提取1次、3次和5次获得的豆粕提取液HPLC图谱

HPLC-MS/MS分析结果表明，提取两次后该色谱峰中主要是11S球蛋白的碱性亚基，而2S组分中的KTI含量较低，表明2S组分具有较快的释放速率。含7S组分和11S球蛋白的各色谱峰（如图2-6保留时间为24.67min、29.7min和36.2min）面积变化趋势表明随提取次数逐渐增加上清液中7S组分和11S球蛋白所占比例逐渐增加。实验使用凝胶过滤色谱法（HPSEC）对不同提取次数的上清液进行了分析，图2-7表明随着提取次数增加，提取液中高分子量组分的比例增加，该结果与基于HPLC-MS和反相色谱分析的研究结果一致。

以二级质谱中检测出的目标多肽对应的一级质谱峰面积表示不同种类蛋白质在提取过程中的动态变化。图2-8是以提取液中KTI、α亚基和A5A3B4亚基的多肽峰面积代表的2S、7S和11S组分在提取过程中的相对释放量随提取

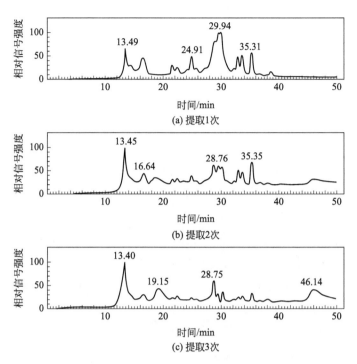

图 2-7　提取 1 次、2 次和 3 次获得的豆粕提取液 HPSEC 图谱

次数的变化。2S 组分在第 1 次提取时的相对释放量高达 55% 左右，提取 2 次时相对释放量就超过 80%，分子量较高的 7S 组分和 11S 组分的相对释放量较 2S 组分低，4 次提取总释放量不足 90%。可见，7S 组分和 11S 组分由于释放速率低于 2S 组分，其提取过程需要更长的时间；此外，在提取过程中增加豆粕与提取液之间 7S 组分和 11S 组分的浓度梯度有利于提高其释放速率，释放出的高分子量组分及时移出有助于增加豆粕和提取液之间的浓度梯度并提高豆粕中 7S 组分和 11S 组分的释放量。

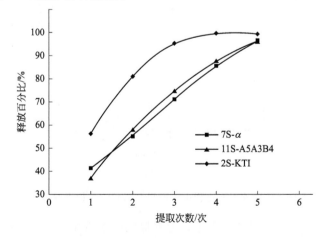

图 2-8　大豆蛋白质提取过程中 KTI、11S 组分中的 A5A3B4
亚基和 7S 球蛋白中的 α 亚基释放量动态变化

（3）多级逆流固液提取工艺

利用多级逆流固液提取法提取了大豆分离蛋白，研究了不同固液比条件下豆粕中蛋白质释放过程以及总蛋白释放量、提取液中不同蛋白质相对含量以及制备出的大豆分离蛋白分子量范围。图 2-9 和图 2-10 是在固液比例为 1：10 和单级停留时间为 6min 条件下不同提取级数蛋白提取液的 HPLC 和 HPSEC 图谱。图 2-9(a) 为提取液 E_1 的 HPLC 图谱，由于 2S 组分等低分子量蛋白经两次提取后释放较为完全，豆粕 S_2 中残留的蛋白质主要是 7S 组分和 11S 蛋白，图 2-9(a) 表明保留时间为 29min 的组分所占比例较高，因此提取液 E_1 中 7S 组分和 11S 组分所占比例较高，HPSEC 图谱中较高的保留时间为 13.43min，色谱峰信号强度也表明提取液 E_1 中主要是分子量较高的蛋白质［图 2-10(a)］，该结果与 7S 组分和 11S 组分释放行为研究结果一致。S_1 与 E_1 充分混合后 S_1 中的 7S 组分和 11S 组分继续释放，提取液 E_2 中 7S 组分和 11S 组分绝对含量增加。同时，图 2-9(b) 和图 2-10(b) 中提取液 E_2 中低分子量的组分含量也有所升高，其原因在于第 1 次提取过程中未完全释放的 2S 组分由于溶出速率高于 7S 组分和 11S 组分，相对比例逐渐增加。在多级逆流固液提取过程中，不同提取级数中 2S、11S 和 7S 组分的相对释放量动态变化见图 2-11，该结果与图 2-9 和图 2-10 研究结果一致。

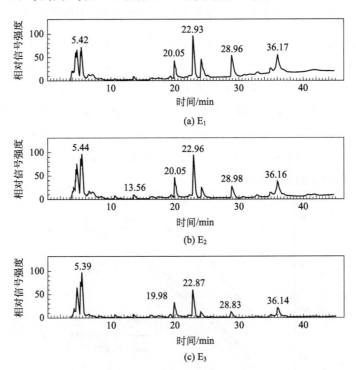

(a) E_1

(b) E_2

(c) E_3

图 2-9　多级逆流固液提取过程中不同提取级数的豆粕提取液 HPLC 图谱

在多级逆流固液提取过程中，随着提取次数增加豆粕中蛋白组分由左向右逐渐被释放，由于大豆蛋白中不同蛋白组分释放行为的差异，7S 和 11S 组分从 E_3 到 E_1 的相对比例逐渐增加，从 E_1 到 E_3 逐级提取后 7S 和 11S 绝对含量逐渐升高。实验

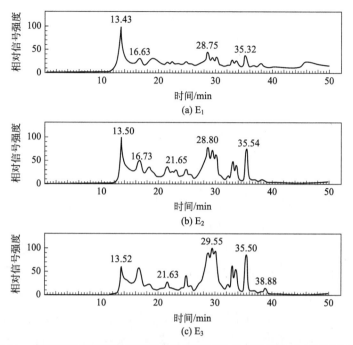

图 2-10　多级逆流固液提取过程中不同提取级数的豆粕提取液 HPSEC 图谱

比较了基于多级逆流法提取和传统提取过程获得的蛋白质溶液中 7S 组分和 11S 组分所占比例，结果表明多级逆流固液提取法获得的蛋白质溶液中 7S 组分和 11S 组分所占比例提高了 8%。可见在多级逆流固液提取过程中豆粕 S_0 经过一次提取后仍有大量未完全释放的 7S 组分和 11S 组分，这些组分在第 2 次和第 3 次提取时进行了较大量的释放，从而提高蛋白提取液中 7S 组分和 11S 组分的比例，这对于增加 SPI 中高分子量组分相对含量并改善 SPI 功能特性十分关键。

实验使用福林酚法测定了多级逆流固液方法提取大豆分离蛋白提取液中的蛋白质浓度，进行三次多级逆流平行实验（图 2-11）。豆粕中蛋白质含量为 55%，多级

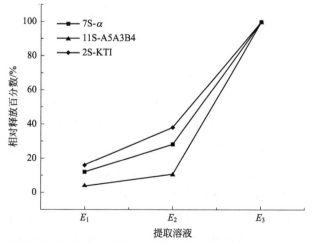

图 2-11　多级逆流固液提取过程中不同提取级数的提取液中 KTI、11S 组分中的
A5A3B4 亚基和 7S 球蛋白中的 α 亚基释放量动态变化

逆流固液提取工艺中大豆分离蛋白的提取率为 77.6%，而目前工业上每生产 1t 大豆蛋白粉需要的原料为 2.4t 豆粕，大豆蛋白粉中的蛋白质含量按 90% 计算，则原料豆粕中蛋白质的收率不足 70%。大豆中 2S、7S、11S 和 15S 四种组分的含量分别为 9.4%、34%、42% 和 4.6%，经过提取后 15S 组分中主要蛋白质存在于豆渣中，但仍有少量蛋白溶出；2S 组分尽管平均分子量较低且容易溶解，但部分蛋白质的等电点接近 4.5，因此，酸沉阶段会有部分 2S 组分以沉淀的形式与 7S 组分和 11S 组分共同沉淀。蛋白质等电点沉淀过程主要与溶液 pH 值有关，但蛋白质浓度会影响沉淀过程的收率，本实验中蛋白质收率提高的主要原因是提取液的浓度较高，多级逆流固液提取技术是一种有效提高大豆分离蛋白提取率的方法。

（4）固液比例对提取率的影响

目前工业上使用的大豆分离蛋白提取过程属于错流提取工艺，第一次提取时豆粕与水的比例为 1∶8，离心后向残余的豆粕中加入清水，加入量与第一次提取时豆粕用量的比例为 4∶1。在整体上豆粕与水的比例为 1∶12。由于错流提取工艺用水量较高，提取液中蛋白质浓度与用水量近似呈反比，7S 组分和 11S 组分的浓度被降低后导致其在酸沉阶段沉淀不完全，乳清废水中存在一定量的 7S 组分和 11S 球蛋白及其亚基，增加了后续水处理过程负荷，同时也降低了大豆分离蛋白的收率。

多级逆流固液提取过程中的固液比例为 1∶8，降低了提取过程的用水量。结果表明提取液中 7S 组分和 11S 组分的总释放率可达 75% 左右，在酸沉淀阶段 7S 组分和 11S 组分的收率提高了 3%，降低了乳清废水中 7S 组分和 11S 组分的总量，同时降低用水量后乳清废水中 2S 组分浓度与错流提取工艺相比有所增加。

比较了固液比例分别为 1∶7、1∶8 和 1∶9 条件下多级逆流固液提取工艺中大豆中蛋白质释放量以及 7S 组分和 11S 组分的相对含量变化。随着固液比的降低，多级逆流固液提取工艺对离心分离过程要求越高，在工业上会增加动力消耗。同时，过低的固液比导致 7S 组分和 11S 组分浓度过高也会影响其释放行为。与传统的蛋白提取工艺相比，固液比例为 1∶10 条件下用水量节省了 11%，同时由于提取液中较高的 7S 组分和 11S 组分浓度，在酸沉阶段 7S 组分和 11S 组分的收率较传统工艺中的酸沉阶段收率提高了 3%。

（5）基于 pH 值梯度的多级逆流提取过程

将大豆分离蛋白在不同 pH 值条件下放置后进行凝胶过滤色谱分析，测定分子量超过 100kDa（1kDa＝1000g/mol）组分的相对含量变化；结果表明在 pH＝8.0 条件下，多亚基蛋白质组分降解速率高于 pH＝7.0 条件下多亚基蛋白质组分降解速率；但在提取时间为 20min 以内时，提高提取过程的 pH 值可加速蛋白的释放速率；同时，蛋白质降解过程对最终产品的高分子量蛋白质的收率影响不显著。其原因在于：蛋白质为两性分子，当蛋白质浓度较高时具有一定的缓冲能力；在多级逆流固液萃取过程中，清水的 pH＝8.0，当蛋白质释放后溶液中存在大量的蛋白质组分，导致溶液的 pH 值降低，随着蛋白质释放量增加，pH 值逐渐降低并稳定在

7.0～7.2，与固液萃取过程中采用的固液比例相关。

采用在多级逆流固液萃取过程中增加 pH 值梯度的方式提取大豆分离蛋白，确定了在多级逆流固液萃取工艺中不同提取级数之间 pH 值梯度范围为 7.0～8.0，梯度确定了最佳固液比为 1∶8 和最佳提取时间为 20min（图 2-12）。

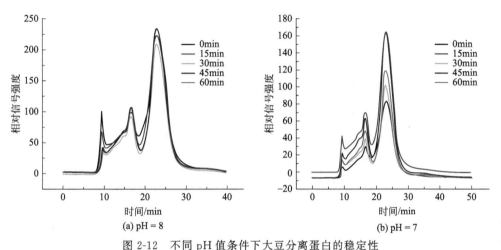

图 2-12　不同 pH 值条件下大豆分离蛋白的稳定性

2.2.5　主要技术优势及经济效益

整体上，多级逆流固液萃取过程中豆粕从左向右移动，而蛋白质的提取液由右向左移动，实现豆粕和提取液之间的逆向相对流动。豆粕经多级逆流固液萃取处理后得到的蛋白质溶液直接导入酸沉釜，后续处理工艺与现有工艺相同。多级逆流固液萃取工艺与传统的两次分别萃取和分离的过程相比，使用清水从豆粕残渣中提取蛋白增加了固相（豆粕残渣）和液相（水）之间的浓度梯度，而使用蛋白提取液从原料豆粕中继续提取蛋白可以有效增加蛋白质溶液的浓度。研究结果表明，通过多级逆流固液提取技术提取大豆分离蛋白的方法与传统的两次分步萃取和离心分离的工艺相比，不仅可节省约 11％的用水量，并且可以有效提高大豆分离蛋白中大分子量组分（7S 组分和 11S 组分）的相对含量，从而提高大豆分离蛋白的功能性质，提高大豆分离蛋白的产品质量。

2.2.6　工程应用及第三方评价

2010 年在大庆日月星有限公司建成日处理豆粕 2t 的示范生产线，运行稳定，产品质量稳定，节水 11％。

2.3　糠醛清洁生产技术

2.3.1　技术简介

糠醛（又名呋喃甲醛）是以农林废料（玉米芯、棉籽壳、甘蔗渣、木材碎屑）

为原材料，通过一定的生产工艺精制而成的一种淡黄色油状液体，其化学性质比较活泼，是一种重要的有机化工溶剂和生产原料，广泛应用于合成橡胶、合成纤维、医药、染料、香料等行业的生产与制造。我国糠醛行业发展很快，不论是产品产量还是质量都居世界前列，但"三废"污染还相当严重。随着我国政府对环保治理的力度不断加强，糠醛企业在环保方面的压力越来越大。

本技术针对玉米芯水解过程控制、粗馏塔塔底废水治理与资源化利用和分醛器排出的工艺废气中有价组分回收利用三个关键环节，基于资源高效清洁转化、能量梯级利用、多组分短程绿色分离、废弃物资源化的思路，以过程工程的原理与方法优化提升糠醛生产技术，有效抑制玉米芯水解过程的副反应，利用生产工艺中产生的高温醛汽作为热源对糠醛废水直接进行多效蒸发浓缩，获得绿色融雪剂产品，对一次蒸汽进行精馏分离丙酮和甲醇，二效后蒸汽冷凝后作为锅炉补充水。该工艺流程如图 2-13 所示。该技术主要工艺设备包括水解锅、蒸馏塔、蒸发器、喷雾造粒、换热器等（表 2-2）。

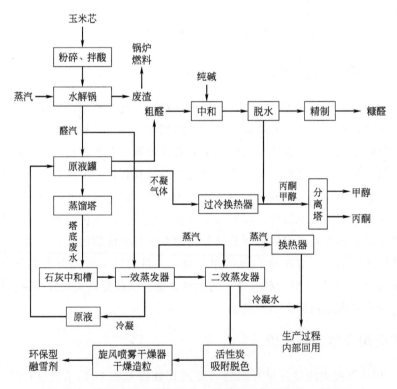

图 2-13　糠醛清洁生产与废水"零排放"集成技术工艺流程

表 2-2　主要设备一览表

序号	名称	型号/规格	材质	单位	数量	备注
1	中和罐	$\phi 1900 \times 1500$	SS	座	2	
2	沉淀槽	$3000 \times 6000 \times 1500$	SS	座	1	
3	生石灰投加器	$\phi 100 \times 1200$	SS	台	1	1.1kW

序号	名称	型号/规格	材质	单位	数量	备注
4	废水提升泵	WDS65-40-250	FC	台	2	2.2kW
5	一效蒸发器	ϕ750×11170	SUS316	座	1	158m²
6	一效分离室	ϕ1600×3570	SS	座	1	
7	一效循环泵	WDS1125-100-250	FC	台	2	7.5kW
8	一效冷凝水泵	50FB-25	FC	台	2	4.0kW
9	原液暂存罐1	ϕ700×1000	SUS304	座	1	
10	原液暂存罐2	ϕ600×1000	SUS304	座	1	
11	二效蒸发器	ϕ750×11170	SUS304	座	1	130m²
12	二效分离室	ϕ1900×3975	SS	座	1	
13	二效冷凝水泵	WDS65-40-250	FC	台	2	2.2kW
14	二效循环泵	WDS1125-100-250	FC	台	2	7.5kW
15	真空罐	ϕ600×1500	SS	座	1	
16	射流真空泵	1800m³/h,0.1MPa	FC	台	1	7.5kW
17	除沫器	500×500	SS	座	2	
18	冷凝器	ϕ800×4000×2	SS	座	1	156m²

2.3.2　适用范围

糠醛生产。

2.3.3　技术就绪度评价等级

TRL-6。

2.3.4　技术指标及参数

糠醛清洁生产技术的主要技术指标及参数如下。

（1）硫酸催化玉米芯水解生产糠醛工艺优化

我国糠醛工业生产一般在135～175℃、4.0%～8.0%硫酸催化下进行，糠醛收率较低，仅为50%～60%。影响糠醛收率的工艺参数主要有蒸汽蒸出流量、反应时间、温度、硫酸浓度、液固比等，深入研究糠醛生产工艺的影响因素，对这些参数进行优化是改进糠醛生产工艺的基础，同时也为寻求新工艺提供方向。本书主要针对糠醛收率低、玉米芯资源浪费严重的问题，研究玉米芯水解过程的主要工艺参数对糠醛收率的影响，采用单因素实验和正交实验的方法对工艺条件进行了优化，在优化工艺的基础上选择添加阻聚剂和抗氧剂，抑制玉米芯水解过程发生的副反应，进一步提高糠醛收率。实验装置主要由高压反应釜、平流泵组成，如图2-14所示。

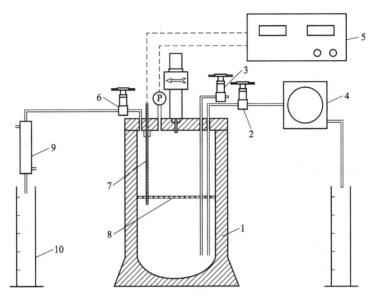

图 2-14　水解实验装置

1—高压反应釜；2—液体进料阀；3—液体出料阀；4—平流泵；5—控制箱；6—气相采出阀；

7—热电偶；8—金属丝筛板；9—控制箱；10—量筒

　　将已粉碎的玉米芯在 105℃ 烘干后，称取 100g，加到配置好的一定浓度稀硫酸中，加热至沸腾。将混合物转移至高压反应釜 1 中，玉米芯停留金属丝筛板 8 上，硫酸流入下部空间，密封加热。加热至 100℃ 时，打开反应釜汽相采出阀 6 排空气 10～20min，关闭阀门。待水解温度达到 140℃ 后，将气相采出阀 6 稍稍打开，并开始计时。这时反应体系中已经有少量糠醛生成，醛汽经控制箱 9 冷凝后，进入接收量筒 10 中。待温度达到设定值（如 180℃）后，再通过调节气相采出阀 6 的开度来控制醛汽蒸出流量，同时打开平流泵 4 向高压釜中注入去离子水，保持注水流量与糠醛采出流量相等。每隔 30min 测定接收液中糠醛的含量来判断糠醛的反应进程，当 30min 内糠醛收率增加少于 1% 时，停止反应。关闭加热旋钮和进水阀门，降温后拆卸高压釜。

　　本实验采用釜外加热，反应釜内体系保持沸腾，由于不断移出产生的蒸汽，使体系的压力略小于相应温度下的饱和蒸汽压，即在压力 p 一定时，体系温度高于相应的饱和温度。根据液态部分互溶体系的温度-组成相图（图 2-15），分子量为 A 的糠醛生成时，对应在相图中是 b 点，可见生成的糠醛完全进入汽相，由于汽相没有 H^+ 和中间体，糠醛不会发生副反应。这种方式与工业生产中采用通入饱和蒸汽为系统提供热量并生成的糠醛相比，可有效抑制糠醛副反应的发生。

　　1）蒸出流量的影响

　　在 140～240℃ 温度范围内，保持硫酸浓度 5%、液固比 8 不变，蒸出流量对糠醛收率的影响如图 2-16 所示。

　　提高蒸出流量，缩短反应釜停留时间，生成的糠醛可被及时移出体系，减少副

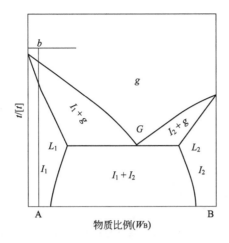

图 2-15　液态部分互溶体系的温度-组成相图

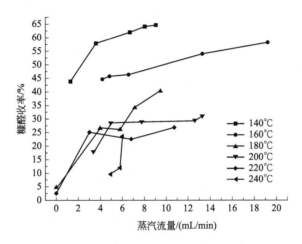

图 2-16　蒸出流量对糠醛收率的影响

反应的发生。我国传统糠醛生产工艺没有对通入水解锅蒸汽进行流速定量控制。在糠醛生产中，若蒸汽流量太小，容易导致糠醛在水解锅内停留时间过长，造成糠醛收率较低；若蒸汽流量过大，则蒸汽消耗高。因此糠醛工业生产中有必要实行蒸汽流速的定量控制，缩短停留时间 τ，进而提高糠醛的收率。

2）反应时间的影响

图 2-17 和图 2-18 分别给出了反应时间对糠醛收率和糠醛浓度的影响。由图 2-17看到，随着反应时间延长糠醛收率提高。当反应时间等于 153min，木糖反应完毕后，生成的糠醛还没有被完全移出，反应时间应稍大于木糖反应完毕时间。由图 2-18 可以看到，生成的糠醛主要进入气相，但随着反应进行，会有一部分溶解到液相，在液相发生副反应，并且超过 122.7℃，糠醛与水可以任意混溶，当反应时间大于木糖反应完毕时间时，气相 φ（糠醛）降低，且开始小于液相 φ（糠醛），反应时间过长会导致糠醛发生树脂化副反应，所以反应时间不宜过长。综上可知，反应时间过短，反应进行得不彻底，糠醛收率低；反应时间过长，副反应加剧，糠

醛收率也会降低。因此反应时间应稍大于木糖反应完毕时间，即 $t \geqslant t_x$。

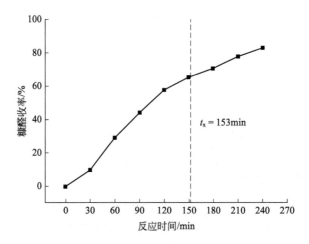

图 2-17 反应时间对糠醛收率的影响

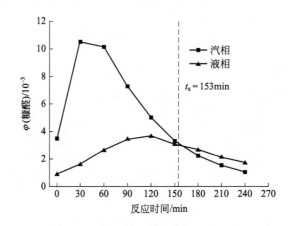

图 2-18 反应时间对糠醛浓度的影响

反应时间还会间接影响耗水量的大小。在蒸出流量相同的条件下，反应时间越长，耗水量越大；反应时间越短，耗水量越小。所以应在保证一定糠醛收率的情况下，尽量缩短反应时间。

3）硫酸浓度的影响

硫酸浓度对糠醛收率的影响如图 2-19 所示。由图 2-19（a）可见，硫酸浓度提高，糠醛收率曲线斜率提高，达到最大收率时间提前，但糠醛收率降低。说明硫酸浓度提高，糠醛生成速率加快。由图 2-19（b）可见，在硫酸浓度 0.25%～5.0% 范围内糠醛收率随硫酸浓度升高而降低。

硫酸浓度通过影响反应速率而影响糠醛收率，硫酸浓度低，水解速度慢，水解不完全，糠醛收率低；硫酸浓度提高，糠醛生成速率加快，反应时间缩短；但硫酸浓度过高，反应过快，在一定停留时间下，则 $\tau >$ 最佳反应时间（t_{opt}），糠醛来不及移出体系，在液相发生的副反应加剧，糠醛收率降低。因此，在温度一定时存在最佳硫酸浓度。

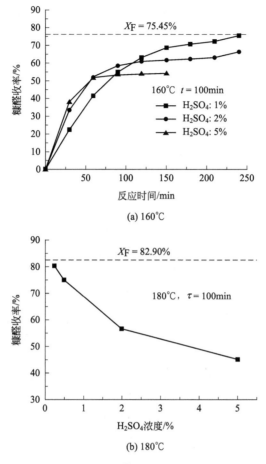

图 2-19　硫酸浓度对糠醛收率的影响

我国传统糠醛生产工艺，硫酸浓度较高为 4.0%～8.0%。若选择较低硫酸浓度，反应速率降低，生成的糠醛能够及时移出体系，糠醛收率提高；保证 $\tau \leqslant t_{opt}$ 所需的蒸汽流量降低，蒸汽消耗降低；硫酸用量少，产生的酸性废水环境污染降低。

4）反应温度的影响

保持蒸出流量 10mL/min（停留时间 100min）、液固比 8 不变，硫酸浓度 5.0%，反应温度对糠醛收率的影响如图 2-20（a）所示。保持蒸出流量 10mL/min（停留时间 100min），液固比 8 不变，调节硫酸浓度使 $\tau \leqslant t_{opt}$，温度对糠醛收率的影响如图 2-20（b）所示。由图 2-20（a）可见，反应温度升高，糠醛收率曲线斜率增大，达到最大收率的时间提前，说明温度提高，反应速率加快。由图 2-20（b）可见，在 120～180℃ 范围内，温度提高，糠醛收率提高，在 180℃ 时，糠醛收率达 80.84%，但温度达到 200℃ 时，糠醛收率反而下降。

我国传统糠醛生产工艺中，水解锅底部通入 0.6～0.8MPa（160～175℃）的饱和蒸汽直接加热玉米芯，饱和蒸汽在加热过程冷凝，出口压力低于进口压力，则

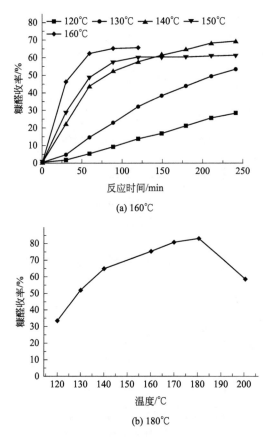

图 2-20　反应温度对糠醛收率的影响

在水解锅内，底部温度高，顶部温度低，温度不均匀，整体温度较低，造成糠醛收率较低。适当提高糠醛生产过程温度，既可以提高反应速率，缩短反应时间，又可以提高糠醛收率；但温度过高，糠醛生产过程的副反应加剧，并且最高温度受反应器的抗腐蚀能力限制。

　　5）硫酸浓度和反应温度的交互作用

　　保持蒸出流量 10mL/min（停留时间 100min），液固比 8 不变，在一定温度下，糠醛收率随硫酸浓度的变化如图 2-21 所示。在 100℃时，硫酸浓度升高，糠醛收率随之提高；在 140℃时，硫酸浓度升高，糠醛收率先提高后降低；在 160℃及 180℃时，硫酸浓度升高，糠醛收率降低。由于实验装置限制，反应釜能达到的最短停留时间一定。温度较低时，增大硫酸浓度，反应速率加快，一定反应时间内，原料反应完全，糠醛收率提高。温度升高，反应速率加快，若此时硫酸浓度较高，容易造成 $\tau \geqslant t_{\text{opt}}$，糠醛不能及时移出体系，收率下降。所以硫酸浓度和温度对糠醛收率影响有交互作用。反应过程中有结焦物生成，其质量随硫酸用量的增加而增加，随反应温度的升高而增加。

　　由图 2-21 可推断：随着反应温度的提高，糠醛达到最高收率时所需硫酸浓度逐渐降低。随着硫酸浓度的提高，糠醛收率达到最高收率时的温度逐渐降低。

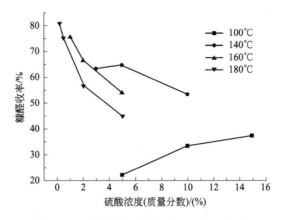

图 2-21　硫酸浓度和反应温度的交互作用

6）液固比的影响

保持蒸出流量 10mL/min（停留时间 100min）、温度 180℃、硫酸浓度 5.0% 不变，液固比对糠醛收率的影响如图 2-22 所示。

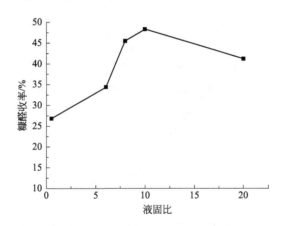

图 2-22　液固比对糠醛收率的影响

在上述条件下，糠醛收率先随液固比增大而升高，当液固比超过 10 时，糠醛收率随液固比增大反而降低。液固比较小时，反应液与玉米芯混合不均匀，反应不彻底，加热过程容易发生玉米芯原料的焦化。液固比增大，体系水分含量增加，反应液与玉米芯混合均匀，H^+ 与半纤维素、木糖的接触面积增大，促进反应进行。硫酸催化木糖脱水制备糠醛，糠醛收率会随木糖浓度的降低而升高，水对糠醛的聚合副反应具有一定阻聚作用。因此，液固比增大，糠醛收率提高，当液固比超过 10 时，由于糠醛在体系中存在气液两相平衡，体系水分过多，糠醛溶解在液相的含量增加，在液相中发生聚合分解等副反应。

所以，糠醛生产中应该保持适当的液固比，液固比过小、过大都对糠醛生产不利。我国传统糠醛生产工艺中，加酸过程多以经验控制酸用量，液固比较小，仅为 0.3～0.6，可能反应液与玉米芯混合不均匀，玉米芯发生焦化，造成糠醛收率降低。

7) 添加阻聚剂及抗氧剂

由于时间限制本书仅用纯糠醛和木糖模拟糠醛生产过程，分别添加对苯二酚、三苯基膦、1-萘酚、硫脲、联苯三酚、二苯胺等抗氧剂、阻聚剂进行研究。实验装置与高温稀酸水解玉米芯装置相同。添加木糖、抗氧剂、阻聚剂等对糠醛副反应的影响如图2-23～图2-25所示。

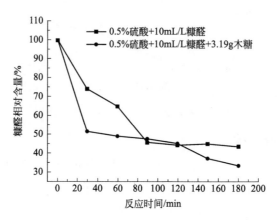

图 2-23　添加木糖对糠醛副反应的影响

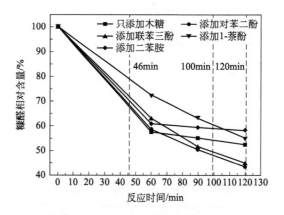

图 2-24　添加抗氧剂对糠醛副反应的影响

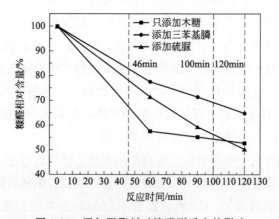

图 2-25　添加阻聚剂对糠醛副反应的影响

对糠醛形成过程副产物分析，考察了添加抗氧剂和阻聚剂对副反应的影响，得出如下结论：

① 糠醛形成过程主要的小分子副产物是乙酸、甲酸；大分子副产物是类似腐殖酸的糠醛聚合物。

② 由于实验过程排空气，糠醛氧化副反应对实验影响较小，添加对苯二酚、联苯三酚、1-萘酚、二苯胺等抗氧剂，抑制糠醛氧化副反应效果不明显。

③ 三苯基膦可以和阳离子活性链反应，从而抑制阳离子活性链与糠醛单体的反应，可以抑制约 10% 的糠醛发生副反应。

(2) 甲醇和丙酮共沸物分离技术研究

本书旨在开发糠醛生产所产生的废气中可利用化工原料进行分离回收的工艺，对原液罐顶部的有机废气冷凝液（甲醇和丙酮的混合物）的分离以及分离系统能量利用进行优化。

1) 萃取剂的筛选

萃取精馏过程的实现和经济效果与溶剂的选择密切相关。工业生产中适宜溶剂的选择主要应考虑溶剂选择性、溶解性、挥发度、沸点、黏度、密度、表面张力等因素；此外，溶剂使用安全、无毒性、不腐蚀、热稳定性好、价格便宜及来源丰富等也都是选择溶剂时需要考虑的重要因素。针对溶剂的选择，基于萃取精馏溶剂选择过程的多指标性和模糊性，本研究采用模糊数学方法，建立了考察溶剂选择性、溶解性、挥发度、沸点、黏度、密度以及表面张力和比热容等因素的综合评判模型，综合考虑以上重要因素后再选出经济、适宜的溶剂。本研究对各种备选的溶剂进行评判时，需要考虑溶剂的选择性、溶解度、沸点等多个因素，因此采用最经典的模糊综合评判决策法进行筛选。

模糊综合评判决策作为多因素决策方法，对受多种因素影响的事物做出全面评价十分有效，所以模糊综合评判决策又称为模糊综合决策或模糊多元决策。综合评判的应用方法有许多种，其中最常用的两种是评总分法、加权平分法。模糊综合评判是利用模糊变换原理和最大隶属原则考虑被评判对象各个相关因素，对其做出综合评判。通过该方法建立了各因素模糊决策的数学模型，通过该模型来指导溶剂的选择。

对于甲醇-丙酮共沸物的分离，文献中几种常见的溶剂有单乙醇胺、水、氯苯等，首先根据无限稀释活度系数以及式(2-6)计算溶剂的选择性和溶解性，结果如表 2-3 所列。

$$py_i\hat{\phi}_i^v = p_i^s\phi_i^s\gamma_i x_i \exp\left[\frac{V_i^l(p-p_i^s)}{RT}\right], \quad (i=1,2,\cdots,n) \tag{2-6}$$

表 2-3 各溶剂性质

性质	单位	单乙醇胺	水	氯苯	乙醇	异丙醇
选择性	—	7.70	5.12	7.87	1.69	1.31
溶解性	—	0.057	0.091	0.096	0.54	0.625
沸点	℃	170	100	131.69	78.3	82.4
黏度	MPa·s	1.456	1.005	0.799	1.17	2.431
比热容	kJ/(kg·K)	2.78	4.187	1.29	2.42	2.55
毒性	g/kg	2.1	≫10	2.29	13.7	5.84
腐蚀性	—	中	无	高	微	微
表面张力	mN/m	48.3	72.75	32.28	22.27	21.7
分子量	—	61.08	18	112.56	46.07	60.09

根据隶属函数计算得到单因素评判矩阵 R 如下：

$$R = \begin{pmatrix} 0.8540 & 0.8024 & 0.8574 & 0.0000 & 0.0000 \\ 0.0925 & 0.1775 & 0.1900 & 1.0000 & 1.0000 \\ 0.6782 & 0.9806 & 0.8437 & 0.0000 & 0.0000 \\ 0.5147 & 0.6650 & 0.7337 & 0.6100 & 0.1897 \\ 0.0000 & 0.0000 & 0.8057 & 0.0486 & 0.0000 \\ 0.5688 & 1.0000 & 0.5806 & 1.0000 & 0.7920 \\ 0.2500 & 1.0000 & 0.0000 & 0.7500 & 0.7500 \\ 0.5170 & 0.2725 & 0.6772 & 0.7773 & 0.7830 \\ 0.5928 & 0.8800 & 0.5310 & 0.6929 & 0.5994 \end{pmatrix}$$

再根据三组权重分配，得到三组评判结果：

$$B_1 = A_1 \times R = (0.5417, 0.6289, 0.6602, 0.3654, 0.3054)$$

$$B_2 = A_2 \times R = (0.6189, 0.7001, 0.6993, 0.3049, 0.2442)$$

$$B_3 = A_3 \times R = (0.5038, 0.6144, 0.5600, 0.4699, 0.4334)$$

进行归一化处理后如表 2-4 所列。

表 2-4 评判结果

溶剂	第一组		第二组		第三组	
	评判结果	最优次序	评判结果	最优次序	评判结果	最优次序
单乙醇胺	0.2165	3	0.2411	3	0.1952	3
水	0.2514	2	0.2728	1	0.2380	1
氯苯	0.2639	1	0.2722	2	0.2169	2
乙醇	0.1460	4	0.1188	4	0.1820	4
异丙醇	0.1222	5	0.0951	5	0.1679	5

2）工艺流程的优化模拟

该工艺流程的原料来自某糠醛厂生产中原液罐顶部排放的低沸点有机物，主要含有甲醇、丙酮等物质，此外还有少量的乙酸、甲酸等。虽然总体数量少，但就全国 200 多个生产企业来说其对环境的污染仍是非常严重的。因此本书中所采取的废气处理方式是冷凝回收，从糠醛的整体发展趋势来看，随着糠醛的生产规模越来越大，废气的量也会越来越大，而其中的甲醇、丙酮又是应用相当广泛的化工原料，所以可对其进行分离以获得纯净有用的化工原料。

本次模拟采用大型化工模拟软件 PRO/Ⅱ对该分离过程进行模拟，具体的工艺流程如图 2-26 所示。该分离工艺为双塔流程，依次为萃取精馏塔和溶剂回收塔。原料冷凝液首先经过预热后进入萃取精馏塔，将甲醇和丙酮分开，在塔顶获得丙酮产品，塔釜液为甲醇和水的混合物，塔釜液进入溶剂回收塔，分离出甲醇并回收溶剂水，实现重复利用。本书所要求的分离目标为：丙酮产品的质量分数≥99%，甲醇的质量分数≥99%，并且在运用本清洁生产工艺后，实现目标回收丙酮 100t/a，甲醇 400t/a。

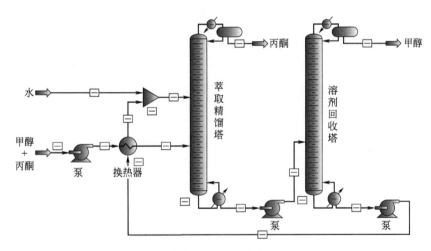

图 2-26　工艺流程

PRO/Ⅱ的精馏操作单元模型包括简洁模型、间歇精馏、严格模型、反应精馏和液液抽提，能够提供模拟萃取精馏装置的物料和热量平衡所需要的全部单元设备，萃取精馏包括萃取塔、换热器、混合器及泵等。该系统主要设备为萃取精馏塔，PRO/Ⅱ为此提供了多种模型，本模拟中选用 Distillation；对于换热器、混合器和泵分别选择 Simple HX、Mixer 和 Pump 模块。

在解决工艺流程问题时，选择合适的热动力学方法是很重要的一步，也是模拟成功的第一因素，与实际吻合的热力学才是最好的热力学，因此有准确实验数据或工程实际数据时应筛选计算结果与实际数据吻合的热力学。选用热力学时，应考虑体系主体，而不应重点考虑微量组分，否则计算结果反而与实际不符，并且应尽量选用最简单、最适用的热力学。PRO/Ⅱ提供了广泛的适合化工工艺模拟的热力学方法，大致分为通用关联式、状态方程、液体活度、无显著特点的关联性、特殊的分类五类。

在以上分类中，通用关联式或状态方程无法用于极性体系，并且状态方程常适用于高压气液平衡，而本物系为甲醇、丙酮和水的混合物，属于强烈非理想混合物，且为极性溶液，由此我们将采用液体活度系数法，其中最常用的有 UNIQUAC、WILSON 和 NRTL 方程。

通过比较考核，UNIQUAC 模型是可靠的，可满足工业装置中萃取精馏塔的设计和过程分析的要求。丙酮-甲醇-水这个物系比较常见，很多研究人员都对其气液平衡数据进行了测定，下面将比较气液平衡数据库中 Griswold J. 等测定的实验数据以及分别用 UNIQUAC、WILSON、NRTL 方程计算的气液相平衡组成，通过标准差的大小来衡量其精度，标准差最小，则最准确，计算结果见表 2-5 和表 2-6。

表 2-5 $P=760mmHg$ 时丙酮-甲醇-水的气液平衡实验数据

$T/℃$	丙酮液相物质的量浓度(X_1)	甲醇液相物质的量浓度(X_2)	丙酮气相物质的量浓度(Y_1)	甲醇气相物质的量浓度(Y_2)
70.00	0.1000	0.1000	0.6100	0.1300
70.00	0.1000	0.2000	0.5200	0.2400
69.40	0.1000	0.3000	0.4300	0.3550
68.80	0.1000	0.4000	0.3700	0.4500
68.00	0.1000	0.5000	0.3200	0.5400
66.50	0.1000	0.6000	0.2600	0.6300
65.00	0.1000	0.7000	0.2200	0.7100
63.50	0.1000	0.8000	0.1850	0.7800
65.00	0.2000	0.1000	0.7200	0.0700
65.50	0.2000	0.2000	0.6350	0.1800
65.50	0.2000	0.3000	0.5600	0.2800
64.50	0.2000	0.4000	0.5000	0.3700
63.50	0.2000	0.5000	0.4400	0.4700
62.50	0.2000	0.6000	0.3850	0.5500
61.00	0.2000	0.7000	0.3400	0.6250
62.80	0.3000	0.1000	0.7600	0.0650
62.70	0.3000	0.2000	0.7000	0.1500
62.30	0.3000	0.3000	0.6250	0.2550
61.50	0.3000	0.4000	0.5700	0.3450
60.50	0.3000	0.5000	0.5200	0.4150
59.50	0.3000	0.6000	0.4650	0.5000
61.50	0.4000	0.1000	0.7900	0.0600
60.80	0.4000	0.2000	0.7250	0.1550

续表

$T/℃$	丙酮液相物质的量浓度(X_1)	甲醇液相物质的量浓度(X_2)	丙酮气相物质的量浓度(Y_1)	甲醇气相物质的量浓度(Y_2)
60.00	0.4000	0.3000	0.6700	0.2420
59.40	0.4000	0.4000	0.6150	0.3220
58.40	0.4000	0.5000	0.5650	0.4020
60.00	0.5000	0.1000	0.8100	0.0650
59.40	0.5000	0.2000	0.7500	0.1600
58.60	0.5000	0.3000	0.7000	0.2320
57.60	0.5000	0.4000	0.6500	0.3170
59.10	0.6000	0.1000	0.8200	0.0800
58.30	0.6000	0.2000	0.7700	0.1630
57.30	0.6000	0.3000	0.7200	0.2450
58.20	0.7000	0.1000	0.8270	0.0950
57.20	0.7000	0.2000	0.7780	0.1840
57.20	0.8000	0.1000	0.8600	0.1000

表 2-6　三种热力学方程的计算值与实验值的偏差比较

WILSON			NRTL			UNIQUAC		
DIFF T	DIFF Y_1	DIFF Y_2	DIFF T	DIFF Y_1	DIFF Y_2	DIFF T	DIFF Y_1	DIFF Y_2
0.55	−0.0225	0.0268	0.76	−0.0204	0.0171	0.91	−0.0248	0.0183
−1.02	0.0237	−0.0133	−0.82	0.0172	−0.0101	−0.35	−0.0006	0.0017
−1.20	0.0326	−0.0328	−1.26	0.0253	−0.0242	−0.97	0.0038	−0.0063
−0.67	0.0423	−0.0471	−0.90	0.0374	−0.0397	−0.87	0.0187	−0.0222
−0.10	0.0422	−0.0454	−0.38	0.0398	−0.0415	−0.57	0.0271	−0.0289
−0.17	0.0191	−0.0285	−0.41	0.0183	−0.0278	−0.74	0.0125	−0.0221
−0.22	0.0070	−0.0109	−0.39	0.0071	−0.0120	−0.79	0.0081	−0.0136
−0.29	−0.0063	0.0041	−0.37	−0.0061	0.0027	−0.80	0.0011	−0.0051
0.17	0.0036	−0.0043	0.53	0.0011	−0.0085	0.30	0.0048	−0.0118
−0.22	0.0090	−0.0056	−0.19	0.0062	−0.0024	−0.08	0.0011	0.0010
−0.07	0.0160	−0.0172	−0.24	0.0123	−0.0107	−0.17	0.0016	−0.0005
−0.37	0.0231	−0.0264	−0.62	0.0201	−0.0211	−0.72	0.0085	−0.0087
−0.41	0.0165	−0.0122	−0.63	0.0146	−0.0096	−0.92	0.0062	−0.0001
−0.31	0.0041	−0.0064	−0.46	0.0029	−0.0061	−0.89	0.0001	−0.0023
−0.63	−0.0067	0.0031	−0.68	−0.0078	0.0029	−1.23	−0.0036	−0.0008
0.21	0.0081	−0.0016	0.17	0.0103	−0.0040	−0.14	0.0155	−0.0084
−0.02	0.0134	−0.0105	−0.27	0.0155	−0.0088	−0.36	0.0153	−0.0083
−0.06	0.0041	−0.0017	−0.35	0.0044	0.0013	−0.46	−0.0010	0.0080

续表

WILSON			NRTL			UNIQUAC		
DIFF T	DIFF Y_1	DIFF Y_2	DIFF T	DIFF Y_1	DIFF Y_2	DIFF T	DIFF Y_1	DIFF Y_2
-0.16	0.0069	-0.0004	-0.41	0.0065	0.0012	-0.64	-0.0009	0.0105
-0.27	0.0056	-0.0097	-0.43	0.0051	-0.0098	-0.81	-0.0008	-0.0023
-0.27	-0.0089	0.0045	-0.31	-0.0096	0.0039	-0.83	-0.0110	0.0062
0.49	0.0140	-0.006	0.11	0.0213	-0.0079	-0.17	0.0259	-0.0123
0.22	0.0010	0.0036	-0.22	0.0064	0.0032	-0.37	0.0069	0.0034
0.06	-0.0002	0.0042	-0.30	0.0032	0.0034	-0.48	-0.0011	0.0092
0.27	-0.0061	0.0039	0.04	-0.0037	0.0014	-0.24	-0.0105	0.0100
0.20	-0.0136	0.0110	0.12	-0.0116	0.0078	-0.31	-0.0176	0.0148
0.36	0.0155	-0.0045	-0.21	0.0239	-0.0064	-0.41	0.0269	-0.0102
0.61	-0.0019	0.0091	0.08	0.0054	0.0062	-0.06	0.0047	0.0073
0.70	-0.0066	0.0015	0.33	-0.0004	-0.0038	0.14	-0.0062	0.0032
0.66	-0.0151	0.0130	0.46	-0.0088	0.0059	0.16	-0.0174	0.0155
0.77	0.0068	0.0035	0.15	0.0150	0.0012	0.02	0.0162	-0.0016
1.16	-0.0054	0.0066	0.61	0.0032	0.0006	0.51	-0.0001	0.0039
1.28	-0.0168	0.0143	0.90	-0.0067	0.0041	0.73	-0.0155	0.0135
1.22	-0.0054	0.0073	0.59	0.0009	0.0049	0.54	0.0003	0.0036
1.69	-0.0192	0.0171	1.15	-0.0086	0.0073	1.08	-0.0153	0.0138
1.67	0.0077	-0.0044	1.04	0.0111	-0.0062	1.05	0.0088	-0.0054
各组预测值的标准偏差 σ								
0.6881	0.01628	0.01647	0.5589	0.01488	0.01353	0.6415	0.01261	0.01104

注：DIFF $T-T=T_{exp}-T_{cal}$；DIFF $Y_1-Y_1=Y_{1exp}-Y_{1cal}$；DIFF $Y_2-Y_2=Y_{2exp}-Y_{2cal}$。

比较以上各组预测值的标准偏差可知，UNIQUAC 对组分的预测偏差最小，则其精度最高，因此选用 UNIQUAC 来作为模拟的热力学方程，能较好地符合实际体系的特征。

3）甲醇-丙酮分离工艺的模拟

经过参数的逐步调整，得到满足分离工艺要求的操作参数，在此基础上进一步进行优化模拟以获得适宜的操作参数，基础操作参数如表 2-7 所列。经过对各参数的灵敏度分析最终确定能满足分离要求的萃取精馏塔的适宜工艺条件如表 2-8 所列。溶剂回收塔经过灵敏度分析后，能满足分离要求的适宜工艺条件如表 2-9 所列。

表 2-7 基础工艺参数

参数名称	萃取塔	回收塔
理论板数	24	20
溶剂比	4	—

参数名称	萃取塔	回收塔
回流比	5	3
溶剂进料位置	9	—
原料进料位置	15	14
溶剂进料温度/℃	25	—
原料进料温度/℃	25	25
塔顶压力/kPa	101.3	101.3

表 2-8　萃取精馏塔工艺条件

参数名称	萃取塔
理论板数	24
溶剂比	4
回流比	4
溶剂进料位置	10
原料进料位置	16
溶剂进料温度/℃	25
原料进料温度/℃	60
塔顶压力/kPa	101.3

表 2-9　溶剂回收塔工艺条件

参数名称	溶剂回收塔
理论板数	18
回流比	3
原料进料位置	11
原料进料温度/℃	93
塔顶压力/kPa	101.3

经过上述分析，最终获得的甲醇-丙酮最优分离工艺参数见表 2-10。

表 2-10　最优工艺操作参数

参数名称	萃取塔	回收塔
理论板数	24	18
溶剂比	4	—
回流比	4	3
溶剂进料位置	10	—
原料进料位置	16	11
溶剂进料温度/℃	25	—
原料进料温度/℃	60	93
塔顶压力/kPa	101.3	101.3

在此工艺条件基础上获得的产品均达到分离要求，具体参数见表 2-11。

表 2-11 产品规格

项目	萃取塔顶	萃取塔釜	回收塔顶	回收塔釜
丙酮(质量分数)/%	99.14	0.04	0.214	0
甲醇(质量分数)/%	0.146	16.66	99.57	0.08
水(质量分数)/%	0.714	83.3	0.216	99.92
负荷/(10^5kJ/h)	0.5231	1.7389	3.5269	3.6448

4) 萃取精馏及溶剂回收

在工业上，间歇精馏主要应用于量小或组成变化显著的物系。对于无法采用连续精馏的含焦油或者含盐物系，间歇精馏也同样适用。间歇精馏的显著优点就是灵活性大，采用一个塔即可获得多个产品，其缺点是再沸器体积较大，工艺过程的控制比较难。另外，组分间相对挥发度较低的物系也无法用传统的精馏方式分离。对于这一类物系需采用特殊的方法进行分离，应用最为广泛的有萃取精馏、共沸精馏和变压精馏等。实验采用常规的间歇萃取精馏装置，如图 2-27 所示。

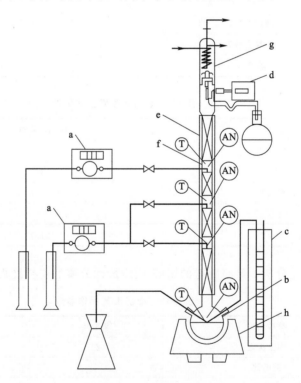

图 2-27 实验塔示意

a—进料泵；b—塔釜；c—压差计；d—回流比控制器；e—分离塔节；
f—辅助塔节；g—冷凝器；h—加热套；AN、T—精馏的两个组分

萃取精馏实验中分别考察了溶剂进料位置、溶剂与原料质量比、回流比、溶剂进料温度、原料进料温度对分离效果的影响，实验结果如图 2-28～图 2-32 所示。

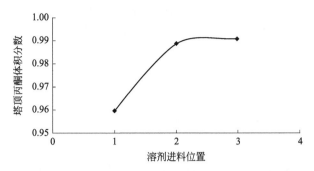

图 2-28　溶剂进料位置对分离效果的影响

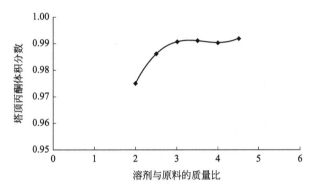

图 2-29　溶剂与原料质量比对分离效果的影响

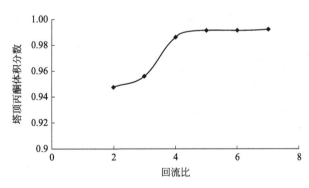

图 2-30　回流比对分离效果的影响

溶剂的进料位置决定了精馏段和萃取段的相对高度，在萃取效果较好的条件下也需要足够的精馏段来提纯轻组分，因此随着溶剂进料位置的下降，精馏段增加，使得塔顶丙酮浓度提高。在本实验中，溶剂的进料位置从上到下共有 3 个，在其他工艺条件相同的情况下改变溶剂的进料位置，对塔顶的产品进行分析，其结果如图 2-28 所示。随着溶剂进料位置的下降，塔顶产品浓度逐步提高，在溶剂进料位置为第三进料口时，丙酮浓度达到分离要求，因此在本实验中溶剂进料位置为第三进料口即可。

随着溶剂量的增加，丙酮与甲醇之间的相对挥发度也增加，因此分离效果明显上升，在溶剂与原料的质量比为 3 时可以达到分离要求，此后继续增加溶剂的量时，对分离效果的提升不明显，相反会增加塔釜的热负荷，并使分离操作时间延长，考虑到实验操作的不稳定性，本实验选定溶剂比为 3.5 即可。

在选定的溶剂比、进料位置、进料温度不变的情况下，改变回流比考察其对分离效果的影响，结果如图 2-30 所示。

随着回流比的增加，塔顶丙酮浓度显著增加，在回流比为 4 的时候出现拐点，但此时的丙酮浓度没达到分离要求，随后回流比增加到 5 时产品合格，继续增加回流比产品浓度无提高，因此本实验中选定回流比为 5。

溶剂的进料温度不仅会影响能耗，还会影响到分离效果，改变溶剂进料温度，其结果如图 2-31 所示。

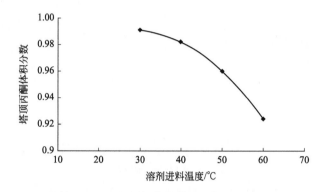

图 2-31　溶剂进料温度对分离效果的影响

随着温度的升高，塔顶馏分丙酮的浓度显著下降，表明溶剂进料温度不宜过高（图 2-33）。因为溶剂进入到塔内不断下降，同时和上升的轻组分蒸汽进行传质传热，冷的溶剂可以使蒸汽冷凝，并使蒸汽中的重组分转移到液相中。如果溶剂温度过高，极易转化为蒸汽和轻组分一同上升，使传质过程效率下降，从而分离效果变差。因此选择溶剂在常温下进料。

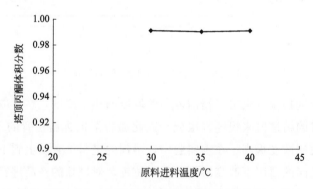

图 2-32　原料进料温度对分离效果的影响

增加原料的进料温度，并没有明显改善塔顶馏分的质量，这是因为原料最终都要被塔釜加热，以蒸汽的形式上升，因此对分离效果无显著影响。但原料温度越高，塔釜所需加热量就越少，可节省塔釜加热的时间，即节省了塔釜加热量和分离的操作时间。如果单独加热原料，在热负荷上没有显示出优势，但在工业应用中如果有合适的热源加以利用将会减少塔釜的热负荷。因此仍将采用常温进料。

溶剂回收实验仍旧采用上述填料塔，考察原料进料位置、回流比、原料进料温度对分离效果的影响，结果如图 2-33～图 2-35 所示。

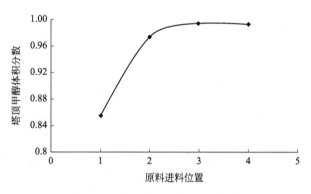

图 2-33　原料进料位置对分离效果的影响

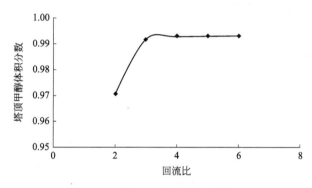

图 2-34　回流比对分离效果的影响

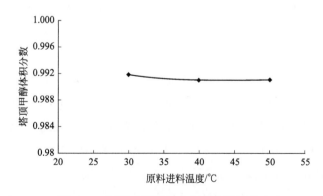

图 2-35　原料进料温度对分离效果的影响

通过溶剂回收实验研究，在常温常压下分离甲醇和水的混合物，常温进料时，最佳操作条件为第 3 进料口进料，回流比为 3。

5) 糠醛精制系统优化模拟研究

对糠醛生产过程中副产物甲醇和丙酮进行回收处理，目的是实现整个糠醛生产工艺的节能减排，提高经济效益。而糠醛精制是生产过程中耗能的主要环节，因此对糠醛精制系统进行优化意义重大。

热力学方程是流程模拟中计算物料平衡和热量平衡的基础，热力学方程的准确程度在很大程度上决定了模拟结果的可靠性。热力学方程对物系的物性估算越准确，模拟的结果才越可靠。在该分离系统中，所要处理的物系为糠醛和水的混合物，其中糠醛的质量分数约为 6%，水为 93%，另外还包含一些杂质，低沸点杂质的含量约为糠醛含量的 10%，其中主要是甲醇和丙酮等，高沸点杂质的含量约为 0.4%，其中主要是 5-甲基糠醛。对于这样的极性混合物体系，PRO/Ⅱ中适用的热力学方程有 NRTL 和 UNIFAC。

现以某公司年产 3000 吨糠醛的装置为基础，本书分别选取 NRTL 和 UNIFAC 等热力学方程对流程进行模拟，并对结果进行比较，模拟结果见表 2-12。

表 2-12　不同热力学方程模拟的结果对比

工艺参数	实际运行值	UNIFAC	NRTL
初馏塔顶糠醛含量/%	30~35	34.5	31.6
初馏塔顶温度/℃	98~99	99	100.8
脱水塔底糠醛含量/%	95~97	94.7	100
精制塔顶糠醛含量/%	99.5	99.5	100

糠醛精制系统中以糠醛的指标为核心，且水与糠醛易形成共沸，因此将各塔糠醛含量作为衡量热力学方程是否合适的标志。从表 2-12 中可以看出 UNIFAC 模型的计算值能够较好地符合实际的生产运行指标。而采用 NRTL 模型进行计算时，NRTL 模型对杂质 5-甲基糠醛的物性估算不够准确，使 5-甲基糠醛在初馏塔中被一次性除掉，因此在后续的精制塔中完全不存在 5-甲基糠醛，这使得糠醛浓度的计算值与实际偏差较大，不符合实际生产运行的规律。因此本节选取 UNIFAC 模型作为此次模拟的热力学方程。

为了研究糠醛精制系统的节能问题，我们首先要对现有的常规工艺进行模拟研究来反映实际的运行情况，在此基础上对系统进行优化才是比较可靠的。本节采用 PRO/Ⅱ建立模拟流程，选用 UNIFAC 作为基本的热力学方程。以某公司的生产实际工况为例，年产糠醛 3000t，粗糠醛进料 12t/h，进料温度 75℃，压力为 120kPa，具体的模拟数据与实际运行数据见表 2-13。

经过模拟计算，并将计算结果与工艺值进行比较，得出以下结论：

① 初馏塔和精制塔的温度与实际值比较相符，脱水塔的塔顶温度低于实际值；

② 各塔塔顶糠醛的浓度与实际相符，其中初馏塔塔釜的糠醛浓度比实际值偏高；

表 2-13　模拟数据与实际运行数据的比较

工艺参数		初馏塔		脱水塔		精制塔	
		实际值	计算值	实际值	计算值	实际值	计算值
理论板数		14	14	14	14	8	8
压力/kPa	塔顶	121	121	12	12	12	12
	塔釜	130~140	133	15	15	20	20
温度/℃	塔顶	98~99	99	45	41	97	97.2
	塔釜	105	107	100~105	103	115~120	119
糠醛浓度/%	塔顶	30~35	34.4	30~35	33.0	≥99.5	99.5
	塔釜	0.05	0.09	95	94.72	—	—
流量/(kg/h)	塔顶	1800	1809	55	58	410	410
	塔釜	10200	10190	455	458	45	49

③ 初馏塔、脱水塔和精制塔的流股流量与实际值吻合较好；

④ 最终产品糠醛的浓度和流量均符合实际工艺参数。

由此可判定本模拟中所选用的热力学方程和计算方法正确，可以在此基础上进行工艺分析及改进研究。

以上这类精制流程是我国绝大部分糠醛厂采用的流程，该流程的特点是：设备简单，投资少，投资回报快，适宜于乡镇企业兴办中、小型糠醛厂，但是同时也存在污染严重、能耗大的问题。随着工业的发展，污染和能耗问题日益突出，逐渐成为行业实现长远发展的瓶颈。对此，很多学者也进行过许多研究，并提出了一些改进措施，诸如从水解锅出来的醛汽压力约为 0.8~1.0MPa，带有大量能量，可用入塔蒸馏，减少初馏塔再沸器的负荷，但因为糠醛的浓度波动较大，使得初馏塔的操作很不稳定，到现在仍用液相入塔。然而糠醛冷凝会耗用大量冷却水，为了回收醛汽的热量，目前该厂将醛汽直接通入塔釜换热器作为热源，示意如图 2-36 所示。

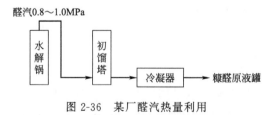

图 2-36　某厂醛汽热量利用

这样操作存在以下 2 个问题：

① 从塔釜出来的醛汽冷凝液仍然具有一定的热量，该厂采用冷凝器将醛汽冷却到 70℃，然后入初馏塔进行蒸馏，这样就有一部分热量由公用工程冷却水带走而浪费；

② 醛汽含酸且带有杂质，容易造成堵塞，影响初馏塔顺利运行。

本研究考虑增加一台废热锅炉，废热锅炉由换热器和汽包两部分组成，让高温的醛汽在废热锅炉内产生 0.3MPa 的二次蒸汽，供糠醛蒸馏使用，这样不仅可以提高能量的利用率，而且可以将醛汽腐蚀及堵塞设备的问题与初馏塔分离开来，保证初馏塔的正常运转。

经过核算后，上述方法并没有充分利用醛汽产生的二次蒸汽，因此本书提出将废热锅炉副产的二次蒸汽的一部分用于甲醇、丙酮的分离回收，既可以提高醛汽能量的利用率，又可以不额外增加塔釜供热而实现废气零排放以及有用物质回收的目标，还能将蒸馏塔釜腐蚀堵塞的问题转移到蒸馏塔外部，保证蒸馏塔顺利运行，如图 2-37 所示。

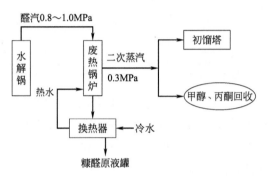

图 2-37　能量利用示意

从水解锅出来的醛汽流量为 12000kg/h，压力为 0.8～1.0MPa，其中 90％以上为水。将醛汽按 0.9MPa 的饱和蒸汽计算，温度为 175.4℃，比焓为 2773.6kJ/kg。分别对改进前和改进后的醛汽热量利用率进行核算，结果如表 2-14 所列。

表 2-14　能量核算表

项目	改进前/(kJ/h)		改进后/(kJ/h)	
醛汽的能量	2.977×10^7		2.977×10^7	
所利用的能量	初馏塔釜负荷	1.293×10^7	初馏塔釜负荷	1.293×10^7
	回收系统负荷	0	回收系统负荷	0.5384×10^7
利用率/%	43.44		61.5	

（3）环保型融雪剂研究

"融雪剂"顾名思义，就是用来融化冰、雪的化学产品。发达国家为保障交通畅达，从 1950 年起，清除道路积雪就开始采用氯化钠、氯化钙等卤盐融雪剂、融冰剂进行除雪、除冰。由于使用时氯化物渗入地下并不断积累，造成地下水污染，并导致道路两旁花、草、树木枯萎、死亡；同时卤化物对高速公路、桥梁及行驶的车辆也会造成腐蚀。欧美等发达国家于 1970 年开始，组织相关科研人员进行攻关。

寻找的卤盐融雪剂、融冰剂的替代品于 1990 年初研制成功并投入使用，其商品名称为醋酸钙镁，简称 CMA。CMA 对动物、植物无害，不腐蚀金属，对混凝土及其他公路材料也不具有破坏性。由于它的主要原料成分是含镁石灰石，在大多数国家这种资源都比较丰富，因此美国、加拿大等国家已经普遍开始使用 CMA 融雪。

随着国民经济的飞速发展，高速公路等交通运输设施不断兴建，我国融雪剂的用量正在逐年增加，CMA 的推广使用迫在眉睫。目前国内外生产 CMA 所采用的工艺通常是用白云石（Ca/MgO）或石灰岩（$Ca/MgCO_3$）与醋酸反应制得，与氯化钠相比较，价格相差悬殊，因此在我国 CMA 作为除冰剂仍很难被普遍推广。

醋酸的价格是影响 CMA 生产成本的关键。糠醛生产过程中会产生大量废水，其主要成分为醋酸，如能回收利用生产 CMA，既可降低 CMA 生产成本又可降低糠醛生产废水的处理费用，同时保护环境，一举多得。

长春市佳辰环保设备有限公司利用糠醛废水处理工艺中所产生的副产物来生产 CMA，基本工艺为：将糠醛废水用生石灰中和至碱性，采用高效双蒸系统将水分蒸出，经吸附后达到中水标准全部由糠醛企业回用。浓溶液利用活性炭吸附，再经喷雾干燥、造粒，成为国际通用的环保型融雪剂产品。融雪剂生产工艺流程见图 2-38。

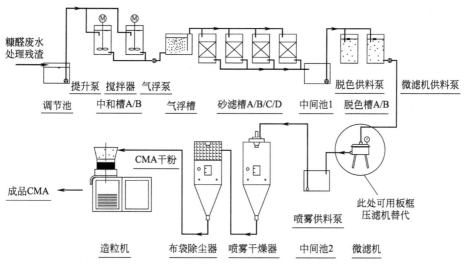

图 2-38　融雪剂生产工艺流程

包括以下步骤：

① 废水中和：糠醛生产中产生的塔底废水经过一个由石灰石构成的流化床，使该废水中和到 pH 值为 7～8。

② 残液浓缩：用双效蒸发系统使废水中的水分蒸发，残液得到浓缩。

③ 吸附过滤：将残液移入反应釜中，加入粉状活性炭吸附，离心，过滤。

④ 烘干滤液：得到白色醋酸钙镁融雪剂。

该工艺优点在于：原料中醋酸来自糠醛生产中的塔底废水，在对其进行处理的同时，得到醋酸钙镁，使废水资源化，污水"零排放"。产品纯度 92%，完全符合融雪剂的质量标准，但生产成本大大下降。

2.3.5 主要技术优势及经济效益

本书针对玉米芯水解过程控制、粗馏塔塔底废水治理与资源化利用和分醛器排出的工艺废气中有价组分回收利用三个关键环节，基于资源高效清洁转化、能量梯级利用、多组分短程绿色分离、废弃物资源化的思路，以过程工程的原理与方法优化提升糠醛生产技术，有效抑制玉米芯水解过程的副反应，利用生产工艺中产生的高温醛汽作为热源对糠醛废水直接进行多效蒸发浓缩，获得绿色融雪剂产品，对一次蒸汽进行精馏分离丙酮和甲醇，二效后蒸汽冷凝后作锅炉补充水，实现废水"零排放"。

2.3.6 工程应用及第三方评价

乾安县金龙泉化工有限公司完成 3000t/a 糠醛生产线的全流程清洁生产技术升级改造，采用双效蒸发技术处理塔底废水，经处理后的水全部回用于糠醛生产系统，实现生产废水"零排放"。

完成 1 套利用醋酸废水建设年产 10000t 环保型融雪剂示范工程。整套工程于 2010 年 10 月末完成建设工作，并实现液体融雪剂生产，2010 年年底实现颗粒融雪剂生产，两种产品均已投入市场。

2.4 酶法脱胶技术

2.4.1 技术简介

本技术分离筛选出的具有产磷脂酶功能的菌株 *Pseudomonas fluorescens* BIT-18，研究表明初始磷含量为 90.1mg/kg 的大豆水化油，经过该菌株表达原始的磷脂酶脱胶，其磷含量下降到 4.6mg/kg，其磷脂去除率可达 94.9%。在此基础上建立适于工厂规模的植物油酶法脱胶工艺，为酶法脱胶的工业化应用提供最直接的参考依据，也为解决我国植物油加工业产品质量不稳定、消耗大、得率低等问题及达到清洁生产与节能减排目的提供切实有效的方法和途径。

2.4.2 适用范围

食用植物油生产。

2.4.3 技术就绪度评价等级

TRL-5。

2.4.4　技术指标及参数

2.4.4.1　产磷脂酶菌株的筛选及生理生化鉴定

采用分离培养基筛选得到 136 株产磷脂酶的微生物，其中有 4 株菌的水解圈较大，水解圈的大小与酶活力的高低有一定关系，水解圈大，则产酶多，水解圈出现得早，则产酶快。由图 2-39 可知 BIT-18 菌株产磷脂酶能力最高，可作为进一步研究的菌株。

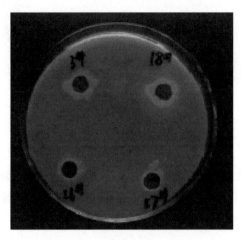

图 2-39　产磷脂酶菌株的筛选

以细菌生化试验鉴定仪及配套革兰氏阴性菌检测试验卡进行生理生化特征鉴定，共检测 31 项生化指标。并参照《伯杰氏细菌鉴定手册》第九版进行了补充生化试验。

应用革兰氏阴性细菌鉴定试验卡（GNI）鉴定分离菌株 BIT-18，鉴定结果为荧光假单胞菌和恶臭假单胞菌，其可信度均为 97％；参照《伯杰氏细菌鉴定手册》补充了明胶液化和 King's B 培养基产荧光实验，结果见表 2-15 和图 2-40，BIT-18 为产荧光和明胶液化阳性，可鉴定菌株 BIT-18 为荧光假单胞菌。

表 2-15　BIT-18 菌株的生理生化特征

指标	结果	指标	结果	指标	结果
DP3	－	葡萄糖氧化	＋	阳性生长控制	＋
乙酰胺利用	－	七叶苷分解	－	PLI	－
脲酶试验	－	枸橼酸盐利用试验	＋	丙二酸盐发酵	＋
色氨酸分解	－	大肠杆菌素	－	乳糖发酵	－
麦芽糖发酵	－	甘露醇	＋	木糖发酵	＋
植物蜜糖发酵	－	山梨醇发酵	－	蔗糖发酵	－
肌醇分解	－	福寿苷醇发酵	－	香豆酸分解	－
硫化氢试验	－	ONP	－	鼠李戊醛糖发酵	－
阿拉伯糖发酵	－	葡萄糖发酵	－	精氨酸分解	＋
赖氨酸分解	－	鸟氨酸分解	－	氧化酶	＋
TLA	－	产荧光	＋	明胶液化	＋

注："＋"代表结果阳性，"－"代表结果阴性。

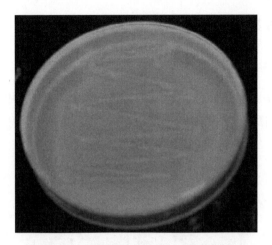

图 2-40　菌株 BIT-18 的产荧光现象

2.4.4.2　产磷脂酶菌株 BIT-18 的分子生物学特征

将培养在 LB 培养基上 12~16h 的新鲜菌液，采用细菌总 DNA 提取方法提取 BIT-18 菌株的总 DNA。以菌株 BIT-18 基因组 DNA 为模板，采用 16SrDNA 的通用引物 16SL、16SR，扩增产物通过 1% 的琼脂糖凝胶电泳进行分离（图 2-41），得到的 16S rDNA 大小为 1500bp。回收后 PCR 产物与 pMD19-T 克隆载体连接，转化到 *E. coli* Top10 中，筛选出转化子，提取质粒后经 *EcoR* Ⅰ和 *Sal* Ⅰ双酶切鉴定获得阳性克隆（图 2-42）。

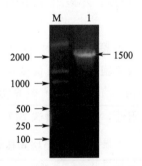

图 2-41　16S rDNA 扩增电泳图

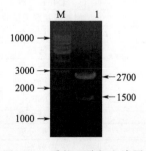

图 2-42　质粒双酶切电泳图

测序后将 BIT-18 菌株的 16S rDNA 序列提交 NCBI 数据库，应用 BLAST 程序与数据库中相关种、属的序列进行比较分析，采用 DNAMAN 软件进行系统发育分析（图 2-43）。结果表明，菌株 BIT-18 与 *Pseudomonas fluorescens* 形成一簇，其同源性达 99%以上。

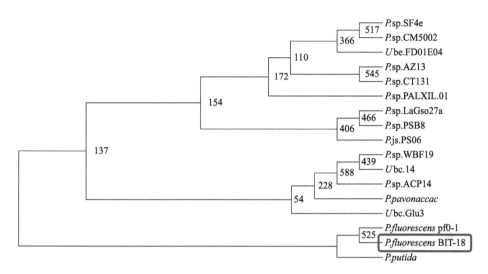

图 2-43　*Pseudomonas fluorescens* BIT-18 系统进化树

从菌株 BIT-18 的显微特征菌、生理生化特征和分子特性可以确定，产磷脂酶菌株 BIT-18 属于荧光假单胞菌系，因将其命名为 *Pseudomonas fluorescens* BIT-18（Genbank 登录号：GU367870）。

2.4.4.3　影响产酶的主要因素

（1）碳源

在发酵培养基的基础上分别采用 1%浓度的不同种类的碳源进行最佳碳源实验。实验结果如图 2-44 所示。从图中可以看出，用可溶性淀粉作碳源发酵 72h 后

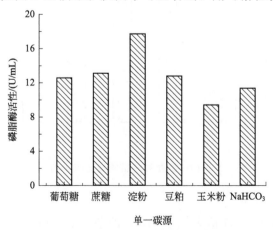

图 2-44　不同碳源对磷脂酶表达的影响

酶活可达 17.8U/mL，优于其他碳源。因此选用可溶性淀粉作为发酵的最佳碳源。

（2）氮源

在发酵培养基的基础上把牛肉膏、蛋白胨替换成不同种类的氮源（2%），如酵母粉、$(NH_4)_2SO_4$、$NaNO_3$、KNO_3、NH_4Cl、NH_4NO_3 进行发酵，72h 后测定酶活。结果如图 2-45 所示。从图中可以看出牛肉膏的产酶效果最佳，因此选用牛肉膏作为发酵产酶的最佳氮源。

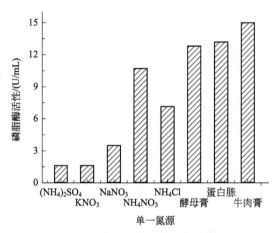

图 2-45　不同氮源对磷脂酶表达的影响

（3）培养温度

在其他条件不变的情况下，考察不同培养温度对菌株 *P. fluorescens* BIT-18 磷脂酶表达的影响。以 170r/s 的震荡速率在摇瓶中培养 72h 后检测磷脂酶的活力，结果如图 2-46 所示。随着培养温度的升高，菌株 *Pseduomonas fluorescens* BIT-18 表达磷脂酶的能力呈先升高后降低的趋势，最适温度为 30℃。

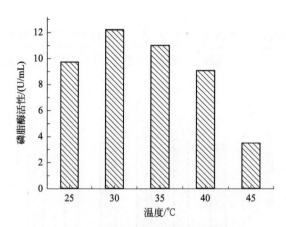

图 2-46　温度对磷脂酶表达的影响

（4）初始 pH 值

在培养基初始 pH 值为 5.0～10.0 的条件下分别进行发酵试验，从图 2-47 可以看出，初始 pH 值为 7.0～8.0 时产酶活力最高。

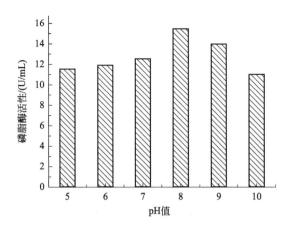

图 2-47　pH 值对磷脂酶表达的影响

（5）磷脂酶种类的鉴定

初步纯化后的酶液与标准品底物 1-棕榈酰-2-油酰-Sn-甘油-3-磷脂催化反应后，对其产物进行甲酯化，然后经己烷萃取、除己烷，通过气相色谱测定其脂肪酸甲酯成分，结果如图 2-48 和图 2-49 所示。通过样品峰与标准品峰保留时间对比可知，待测样品中含有棕榈酸甲酯和油酸甲酯两种成分，说明在底物水解过程中同时水解标准品磷脂的 Sn-1 位和 Sn-2 位酰基，产生棕榈酸和油酸，因此菌株 *P. fluorescens* BIT-18 所表达的磷脂酶为 B 型磷脂酶。

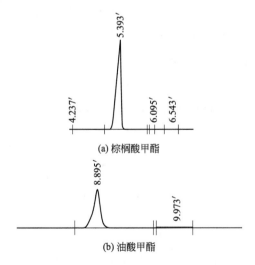

图 2-48　脂肪酸甲酯标准样品气相色谱图

图 2-49　菌株 *Pseudomonas fluorescens* BIT-18 所表达的磷脂酶水解磷脂产物的气相色谱图

采用橄榄油乳化法测定菌株 *Pseudomonas fluorescens* BIT-18 所表达的磷脂酶是否具有脂肪酶的活性，结果无法检测到脂肪酶活性，说明该磷脂酶不具有脂肪酶活性，为专一的磷脂酶 B。而已报道的 Lecitase Ultra（磷脂酶 A1）是一种基因工程改造的脂肪酶，同时具有脂肪酶活性和磷脂酶活性，但是在一定的反应体系中，Lecitase Ultra 会优先表现出一种特定的酶活。虽然研究者已经在细菌、真菌，以及动物细胞中发现磷脂酶 B 的活性，但是假单胞菌属中尚未见报道，本课题组自行筛选获得的菌株 *Pseudomonas fluorescens* BIT-18 所表达的磷脂酶 B（Pf-PLB）为一种新型磷脂酶。Pf-PLB 粗酶液经 SDS-PAGE 分析，从图 2-50 中可以看出，该酶的分子量约为 46.0kDa（1Da＝1g/mol，下同）左右。且菌株 *Pseudomonas fluorescens* BIT-18 在以大豆磷脂为唯一碳源的发酵培养基中，其所表达的基本为 Pf-PLB，杂蛋白较少，有利于后期的分离纯化及其在工业化中的应用。

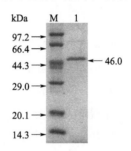

图 2-50　菌株 *Pseudomonas fluorescens* BIT-18 表达 Pf-PLB 的 SDS-PAGE 分析

1—Pf-PLB；M—低分子量蛋白 marker

（6）Pf-PLB 酶学性质的研究

① 最适 pH 值。用 pH 值为 3.0～9.0 的缓冲液分别配制 4g/L 的大豆磷脂底物，研究磷脂酶的最适反应 pH 值（图 2-51）。结果表明 Pf-PLB 在 pH 值为 6.0～7.0 范围内均保持较高催化活力，最适 pH 值为 6.5。

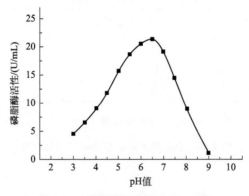

图 2-51　磷脂酶 B 最适反应 pH 值

② 最适温度。Pf-PLB 与用 pH 值为 6.5 的磷酸氢二钠-柠檬酸缓冲液配制的大豆磷脂底物反应，考察在不同温度下其酶活变化。图 2-52 表明 Pf-PLB 的最适催化温度为 25℃。

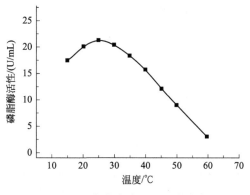

图 2-52　磷脂酶 B 最适反应温度

（7）大豆毛油酶法脱胶的影响因素

① 反应时间。在 pH＝4.75、加酶量 500U/kg、加水量 2％的条件下，测定不同反应时间脱胶油的磷含量，结果如图 2-53 所示。磷含量在脱胶初始阶段下降较快，随着反应时间的延长，磷含量下降减慢。当反应时间超过 6h 后，磷含量变化不大，因此最佳脱胶时间以 5～6h 为宜。

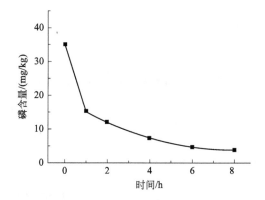

图 2-53　反应时间与脱胶油残磷量的关系

② 加酶量。在其他条件相同的情况下，分别进行不同加酶量的脱胶试验，结果如图 2-54 所示。由图 2-54 可见，随着加酶量的增大，脱胶油磷含量逐渐降

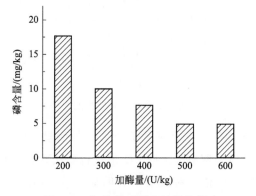

图 2-54　加酶量对脱胶效果的影响

低。加酶量为 500U/kg 时，可使磷含量降至 5.0mg/kg。加酶量超过 500U/kg 时，若加酶量继续增大，则脱胶油中磷含量反倒上升，说明可能加酶量加大，反应体系中酶过量，造成酶的聚集，不易形成界面反应体系，所以加酶量以 500U/kg 为宜。

③ 加水量。在反应温度 40℃，pH＝4.7，加酶量 500U/kg 的条件下，分别取不同的加水量进行酶法脱胶，反应 6h 后测定脱胶油中的磷含量，结果如图 2-55 所示。可见含水量为 2%～5% 的范围内，所有的脱胶油磷含量降至 5mg/kg 以下。其磷含量随着含水量的增加而下降，当含水量为 5% 时磷含量降至 2.56mg/kg。从脱胶效果和清洁生产等方面综合考虑，取 3% 的加水量。

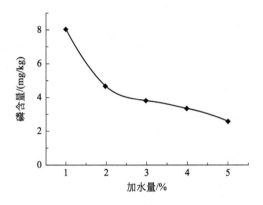

图 2-55　加水量对脱胶效果的影响

④ 温度。在 pH＝4.75，加酶量 500U/kg，反应时间 5h 的条件下，分别进行不同温度下的酶法脱胶试验。结果如图 2-56 所示，脱胶的适宜温度为 35～40℃，温度过高和过低都不利于磷脂的去除。

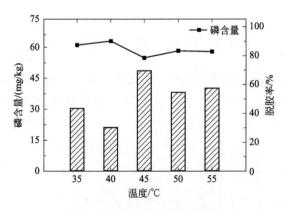

图 2-56　温度对脱胶效果的影响

⑤ 反应体系 pH 值。在反应温度 35℃，加酶量 500U/kg，其他条件相同的情况下，分别将反应体系调整为不同 pH 值进行酶法脱胶，并在脱胶后进行脱色，从图 2-57 可以看出，pH 值对脱胶效果有明显影响，pH 值为 4.7 时脱胶效果最佳，脱胶后油中磷含量降低至 7.9mg/kg。

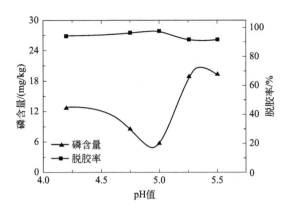

图 2-57　反应体系 pH 值对脱胶效果的影响

通过实验确定了酶法脱胶单因素最优条件，即反应温度为 35～40℃，pH＝4.7，加酶量 500U/kg，加水量 3％，脱胶时间 5～6h 在此条件下该酶具有较好的脱胶效果，磷含量由 234mg/kg 下降到 7.9mg/kg，磷脂去除率高达 97.5％。

2.4.5　主要技术优势及经济效益

与国内外研究单位相比（见表 2-16），本实验室自行筛选的 *Pseudomonas fluorescens* BIT-18 所产磷脂酶有较好的脱胶效果，可达到植物油精炼的标准。

表 2-16　国内外植物油酶法脱胶的研究现状

研究者/单位	磷脂酶来源		植物油品种	脱胶效果/(mg/kg)
Mehran Jahani	Novozyme 磷脂酶 A1	Lecitase Ultra	米糠油	8.86
Chakrabti	米曲霉	磷脂酶 A1	米糠油	1
华南理工大学	Novozyme 磷脂酶 A1	Lecitase 10L	大豆油	<10
		Lecitase Novo		<10
		Lecitase Ultra		<5
东北农业大学	Novozyme 磷脂酶 A1	固定化的 Lecitase Ultra	菜籽油	4.3
齐齐哈尔大学	Novozyme 磷脂酶 A1	Lecitase Ultra	大豆油	4.7
华中农业大学	重组变铅青链霉菌	磷脂酶 A2	菜籽油	10
河南工业大学			大豆油	7.14
本课题组	*Pseudomonas fluorescens* BIT-18		大豆油	5.9

从表 2-16 可以看出，酶法脱胶对不同质量和来源的植物油具有相当强的适用性，在实验室基本上都可以使脱胶油的磷含量降低至 10mg/kg 以下，有的甚至低于 5mg/kg。尽管国内对磷脂酶及其在酶法脱胶的应用进行了一些相关研究，但所使用的磷脂酶绝大多数购于丹麦 Novozyme 公司，价格昂贵，缺乏自主知识产权，

在一定程度上限制了它的大规模应用。此外，目前国内植物油酶法脱胶大多还处于实验室研究阶段。目前的脱胶工艺虽然有较好的脱胶效果，但仍存在工艺程序较复杂、脱胶耗时长等问题，尚未对工业化生产给予实质性的技术指导，而工业化的生产对反应系统和工艺条件提出了更高的要求。因此急需加强产磷脂酶的微生物选育和磷脂酶改造的研究，微生物磷脂酶的产量和酶活力的提高是磷脂酶酶法脱胶工业化的基础。

本技术的磷脂酶 B 应用于豆油酶法脱胶中，其优化后的工艺与目前现有工艺相比，实现处理单位重量粗油的用水量节省 50%，脱胶油磷含量降低到 10mg/kg 以下。

2.5 淀粉糖脱盐技术

2.5.1 技术简介

在物理化学中，将溶质透过膜的现象称为"渗析"，将溶剂透过膜的现象称为"渗透"。对电解质的水溶液来说，溶质是离子，溶剂是水。在电场的作用下，溶液中的离子透过膜进行的迁移可以称为"电渗析"。

电渗析是指在直流电场作用下，溶液中的荷电离子选择性地定向迁移透过离子交换膜并得以去除的一种膜分离技术。电渗析技术是在离子交换法的基础上发展起来的除盐方法，是膜分离技术的一种，其工作原理如图 2-58 和图 2-59 所示，相对于反渗透、纳滤、超滤、微滤来讲，推动力不是压力差，而是电位差。它将阴、阳离子交换膜交替排列于正负电极之间，并用特制的隔板将其隔开，组成除盐（淡化）和浓缩两个系统，在直流电场作用下，利用离子交换膜的选择透过性（其实质是反扩散），一部分水淡化，一部分水浓缩，把电解质从溶液中分离出来，从而实

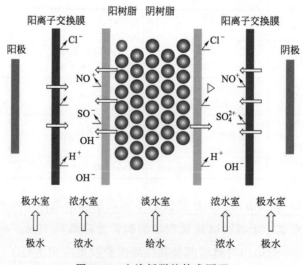

图 2-58 电渗析脱盐技术原理

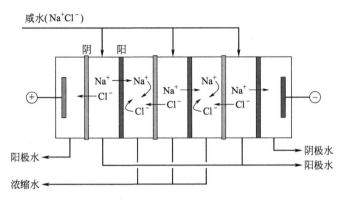

图 2-59　电渗析脱盐技术

现溶液的浓缩、淡化、精制和提纯。

电渗析技术萌芽于 20 世纪初，直到 1940 年才出现了具有实用价值的多隔室电渗析器。1950 年 Juda 制出具有高选择透过性能的阴离子交换膜和阳离子交换膜，从而奠定了电渗析技术的实用基础。当时结合电渗析和离子交换法的优点逐步发展起来了填充床电渗析（EDI），它具有不用酸碱再生、产水周期长、耗电少等优点，实现了持续深度脱盐，使电渗析技术进入了实用阶段。

1952 年 2 月，美国首次将电渗析咸水淡化器的样机公开展出。同年，美国、英国均研制出实用的离子交换膜，并于 1954 年正式用于淡化苦咸水制取饮用水和工业用水的生产实践。1959 年苏联开始研究和推广应用电渗析技术。日本引进电渗析技术后，首先用于海水浓缩制盐。

早期的电渗析技术被广泛应用于苦咸水和海水淡化、化学工业、废水处理、食品工业。其中经历了 3 大革新：

① 具有选择性离子交换膜的应用；

② 设计出多隔室电渗析组件；

③ 采用频繁倒极操作模式。

随着科学技术的发展，离子交换膜各方面的性能及电渗析装置结构等不断革新和改进，在石油废水处理和天然气、煤层气、烟气脱硫以及生物工程、医药等新领域也得到广泛应用，并取得了良好效果，具有显著的社会效益和经济效益。

我国 1957 年开始研制离子交换膜。最早研制成功了牛皮纸膜和羊皮纸膜。1966 年聚乙烯异相膜在上海化工厂投产，成为我国第一代具有实用性的商品膜，并且使用至今，年总产量已超过 20 万平方米。我国第一台小型实用化的电渗析淡化器是在 1964 年由解放军海军医学科学研究所研制成功的，1969 年在北京化工厂内建立了我国最早的工业用水淡化站，该站将地下水经电渗析和离子交换，制成化学试剂用的高纯度水，供水至今，供水量达 $100m^3/d$。

可以认为 1970 年标志着我国电渗析技术进入了生产实用的成熟阶段，1978 年郑州铁路局商丘电渗析淡化站建成投产。由地下苦咸水制取蒸汽机车锅炉用水，产水量为 1200m³/d 以上。1982 年商丘西站建成电渗析淡化站，产水量为 2400m³/d。

1981 年国家海洋局第二海洋研究所等单位，在我国西沙群岛的永兴岛上建立了我国规模最大的电渗析海水淡化站，将海水淡化成饮用水，产水量为 200m³/d。

我国电渗析器单台产淡水量可达 50m³/d。制造电渗析淡化器的工厂有 20 多个，现有电渗析淡化器估计有 5000 多台，淡水产量在 1000m³/d 以上的电渗淡化站有数十个。

我国电渗析水质除盐技术在工业生产上得到了广泛的应用。电渗析主要用在化工、医药、电力、电子、轻工、饮料、纺织、印染、锅炉、化学分析等领域。

工业生产中大多以自来水为原水，利用电渗析可以直接制取除盐水。在需要纯水的场合，电渗析可以作为离子交换的预处理手段。无论采用哪种方式，电渗析除盐技术均可取得降低制水成本、减轻污染的效果。

与其他膜分离技术相比，电渗析只需要稍微做预处理，并且不受压力的影响，即可以得到高质量的水，另外的一个优势是不需要能量的转换，电能可以直接利用，即使在能量的输入发生直接变化时也可以直接利用。

电渗析技术具有以下几个优点：

① 经济效益显著　实践证明将 2000～5000mg/L 的苦咸水淡化成 500mg/L 的淡水最经济；

② 系统应用灵活，操作维修方便　根据不同条件要求，可以灵活地采用不同形式的系统设计，并联可增加产水量，串联可提高脱盐率，循环或部分循环可缩短工艺流程；在运行过程中，控制电压、电流、浓度、流量、压力与温度几个主要参数，可保证稳定运行；

③ 不污染环境；

④ 使用寿命长　膜一般可用 3～5 年，电极可用 7～8 年，隔板可用 15 年左右；

⑤ 原水回收率高　海水、高浓度苦咸水原水回收率可达 60% 以上。一般苦咸水回收率可达 65%～80%。

电渗析除盐技术过程中所能除去的仅是水中的电解质离子，而对于不带荷电的粒子如水中的硅、硼以及有机物粒子则不能去除，若水中溴含量高时，电渗析的脱除效果也不理想。由于电渗析脱盐是以离子形式进行分离的，不解离的物质不能分离，解离度小的物质难以分离，对于水中的重碳酸根去除效率也较低。

电渗析技术也有其不足的地方，主要体现在以下几点：

① 对原水的预处理要求较高；

② 电耗较大，易结垢和浓缩分离膜寿命短；

③ 电渗析本体由塑料件组成，因此塑料老化成为增加电渗析维修费用的因素；

④ 电渗析操作电流、电压直接受原水水质、水量的影响，过程稳定性差，容易出现恶性情况。

电渗析脱盐技术可以分成以下几类。

（1）倒极电渗析器（EDR）

倒极电渗析器就是根据 ED 的原理，每隔特定时间（一般为 15～20min），正负电极性相互倒换，能自动清洗离子交换膜和电极表面形成的污垢，以确保离子交换膜工作效率的长期稳定及淡化水的水质水量。EDR 包括两方面内容：一是电极极性的倒换；二是电渗析浓淡水进出口阀门的切换，可以长期连续生产合格的淡水。当自动运行时，系统无需操作便可自动连续制水。我国 EDR 技术的应用始于 1985 年，倒极电渗析器的使用，大大提高了水回收率，延长了运行周期。倒极电渗析的缺点是其结构较为复杂，故障排除较困难，抗干扰性较差，对安装地点环境要求较高，使得倒极电渗析的应用在一定程度上受到限制。

（2）填充床电渗析器（EDI）

填充床电渗析器（EDI）是将电渗析与离子交换法结合起来的一种新型水处理方法，通常是在电渗析器的淡室隔板中装填阴离子、阳离子交换树脂，结合离子交换膜，在直流电场作用下实现去离子过程的水处理技术。填充床电渗析的最大特点是利用水解离产生的 H^+ 和 OH^-，自动再生填充在电渗析器淡水室中的混床离子交换树脂上，从而实现了持续深度脱盐。它集中了电渗析和离子交换法的优点，提高了极限电流密度和电流效率。由于填充床电渗析中填充的离子交换剂具有降低膜堆电阻、促进离子传输的特点，一些研究者采用该技术用于去除废水中的金属离子，如从 $NiSO_4$ 溶液中去除 Ni^{2+}，处理含 Cu^{2+} 以及 Cr^{6+} 的溶液。填充床电渗析技术具有高度先进性和实用性，在电子、医药、能源等领域具有广阔的应用前景，有望成为纯水制造的主流技术。

（3）液膜电渗析器（EDLM）

电渗析器中的固态离子交换膜用有相同功能的液态膜来代替，就构成了液膜电渗析工艺。目前液膜电渗析在国内研究较少，但是它能够将化学反应、扩散过程和电迁移三者结合起来，再加上国外大量液膜技术研究的成功经验，未来将有广阔的应用前景。张瑞华等利用半透性玻璃纸将液膜溶液包封制成薄层状的隔板，然后装入小型电渗析器中进行运转，并做了一系列实验研究：浓缩和提取化合物（提取锇、浓缩铂系金属、硫氰酸锌及硫氰酸镧，回收硫酸和提取硫酸）、合成高纯物质（合成高纯高铼酸铵）、脱盐（脱除 NaCl）。研究表明，液膜电渗析比传统的电渗析具有更加高效的分离效果。

（4）双极膜电渗析器（EDMB）

双极膜是一种新型离子交换复合膜，在直流电场作用下，双极膜可将水解离，在膜两侧分别得到 H^+ 和 OH^-，能够在不引入新组分的情况下将水溶液中的盐转化为对应的酸和碱。尤其是以双极膜技术为基础的水解离工艺成为目前增长最快和潜力最大的领域之一。目前双极膜电渗析工艺主要应用在酸、碱制备领域，也涉及环境、化工、生物、食品、海洋化工和能源等各个领域。另外，在发展清洁生产和循环经济过程中起到的作用日益显著。因为利用双极膜电渗析进行水解离，比直接电解水要经济得多，双极膜电渗析器的优点是过程简单，能效高，废物排放少。以双极膜为基础的水解离技术已成为电渗析技术目前研究和应用的首要目标。

另外，为了适应不同需求，达到更优的处理效果，出现了多种电渗析组合工艺。例如：电渗析-离子交换树脂工艺、电渗析-超滤工艺、反渗透-电渗析-超滤工艺、沉淀-过滤-电渗析-离子交换工艺等。这些工艺各具特色，不仅提高了产水质量，克服了每种单一工艺的缺点，而且有效地降低了成本，表现出了比较大的应用优势，又具有比较好的处理效果。因此针对各种不同特点的废水，寻求一个合理的组合工艺来区别对待也是电渗析技术发展的方向。

2.5.2　适用范围

高盐废水脱盐。

2.5.3　技术就绪度评价等级

TRL-6。

2.5.4　技术指标及参数

2.5.4.1　技术指标及参数简述

从电渗析的原理可以看出，电渗析需要在直流电场的作用下，以此作为动力，使溶液通过离子交换膜，进行淡化处理，以达到脱盐的目的。由此看出，电压、电流是影响电渗析的重要因素，同时流量与溶液的初始浓度也是影响淡化效率的重要因素。

（1）电流

电能是电渗析过程中最主要的传质推动力。因此，电流的大小直接决定着脱盐过程的速率。浓差极化是电渗析过程中一个极为重要的概念。极化是在电渗析过程中，物料在脱盐室、浓缩室流动时，离子交换膜与水之间存在一个滞留层，在直流电场作用下溶质发生定向迁移，在工作电流增加到一定程度时，主体溶液中的离子不能迅速补充到膜的表面，此时膜表面的离子浓度趋于零，引起滞留层中大量水分子电离，并生成 H^+ 和 OH^- 来负载电荷，此现象称为极化。而此时的电流密度也达到了一个极限值，称为极限电流。在电渗析过程中，增大电流密度，酸碱浓度会迅速增大，脱盐的效率也会相应增加。因为电流密度增大，所需要的处理时间缩短，同离子渗漏和浓差扩散的量较少，产物浓度略有增加。在电渗析过程中，若使用高电流强度将会得到令人满意的结果，但是伴随着浓差极化的发生，使电流强度的提高受到限制，若操作电流强度高于浓差极化的极限电流强度，往往会出现电流效率下降、能耗上升、pH 值紊乱、大量气泡产生（水电解）、膜发生沉淀结垢和堵塞等不良现象,严重影响电渗析的正常运行,导致电渗析效率下降,并且缩短电渗析器的使用寿命。为强化操作过程,必须选择适宜的电流强度。

(2) 电压

由于电极间的电阻一定,当电极两端所加的电压越大,通过溶液的电流就越大,在单位时间内就有更多的阴阳离子通过离子交换膜,脱盐效率也会越大。但是电压过大,电流也会增大,就会出现浓差极化的现象,能耗也会增加。在电渗析运行的过程中,必须保证电压的稳定,电压发生变动,会引起水压突然波动,导致电渗析器隔板移动错位,造成隔板变形及漏水,使水处理不彻底,影响后续一系列反应过程的进行。如果需要切换电压,必须先停止电渗析的运行后再进行更换电压。在一定范围内,电压越高,淡室的出水中离子含量就越少,离子浓度与电压呈负相关;而浓室的出水中离子含量就越多,离子浓度与电压呈正相关。

(3) 流量

在电渗析过程中若流量超过一定的值,会对膜堆造成很大的冲击,缩短膜的寿命,若流量过小,处理效率较低,也会造成膜堆沉淀。但总体来说,增大流量,对溶液的处理时间会变短,提高效率。另外,随着流量的提高,极限电流会增大,因为提高流量,流速变大,使脱酸和浓缩两室的溶液搅拌更加激烈,膜与溶液间的界面层的厚度变薄,扩散阻力减小,有利于离子的扩散和迁移,致使极限电流值增大。所以,寻求合适的流量值,对于电渗析过程也是至关重要的。

(4) 溶液初始浓度

在处理一定的盐溶液时,提高初始浓度和增加极室盐溶液浓度均能降低操作电压,从而降低能耗。在 NaCl 的初始浓度为 5g/L、电压为 9V 的情况下,当浓度降至 0.5g/L 时需要大约 65min,而当 NaCl 的初始浓度为 10g/L,其他的条件均不变,在溶液浓度再次降至 0.5g/L 时所需时间为 160min。总之,初始浓度越小,脱盐效率越高。

上述各种影响因素之间是互相关联的,实际应用过程中要综合考虑,以求达到最佳的效果。

传统的淀粉糖的生产是玉米经过破碎、分离、洗涤后,接收至淀粉乳储罐,在调浆罐内调节 pH 值为 5.5～6.0,波美度为 14°Bé 左右,加酶经喷射器到维持罐,维持 90～120min,DE 值在 8～12 左右,进入糖化罐。在糖化罐内控制 pH 值为 4.0～5.0,温度控制在 58～62℃,糖化后出料。利用转鼓过滤机除去蛋白,再进入到脱色工段。除去糖液中的碳,从脱色出来的料液进入离子交换,离子交换主要是除去糖液中的盐类,再利用四效蒸发器,将离子交换出料浓度提高到 60% 形成成品糖浆。

目前全国淀粉糖年产量约 1100 万～1200 万吨,提纯工艺均是采用传统阳-阴多级离子交换脱盐方法,经离子交换树脂去除盐分制得精制淀粉糖浆。离子交换树脂用稀盐酸和低浓度烧碱再生,用软化水冲洗,产生的洗水排放到污水处理站。每吨商品糖污水产生量约 1.5t。这部分污水含有较高浓度的氯化钠，采用传统的工艺过程，因离子交换固有的缺陷，污水中 COD 较高，COD 含量 4500～5000mg/L，污水处理困难，且树脂使用寿命有限，经常需要更换，运行费用大，并且废树脂处理困难。消耗大量的酸、碱，不利于清洁生产。

而采用电渗析方法对淀粉糖脱盐，替代传统的离子交换工艺。在外加直流电场的作用下，当含盐的淀粉糖溶液经过阴离子、阳离子膜和隔板组成的隔室时，水中的阴离子、阳离子开始定向运动，阴离子向阳极方向移动，阳离子向阴极方向移动，由于离子交换膜具有选择透过性，致使淡水隔室中的离子迁移到浓水隔室中，从而达到脱除盐分的目的。

2.5.4.2　工艺简述

从脱色工序来的 25%浓度的淀粉糖溶液进入淀粉糖来料罐，经过换热器换热，袋式过滤器过滤后，在电渗析装置脱盐处理，进入到下一道工序蒸发浓缩。除了少量酸/碱用于膜清洗外，整个过程几乎无酸、碱的消耗。

为了解决传统离子交换时酸、碱及脱盐水耗高、淀粉糖损失大的问题，研发了使用电渗析除盐工艺对淀粉糖进行处理，可直接从淀粉糖液中脱除氯、铵、硫酸根、钙等离子。为推动电渗析脱盐技术在玉米加工行业的应用，本技术采用数学模型计算与实验相结合，研究流体中离子电迁移规律、迁移阻力、离子渗漏等提高脱盐率，通过研究膜污染机制、膜污染处理和膜在线清洗等解决实际工程中的膜污染问题。具体包括以下内容：

① 非牛顿型高黏度流体无机离子与杂质离子的竞争性迁移规律及调控方法研究。通过对无机离子与杂质离子在电场中迁移的速率、方向的研究，来确定在不同浓度淀粉糖溶液及不同电场强度条件下的最终脱盐率。

② 非牛顿型高黏度流体用电渗析膜污染机制、预防技术及膜污染物质的处理技术研究。通过膜阻力模型实验，分析出各污染途径产生的阻力大小。主要通过膜阻力测定、糖溶液中溶质与膜吸附阻力测定和膜表面污染层阻力测定三个方面进行研究。

③ 针对膜污染物质的在线清洗和再生方法研究。电渗析过程中形成的阻力，主要来源于淀粉糖中存在的蛋白质，在糖液流动过程中由于带电蛋白质与杂质离子同时向膜表面迁移，最终沉积于膜表面，造成膜孔径变小和阻塞，使膜产生透过流量造成分离特性的降低，采用原位测定法（膜表面直接观察法、激光三角测定法等）对膜污染进行研究。通过对膜污染物的反冲洗、酸洗和碱洗液、清洗前后膜表面进行分析，确定主要无机污染物及主要有机污染物，进而选择清洗方法，对污染膜进行有效清洗。

试验研究发现，为了克服膜片堵塞，膜与膜之间必须要保持适当的间距，过小的间距易滞留堵塞物。若膜污染的评价指标按进出料压差≤0.05MPa，清洗间隔时间为 4h 的标准，膜间距要保持 1.50mm 以上。

④ 电渗析脱盐过程离子渗漏、水渗漏原因及控制技术研究。通过模拟增压，研究离子渗透和水渗透的原因，同时确定降低和防治渗透的方法。试验结果如表2-17 所列。因此，实际运行时水侧压力略高于糖侧压力，以提高物料糖的收率。

表 2-17　膜压差对电渗析脱盐影响

膜压差(糖侧-水侧)/MPa	浓盐水含糖/%	淀粉糖液浓度/%	
		进料	出料
0	0.5	31	30.5
0.1	1	31	30.5
−0.1	0.1	31	29

⑤ 电渗析脱盐的前处理与后处理工艺研究与优化。通过优化除蛋白工艺操作，强化助滤剂过滤，增加微滤膜（本示范线采用法国欧瑞利斯陶瓷膜）对淀粉糖脱盐前糖溶液中存在的蛋白、多肽等有机杂质进行去除，可以显著降低膜污染，提高膜通量。

电渗析脱盐的工艺流程为：淀粉糖的生产是玉米经过破碎、分离、洗涤后，接收至淀粉乳储罐，在调浆罐内调节 pH 值为 5.5～6.0，波美度在 14°Bé 左右，加酶经喷射器到维持罐，维持 90～120min，DE 值在 8～12 左右，进入糖化罐。在糖化罐内控制 pH 值为 4.0～5.0，温度控制在 58～62℃，糖化后出料。利用转鼓过滤机除去蛋白，再进入到脱色工段。去除去糖液中的碳，从脱色出来的料液进入离子交换，离子交换主要是除去糖液中的盐类，在利用四效蒸发器，将离子交换出料浓度提高到 75% 的成品糖浆。

采用传统的工艺，因离子交换固有的缺陷，污水中 COD 较高，其中 COD 浓度为 4500～5000mg/L，一般年产淀粉糖 10 万吨产生废水量为 15 万～20 万吨，这种高盐有机废水处理困难，且树脂使用寿命有限，经常需要更换，运行费用大，并且废树脂处理困难。年消耗 5400t 的酸、碱，不利于清洁生产。而采用电渗析方法对淀粉糖脱盐，替代了传统的离子交换工艺。

在外加直流电场的作用下，当含盐的淀粉糖溶液经过阴离子、阳离子膜和隔板组成的隔室时，水中的阴离子、阳离子开始定向运动，阴离子向阳极方向移动，阳离子向阴极方向移动，由于离子交换膜具有选择透过性，致使淡水隔室中的离子迁移到浓水隔室中，从而达到脱除盐分的目的。

2.5.4.3　淀粉糖脱盐工艺优化

（1）淀粉水解液的化学组成分析

合作企业提供料液是其生产原液蒸发浓缩而得，因此实验室工作时将企业提供的料液均稀释 1 倍，本节中如无特殊说明，所有料液均为稀释 1 倍的溶液。对淀粉糖水解液进行测试，得出无机盐组成见表 2-18。

表 2-18　淀粉糖水解液无机盐成分组成

离子类型	Ca²⁺	Mg²⁺	K⁺	Na⁺	SO₄²⁻	NO₃⁻	NO₂⁻	Cl⁻
浓度/(mg/L)	0.2109	0.0127	2.801	174.5	4.564	0.401	2.81	268.43

注：测试设备有电感耦合等离子体原子发射光谱仪、Optima 5300 DV、美国 Perkin-Eimer，离子色谱仪、CS5000＋、赛默飞世尔科技。

从表 2-18 看出，淀粉糖水解液中无机盐的主要成分是 Na^+、Cl^-，也含有部分 Ca^{2+}、Mg^{2+} 等离子，但浓度不高，因此电渗析脱盐时阳膜可能有部分结垢现象，会造成阴离子交换膜污染。淀粉糖水解液 pH 值、电导率、盐浓度、COD 值等基本性能指标见表 2-19，测试样品 1#、2# 为第一批料液，样品 3#、4# 为第二批料液，两批料液生产时间不同，均由合作企业提供。

表 2-19　淀粉糖水解液基本性能指标

样品编号	1#	2#	3#	4#
pH 值	4.39	5.17	3.82	3.71
电导率/(μS/cm)	409	428	313	410
盐浓度/(mg/L)	205	214	156.4	205
COD/(g/L)	339.14	334.15	335.30	331.6
糖度/%	26.2	24.9	26.1	25.7

不同原料淀粉糖水解液基本性能指标有一定的差别，pH 值均小于 7，糖度约为 25％，盐浓度均小于 220mg/L，COD 值均大于 300g/L，电渗析脱盐的目的是在尽量不降低糖度的前提下，在最短的时间内将盐浓度降低到 50mg/L 以下，同时减小膜污染的形成。

（2）淀粉糖水解液粒度分析

为初步掌握淀粉糖水解液粒度分布的情况，对其进行粒度测试，测试样品为 2 个，其中 1# 样品为淀粉糖水解液料液，2# 样品为淀粉糖水解液稀释 1 倍的溶液（即企业提供的料液稀释 2 倍）。具体测试结果见图 2-60 和图 2-61，表 2-20 和表 2-21。

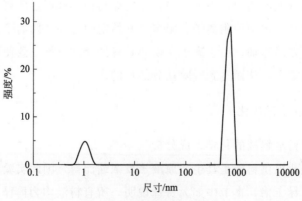

图 2-60　1# 样品粒度分布

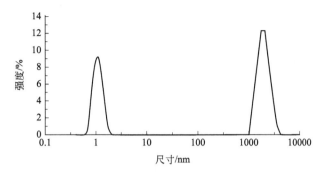

图 2-61　2#样品粒度分布图

表 2-20　1#样品粒度分布测试结果

类型	尺寸/nm	强度/%	宽度/nm
峰 1	1968	62.2	527.0
峰 2	1119	67.8	0.2408
峰 3	0.000	0.0	0.000

注：平均尺寸（Z-Average)/nm，702.8；聚合物分散性指数（PdI），1.000；截距，0.680。

表 2-21　2#样品粒度分布测试结果

类型	尺寸/nm	强度/%	宽度/nm
峰 1	679.7	80.4	92.16
峰 2	1049	19.6	0.2148
峰 3	0.000	0.0	0.000

注：平均尺寸（Z-Average)/nm，1234；聚合物分散性指数（PdI），0.646；截距，0.920。

从测定结果可以看出，淀粉糖水解液的粒径主要集中在 $1.968\mu m$ 附近，淀粉糖水解液稀释后，粒径主要集中在 $0.679\mu m$ 附近，粒径变小，这可能是糖浓度降低，团聚作用减弱导致的。

（3）淀粉糖水解液分子量分布

淀粉糖水解液分子量分布测试结果见图 2-62、表 2-22 和表 2-23。

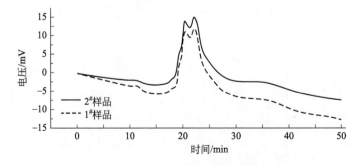

图 2-62　分子量分布测试结果

表 2-22   1# 样品分子量分布测试结果

类型	停留时间/min	宽度/min	面积	面积占比/%
峰 1	20.405	1.939	1845.83	43.44
峰 2	22.139	1.218	1230.30	28.95
峰 3	22.743	0.961	1173.33	27.61

注：分子量 1，521.28；分子量 2，82.83。

表 2-23   2# 样品分子量分布测试结果

类型	停留时间/min	宽度/min	面积	面积占比/%
峰 1	20.375	1.787	1670.66	38.69
峰 2	22.152	1.410	1439.36	33.34
峰 3	22.837	1.403	1207.67	27.97

注：峰 1 处分子量，464.28；峰 2 处分子量，83.91。

1# 样品是淀粉糖水解液料液，2# 样品是经过 $5\mu m$ PP 棉过滤的料液，从测试结果可以看出经过 PP 棉过滤的淀粉糖水解液分子量稍小，但两个样品的分子量差别不大。

2.5.4.4   淀粉糖电渗析脱盐工艺优化

（1）电渗析脱盐实验研究装置

电渗析是在外加直流电场的作用下，当含盐分的水流经阴离子、阳离子交换膜和隔板所构成的隔室时，水中的阴离子和阳离子就开始做定向运动，阴离子向阳极方向移动，阳离子向阴极方向移动。由于离子交换膜具有选择透过性，阳离子交换膜的固定交换基团带负电荷，因此允许水中阳离子通过而阻挡阴离子；阴离子交换膜（简称阴膜）的固定交换基团带正电荷，因此允许水中的阴离子通过而阻挡阳离子，致使淡水隔室中的离子迁移到浓水隔室中去，从而达到脱盐的目的。实验室用淀粉糖水解液电渗析脱盐装置见图 2-63。

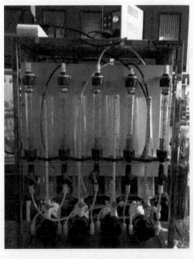

图 2-63   实验室用电渗析脱盐装置

为防止料液中一些大分子进入电渗析系统中加重膜污染,在电渗析实验之前,先将料液通过 5μm PP 棉过滤 20min,除去淀粉糖水质中的部分有机物。

（2）离子交换膜的选择与比较

根据淀粉糖水解液电渗析脱盐膜污染防治机理以及淀粉糖泄漏的原因分析,从众多商业膜中筛选出 6 组离子交换膜进行研究,6 组离子交换膜的基本性质见表 2-24。

表 2-24　离子交换膜的基本性质

编号	名称	产地	代号	交换容量/(mol/kg)	膜面电阻/(Ω/cm²)
1#膜	低渗透膜	上海	3363-1,3364	2.0,1.8	20,20
2#膜	海水膜	上海	3361BW3362BW	2.0,1.8	11,12
3#膜	合金膜	杭州	AAM,CAM	2.37,2.37	5~6,5~6
4#膜	1#异相膜	杭州	MC-1	2.43,2.43	7.1~9.4,5.7~7.8
5#膜	3#阳膜、6#阴膜(异相膜)	杭州	—,MC-6	—,2.2	—,10.7~14.5
6#膜	均相膜	日本	AMX,CMX	2.26,2.26	2~3,2~3

在实验室进行淀粉糖水解液脱盐实验时,将淀粉糖水解液置于淡室中,浓室中为超纯水或 0.002mol/L 的 Na_2SO_4 循环,阳极室、阴极室均为 0.2mol/L 的 Na_2SO_4 循环,本节中的电渗析脱盐实验条件均相同。

（3）1#膜电渗析脱盐研究

当浓室中为超纯水时,电渗析过程中浓室、淡室中电导率、盐度随时间变化见图 2-64。发现淀粉水解液随电渗析进行其盐度逐渐下降,浓水采用的是纯水,在

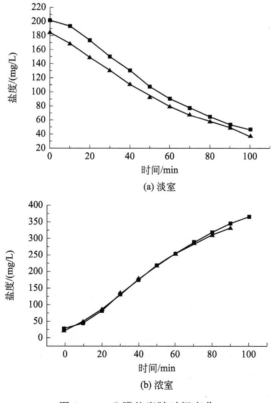

(a) 淡室

(b) 浓室

图 2-64　1#膜盐度随时间变化

（两条线分别代表两批次实验结果,下同）

电渗析中其电导率会逐渐升高。不同批次实验的结果比较相近，表明实验结果重现性较好。

浓室中为超纯水时，电渗析体系电流、淡室糖度随时间变化见图 2-65。发现电渗析过程中恒压操作时开始电流逐渐上升，然后逐渐下降。这与开始时浓水电导率很低有关，而随着电渗析脱盐过程的进行，淀粉糖中的盐度逐渐降低也导致脱盐系统的电流逐渐减小。

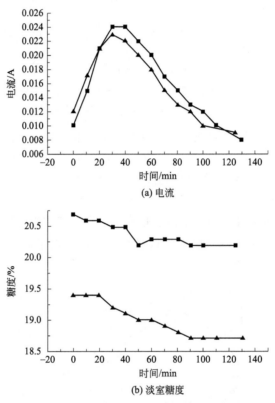

(a) 电流

(b) 淡室糖度

图 2-65   1# 膜体系电流、淡室糖度随时间变化

当浓室中为 0.002mol/L 的 Na_2SO_4 时，电渗析过程中浓室、淡室中电导率、盐度随时间变化见图 2-66。当浓室中为 0.002mol/L 的 Na_2SO_4 时，电渗析体系电流、淡室糖度随时间变化见图 2-67。每次实验是均先将各室溶液在电渗析设备中运行 20min，待液面高度等各项指标稳定后再加电开始实验，淡室中料液在设备中循环时，糖度一般下降 4%。

图 2-64～图 2-67 中的两条曲线均为相同条件的实验结果，实验条件相同时结果的重现性良好。随着实验的进行淡室中糖度逐渐下降，从加电时刻至结束，下降幅度为 0.3%～0.8%，试验完全结束后用超纯水清洗淡室，清洗液中糖度约为 4%～6%，这说明在电渗析的过程中淡室循环有吸附糖的现象，这也可能是导致淡室侧膜污染的原因之一，整个电渗析实验过程中浓室糖度均为 0，也就是说没有出现淀粉糖泄漏的现象。

采用 SEM 对 1# 膜进行表征，其照片及电镜图具体见图 2-68、图 2-69 中。

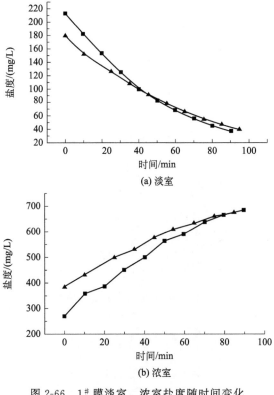

(a) 淡室

(b) 浓室

图 2-66　1#膜淡室、浓室盐度随时间变化

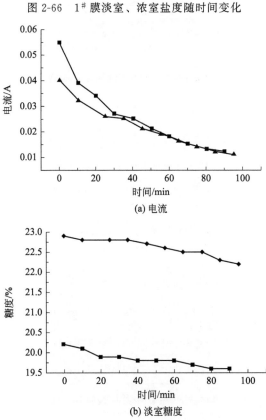

(a) 电流

(b) 淡室糖度

图 2-67　1#膜体系电流、淡室糖度随时间变化

(a) 阴膜原膜

(b) 阴膜浓室面

(c) 阴膜浓室面污染严重部分

(d) 阴膜淡室面

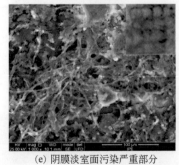

(e) 阴膜淡室面污染严重部分

图 2-68　阴膜照片及 SEM 图

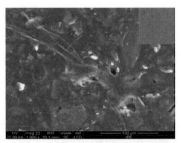

(a) 阳膜原膜

(b) 阳膜浓室面

(c) 阳膜浓室面污染严重部分

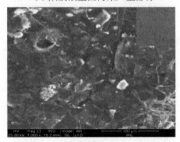

(d) 阳膜淡室面

(e) 阳膜淡室面污染严重部分

图 2-69　阳膜照片及 SEM 图

　　电渗析实验结束后，观察阴膜、阳膜两面，均出现进水口位置污染比较严重的现象，这可能是进水口位置溶液停留时间长的缘故。图 2-68 中分别为阴膜原膜、阴膜浓室面、阴膜浓室面污染严重部分、阴膜淡室面、阴膜淡室面污染严重部分，图 2-69 中分别为阳膜原膜、阳膜浓室面、阳膜浓室面污染严重部分、阳膜淡室面、阳膜淡室面污染严重部分，图 2-69 中可以看出，原膜较规则、均匀、无吸附物；阴膜与阳膜因其制作方式不同，形貌不同，阴膜较为平整，阳膜有明显脉络；经过六批电渗析实验后，淡室侧阴、阳膜面的污染物形态类似，均为丝状物，浓室侧阴、阳膜面的污染物形态类似结晶状。可判定两个室膜面污染物不同。淡室侧膜面污染物可能主要是糖类聚集体或菌类，分析污染原因为淀粉糖水解液黏度大，表面净电荷为零，分子之间无静电排斥，淀粉糖在膜表面滞留，最终覆盖在膜表面，部分污染物出现长菌现象，看不到原膜的原始结构。而浓室侧膜面的污染物可能含有盐晶体。

　　从图 2-70 中可以看出 1# 膜经电渗析实验后，膜断面物质增加，表明离子交换膜内部受到了污染。膜污染前后膜电阻和接触角变化见表 2-25、表 2-26。

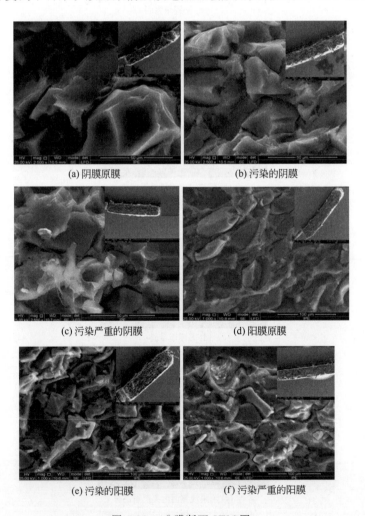

(a) 阴膜原膜　　　　　　　　(b) 污染的阴膜

(c) 污染严重的阴膜　　　　　　(d) 阳膜原膜

(e) 污染的阳膜　　　　　　　(f) 污染严重的阳膜

图 2-70　1# 膜断面 SEM 图

表 2-25　1#膜污染前后膜电阻变化

类型	阴膜		阳膜	
	原膜	使用后	原膜	使用后
1#膜	12.81	11.39(污:12.59)	25.95	20.78(污:20.78)

表 2-26　1#膜污染前后接触角变化

类型	阴膜						阳膜					
	原膜		淡室面		浓室面		原膜		淡室面		浓室面	
	L	R	L	R	L	R	L	R	L	R	L	R
1#膜	94.7	94.9	102.9	103.4	99.5	99.9	110.2	110.6	121.5	121.7	120.6	120.9

（4）淀粉糖电渗析脱盐应用示范

针对传统淀粉糖离子交换脱盐工艺产生大量高浓度有机废水，且酸、碱和新水消耗量大的问题，在水专项课题支持下中国科学院过程工程研究所研发了淀粉糖电渗析脱盐技术，通过与企业合作，在传统淀粉糖离子交换脱盐工艺的基础上进行上电渗析脱盐应用示范工程（图 2-71），淀粉糖电渗析脱盐示范工程的优化工艺流程见图 2-72。

(a)

(b)

图 2-71

(c)

(d)

图 2-71　淀粉糖电渗析脱盐示范工程建设

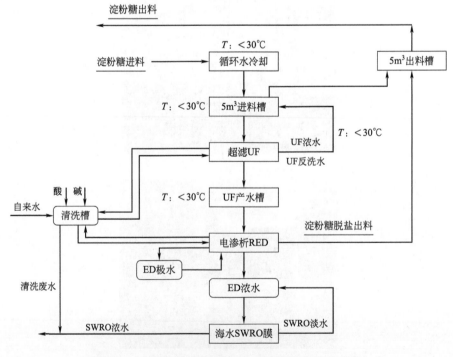

图 2-72　淀粉糖电渗析脱盐示范工程的优化工艺流程

对淀粉糖电渗析脱盐示范工程进行了一系列改造，其中包括更换精密过滤器滤芯、加装紫外杀菌器、安装呼吸阀、购置超声杀菌器及安装、更换定制的低渗透离子交换膜、加装海水反渗透装置等，以及膜系统清洗和添加杀菌剂进行料槽和整个管路杀菌消毒和清洗，使淀粉糖电渗析脱盐系统的染菌污染、漏糖损失、淀粉糖电渗析系统的脱盐效率等都有明显的改善。建成的淀粉糖电渗析脱盐应用示范工程的工艺流程包括：板框换热—精密过滤—超滤—电渗析—海水反渗透等，构成了淀粉糖电渗析脱盐的膜组合工艺包和应用示范线，工艺设备流程见图 2-73，脱盐示范工程设备图 2-74。

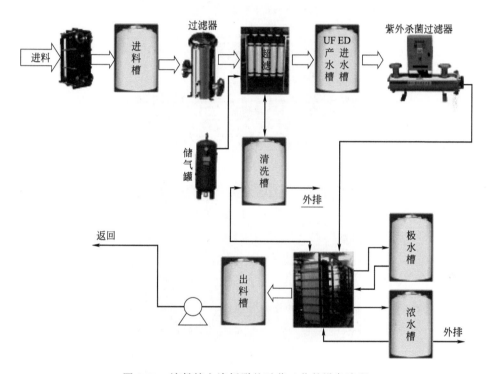

图 2-73　淀粉糖电渗析脱盐示范工艺的设备流程

在淀粉糖电渗析脱盐示范工程改造完成后，对技术工人进行现场岗位培训使其掌握技术操作规程，直至岗位人员熟练操作全套设备的运行，保证淀粉糖电渗析脱盐稳定运行。主要考察淀粉糖电渗析脱盐体系中淀粉糖进料、超滤产水、电渗析淡水、电渗析浓水和反渗透浓水等水样的关键技术指标，包括 pH 值、电导率、糖度、COD 和色度等，用于评价淀粉糖电渗析脱盐体系的脱盐效率、漏糖损失、膜污染现象及系统运行稳定性等。

淀粉糖电渗析脱盐应用示范工程连续运行的结果（图 2-75）表明：

(a)

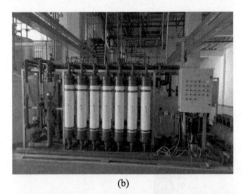

(b)

(c)

(d)

图 2-74 淀粉糖电渗析脱盐示范工程的核心设备

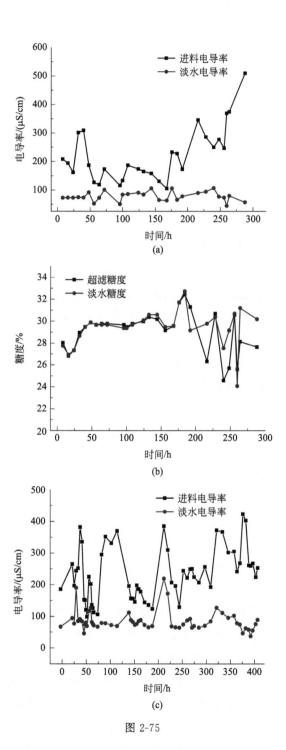

图 2-75

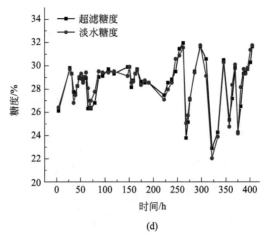

图 2-75　淀粉糖电渗析脱盐系统连续运行的电导率和糖度变化

① 根据进料与淡水电导率计算脱盐率约为 80.1%，最高脱盐率为 89.1%。淀粉糖电渗析脱盐的电导率约为 50～65μS/cm，已达到预期脱盐效果。但淀粉糖出料电导率会出现波动，分析其原因是，淀粉糖进出料的 pH 值偏低（3.1～4.2 之间），因此会导致检测的电导率偏高，但实际淀粉糖电渗析过程仍可保持较高的脱盐效率。

② 淀粉水解液经电渗析脱盐处理，根据超滤出水糖度与电渗析淡水糖度的差值求平均，得出其平均值为 -0.10%，考虑到系统测量误差，可以认为电渗析脱盐系统基本不漏糖。

③ 淀粉糖电渗析脱盐工程耗水主要用于膜系统清洗。根据淀粉糖电渗析系统清洗周期和用水量，可推算出 10 万吨/年淀粉糖电渗析脱盐应用示范工程可减排高浓度有机废水量约为 16.8 万吨/年，按吨水处理成本 12 元计算则可减少废水处理费用约为 201.6 万元/年。

④ 根据传统淀粉糖离子交换法脱盐产生的高浓度有机废水 COD 浓度约为 5000～10000mg/L，离子交换脱盐工艺漏糖损失约为 1%～2%，而淀粉糖电渗析系统基本不漏糖，其外排废水 COD 主要来源于淀粉水解液中的有机酸和少量水溶性蛋白等。

⑤ 与传统淀粉糖离子交换法需要消耗酸、碱和新水等进行树脂再生和清洗不同，淀粉糖电渗析脱盐系统只需要消耗少量的酸、碱和新水进行膜单元清洗，其酸/碱用量大幅度降低，推算出每年分别节省酸用量 483t 和碱用量 775t。按照目前酸、碱的市场价可推算出节省购买酸和碱支出费约 219 万元。

⑥ 由于淀粉糖电渗析脱盐系统几乎不漏糖，而传统淀粉糖离子交换脱盐工艺的糖损失率超过 1%。推算出 10 万吨/年淀粉糖电渗析脱盐应用示范工程每年可减少漏糖超过 1000t，则减少漏糖造成的损失大约为 200 万元。

⑦ 与离子交换系统需消耗大量新水用于清洗树脂柱相比，电渗析脱盐系统用于清洗的新水消耗量极少。推算 10 万吨/年淀粉糖电渗析脱盐系统每年节省新水消

耗超过 5 万吨。按新水价格约 2.5 元/吨计算则每年节约新水约 12.5 万元。

⑧ 由于淀粉糖电渗析脱盐应用示范工程增加了精密过滤、超滤、电渗析和海水反渗透等膜单元，这些膜组件在使用过程中需要定期更换。因此，需要考虑扣除 28 万元新增设备折旧费和 129 万元低值易耗消耗等（如膜材料和膜元件损耗及更换滤芯）。

基于上述分析，可推算出 10 万吨/年淀粉糖电渗析脱盐应用示范工程的经济效益：

$$201.6＋219＋200＋12.5－28－129＝476.1(万元/年)$$

结果表明，所研发的淀粉糖电渗析脱盐技术建成的应用示范项目，不仅可有效地解决淀粉糖行业发展过程中的环境问题，而且企业也取得显著的经济效益。因此在淀粉糖深加工行业具有广泛的应用前景，在玉米深加工园区的点源污染控制、减少废水排放和水质改善等领域具有重要意义。

通过推广电渗析除盐工艺，对于降低集团淀粉糖生产成本，乃至在全国同行业推广有着重大意义。实现了电渗析技术在淀粉糖脱盐领域的突破，彻底改变了传统的淀粉糖离子交换脱盐技术，真正实现节能降耗、减少污水排放、清洁生产的目标，具有广泛的推广价值。

2.5.5　主要技术优势及经济效益

与其他膜分离技术相比，电渗析只需要稍微做预处理，并且不受压力的影响，即可以得到高质量的水；另外的一个优势是不需要能量的转换，电能可以直接利用，即使在能量的输入发生直接变化时，也可以直接利用。

电渗析技术具有以下几个优点：

① 耗电低，经济效益显著。实践证明将 2000～5000mg/L 的苦咸水淡化成 500mg/L 的淡水最经济。

② 系统应用灵活，操作维修方便。根据不同条件要求，可以灵活地采用不同形式的系统设计，并联可增加产水量，串联可提高脱盐率，循环或部分循环可缩短工艺流程。在运行过程中，控制电压、电流、浓度、流量、压力与温度几个主要参数，可保证稳定运行。

③ 不污染环境。

④ 使用寿命长。膜一般可用 3～5 年，电极可用 7～8 年，隔板可用 15 年左右。

⑤ 原水回收率高。海水、高浓度苦咸水原水回收率可达 60％以上。一般苦咸水回收率可达 65％～80％。

2.5.6　工程应用及第三方评价

我们利用已取得的研究成果，根据电渗析膜结构、通透性及电渗析特性的不同，建立两套电渗析装置，运行能力分别为 3t 糖/h、5t 糖/h。两套电渗析装置的年处理量达到 6 万～7 万吨糖。新工艺同老工艺相比，每吨糖少用软化水及减少污水排放约 1.5t，年产 10 万吨糖可减少污水排放 15 万吨。大成集团目前淀粉糖生产总量达到 150 万吨，其中商品糖 40 万吨、用于下游其他产品（氨基酸、化工醇、果糖等）用糖 110 万吨，目前通过电渗析除盐的量接近 10 万吨，通过成本核算电渗析除盐的吨成本可在现有基础上下降 22%。

参 考 文 献

[1]　WO2009109102A1，Recombinant Microorganism And Method For Producing L-Lysine.

[2]　CN102613385A，一种基于多级逆流固液提取的大豆分离蛋白提取方法.

[3]　高建萍，刘琳，张贵锋，等. 多级逆流固液提取技术提取大豆分离蛋白 [J]. 过程工程学报，2011，11（2）：312-317.

[4]　ZL200920311808.6，组合式捕集器.

[5]　200910069273.0，变截面变孔径液体分布管.

[6]　201110106703.9，一种以玉米芯为原料制备糠醛的方法.

[7]　高礼芳，徐红彬，张懿. 玉米芯水解生产糠醛清洁工艺 [J]. 环境科学研究，2010，23（7）：924-929.

[8]　高礼芳，徐红彬，张懿，等. 高温稀酸催化玉米芯水解生产糠醛工艺优化 [J]. 过程工程学报，2010，10（2）：292-297.

[9]　201010516210.8，一种植物油脂酶法脱胶的方法.

[10]　201010516235.8，一种来源于荧光假单胞菌的磷脂酶 B 及其生产方法.

[11]　Jiang Fangyan，Wang Jinmei，Kaleem Imdad，et al. Degumming of vegetable oils by a novel phospholipase B from Pseudomonas fluorescens BIT-18 [J]. Bioresource Technology，2011，102（7）：8052-8056.

[12]　Jiang Fangyan，Huang Shen，Kaleem Imdad，et al. Cloning and expression of a gene with phospholipase B activity from Pseudomonas fluorescens in *Escheichia coli* [J]. Bioresource Technology，2012，518-522.

[13]　Jiang Fangyan，Wang Jinmei，Ju Lichen，et al. Optimization of degumming process for soybean oil by phospholipase B [J]. Journal of Chemical Technology and Biotechnology，2011，86（8）：1081-1087.

[14]　王金梅，姜芳燕，戴大章，等. 磷脂酶高产菌株的筛选、诱变及其在豆油脱胶中的应用 [J]. 环境科学研究，2010，23（7）：948-952.

[15]　张维润. 电渗析工程学 [M]. 北京：科学出版社，1995，117-128.

[16]　邬晓龄，黄肖容，邓尧. 海水淡化技术现状及展望 [J]. 当代化工，2012，41（9）：964-1002.

[17]　李媛，王立国. 电渗析技术的原理及应用 [J]. 城镇供水，2015，5：16-22.

第3章
食品加工行业典型水污染末端处理成套技术

3.1 味精废水处理技术

3.1.1 技术简介

针对味精废水处理提标及氨氮季节性不稳定达标问题，以 COD 和氨氮削减为核心，开发出味精废水污染负荷稳定削减的有效技术方法，为实现流域内重污染行业污染物的总体减排目标提供技术支撑。

味精生产过程中产生的发酵废液是味精生产行业的主要污染源，大多都具有 COD 浓度高、BOD 浓度高、菌体含量高、硫酸根含量高、氨氮含量高及 pH 值（1.5～3.2）低"五高一低"的特点。

河南莲花味精股份有限公司位于河南省项城市，年产味精 30 万吨，长期占据中国市场主导地位。该公司废水处理主要存在问题：

① 现有工艺无法保证提标后氨氮达到国家正在制定的《味精工业污染物排放标准》；

② 现有废水处理设施运行不稳定，特别在冬季（每年 11 月至次年 3 月）效果不好，出水氨氮较高，由正常情况 45mg/L 左右上升到 50mg/L 或以上，导致出水氨氮不能稳定达标。

针对现有工艺寒冷季节处理效果差的情况，通过研究获得适合北方气候的优良微生物菌种和处理工艺如图 3-1 所示。满足 COD 去除率达到 90％或以上，氨氮去除率达到 90％或以上，使氨氮出水浓度控制在 20mg/L 以下，COD 浓度控制在

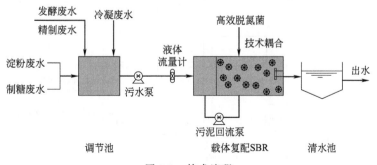

图 3-1 技术流程

80mg/L 以下，确保出水水质满足《味精工业污染物排放标准》。

3.1.2 适用范围

味精废水处理。

3.1.3 技术就绪度评价等级

TRL-6。

3.1.4 技术指标及参数

味精废水处理过程中氨氮去除效果易受季节影响，冬季运行不稳定。面向北方寒冷地区，载体复配 SBR 强化生物脱氮技术处理味精废水，可以达到稳定改善出水水质，实现尾水达标排放或回用的目的。

主要技术包括强化预处理技术、高效脱氮微生物培养技术等几种。

3.1.4.1 强化预处理技术

味精发酵废水具有污染物浓度高、易生化降解等特点，多采用预处理、厌氧好氧生物处理相结合的综合处理技术，出水 COD 和氨氮浓度达标是实现废水稳定达标的关键。针对味精废水，开展废水强化预处理技术研究，通过技术集成验证和工程示范，实现味精废水污染负荷稳定削减，保障流域控制断面水质分阶段达标，主要内容包括以下几个方面。

① 预曝气过程控制参数优化研究。通过小试试验，初步确定预曝气工段的曝气强度、水力停留时间。

② 预曝气适用条件与调控技术研究。在预曝气工段拟用不同的预曝气方式，以提高溶解氧利用率及溶解氧量与后续生物处理效果的联系。

③ 预曝气-SBR 运行效果响应关系研究。将预曝气和 SBR 生化处理串联起来运行，通过试验研究，最终确定预曝气-SBR 工艺的最佳运行工况，为强化生物脱氮集成技术提供试验支持。

在废水进入后续生化处理之前，废水引入一个储水器，用空气压缩泵和曝气沙头在底部进行曝气，如图 3-2 所示。

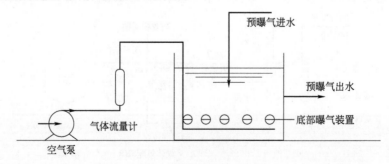

图 3-2 预曝气装置示意

通过预曝气时间、曝气量等参数阐明对原水 pH 值、碱度的影响，从稳定 pH 值、碱度的角度，说明强化预曝气对后续生化脱氮效率的提高、可生化性及稳定性具有保障作用。

对于预曝气系统，进水量为 25L，首先确定不同的曝气量（$0.5m^3/h$、$1m^3/h$、$2m^3/h$、$2.5m^3/h$），然后对各曝气强度下曝气和对照样（未进行曝气水样）进出水的水质进行分析（包括 COD、氨氮、总碱度、pH 值、DO），从而确定最佳曝气强度和曝气时间。

通过图 3-3 可以看出，曝气量为 $0.5m^3/h$ 时，原废水在未曝气时 pH 值为 6.18，曝气 5h 后 pH 值提高为 7.88，对照样 pH 值为 6.23，可以看出通过 5h 的曝气 pH 值可以提高 1.5 左右；而通过 5h 曝气总碱度为 610.09mg/L，对照样为 533.23mg/L，总碱度可以提高 80mg/L。因此可以得出，曝气量 $0.5m^3/h$，预曝气时间在 5h 时对原水 pH 值、碱度有明显的提高。

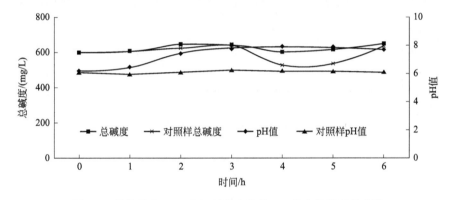

图 3-3　曝气量为 $0.5m^3/h$ 时废水中的 pH 值和总碱度的变化

同时从图 3-4 可以看出，曝气后 COD 有明显的降低，曝气前为 1787.94mg/L，曝气 5h 后 COD 降低为 752.82mg/L，对照样为 927.58mg/L，COD 基本上可以降

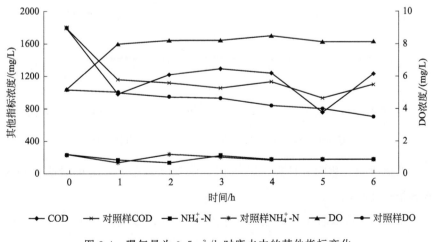

图 3-4　曝气量为 $0.5m^3/h$ 时废水中的其他指标变化

低 150mg/L 左右。据分析，味精及其成品加工是由谷氨酸发酵提取后制成，谷氨酸在发酵过程中，同时产生一定量的丙酮酸、α-酮戊二酸等有机酸，因此味精废水中含有一定量的挥发性有机酸，这些挥发性有机化合物在此预曝气过程会被降解；DO 浓度也由原来的 5.21mg/L 上升到 8.08mg/L；而由于味精废水中的硝化菌较少，曝气后氨氮浓度的变化甚微。

总体来看，当曝气量为 0.5m³/h 时，曝气时间在 4~5h 的时间范围内，味精废水各指标（尤其是 pH 值和总碱度）变化较大。

由图 3-5 可以看出，调整曝气量为 1m³/h，曝气前的 pH 值和总碱度分别为 5.17和 538.03mg/L，曝气后基本上变化不大，曝气 5h 后达到较为稳定值，此时 pH 值和总碱度分别为 5.14 和 499.60mg/L，相比对照样（pH 值和总碱度分别为 5.08 和480.38mg/L），此时预曝气有一些明显的提高。而从图 3-6 来看，经过 5h 的曝气后，COD 由曝气前的 1687.02mg/L 降低到 900.69mg/L（对照样为 954.47mg/L），变化较为明显；DO 浓度提高到 8.08mg/L 后稳定下来；NH_4^+-N 的变化仍较小。

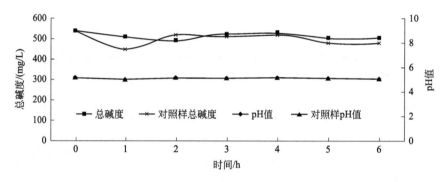

图 3-5　曝气量为 1m³/h 时废水中的 pH 值和总碱度的变化

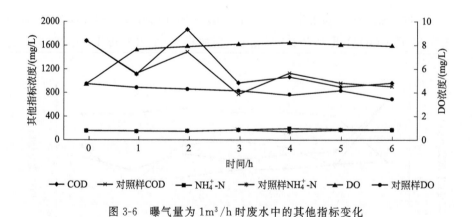

图 3-6　曝气量为 1m³/h 时废水中的其他指标变化

总体来看，当曝气量为 1m³/h 时，曝气时间在 4~5h 的时间范围内，味精废水各指标变化较大。

由图 3-7 可以看出，调整曝气量到 2m³/h，曝气前的 pH 值和总碱度分别为4.52 和 220.98mg/L，曝气后基本上变化不明显，曝气 5h 后达到较为稳定值，此

时 pH 值和总碱度分别为 4.69 和 211.37mg/L，相比对照样（pH 值和总碱度分别
为 4.66 和 216.17mg/L）此时预曝气没有起到明显的提高作用。而从图 3-8 来看，
经过 5h 的曝气后，COD 浓度由曝气前的 1735.48mg/L 降低到 1396.52mg/L（对
照样为 935.53mg/L），COD 浓度的降低反而少于对照样，分析原因主要是味精废
水中含有的挥发性有机物在此预曝气过程中被降解；DO 浓度提高到 7.94mg/L 后
稳定下来，NH_4^+-N 的浓度变化不明显。

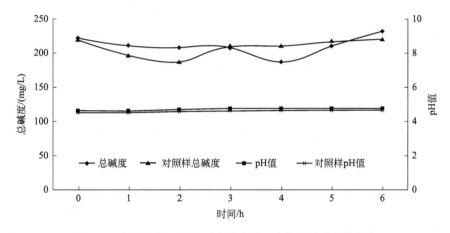

图 3-7　曝气量为 2m³/h 时废水中的 pH 值和总碱度的变化

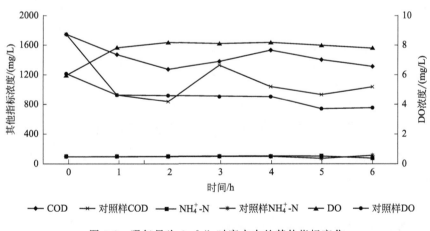

图 3-8　曝气量为 2m³/h 时废水中的其他指标变化

　　总体来看，当曝气量为 2m³/h 时，曝气时间在 4～5h 的时间范围内，味精废
水各指标变化较其他时间段更有利于后续生化反应。

　　由图 3-9 可以看出，调整曝气量到 2.5m³/h，曝气前的 pH 值和总碱度分别为
4.98 和 187.35mg/L，曝气后基本上没有变化，曝气 5h 后达到较为稳定值，此时
pH 值和总碱度分别为 4.99 和 187.35mg/L，相比对照样（pH 值和总碱度分别为
4.94 和 206.57mg/L）此时预曝气没有起到明显的作用。而从图 3-10 来看，经过
5h 的曝气后，COD 浓度由曝气前的 1437.84mg/L 降低到 1552.59mg/L（对照样

为 1039.56mg/L），COD 浓度没有降低，DO 浓度提高到 8.02mg/L 后稳定下来，NH_4^+-N 浓度没有明显的变化。

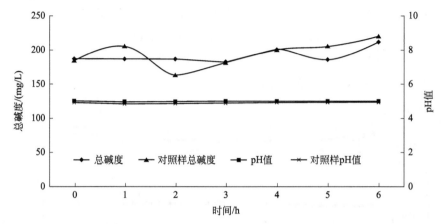

图 3-9　曝气量为 2.5m³/h 时废水中的 pH 值和总碱度的变化

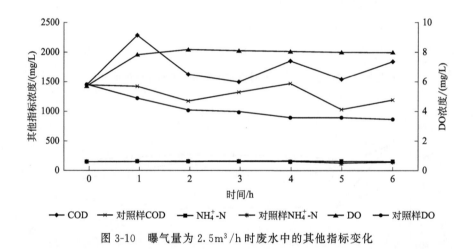

图 3-10　曝气量为 2.5m³/h 时废水中的其他指标变化

总体来看，当曝气量为 2.5m³/h 时，曝气时间在 4～5h 的时间范围内，味精废水各指标变化较大。

在不同曝气量（0.5m³/h、1m³/h、2m³/h、2.5m³/h）下，通过监测水质情况选择最佳曝气时间，如表 3-1 所列。

表 3-1　不同曝气量下选择最佳曝气时间

曝气量 /(m³/h)	最佳曝气时间 /h	COD /(mg/L)	NH_4^+-N /(mg/L)	pH 值	总碱度 /(mg/L)
0.5	5	752.82	167.83	7.88	610.09
1	5	900.69	165.54	5.14	499.60
2	5	1396.52	96.97	4.69	211.37
2.5	5	1552.59	141.54	4.99	187.35

由表 3-1 可以看出，DO 稳定在 6mg/L 左右，曝气时间为 5h 时各指标较其他时间有较大的变化。

在最佳曝气时间（5h）下，通过监测水质情况选择最佳曝气量，如表 3-2 所列。DO 稳定在 6mg/L 左右，曝气量为 1m³/h 时，各指标也只有微弱的优势变化。

表 3-2　最佳曝气时间下选择最佳曝气量

最佳曝气量 /(m³/h)	最佳曝气时间 /h	水质指标 (COD、NH₄⁺-N)	pH 值、总碱度
1	5	较其他时间段低	较其他时间升高

综上所述，通过对味精废水强化预曝气研究结果显示，从总体来看，预曝气对原水可生化性及稳定 pH 值的影响不明显。分析原因主要是，当味精废水经过一段时间曝气式搁置，由于味精废水中挥发性有机酸的挥发，会使得水样中 pH 值提高，同时 COD 浓度降低，碱度提高。可以看出，味精废水通过预曝气可以加速挥发性有机酸的挥发，但是经过长时间的搁置可以达到相同的效果。因此，预曝气没有从根本上改变水质状况，对后续的生化处理并没有带来明显的改善。

3.1.4.2　高效脱氮微生物培养技术

从运行良好的反应器中（随季节变化）或其他水体中分离筛选优势硝化菌种，进行菌体形态观察和生理生化特性的考查，确定其在味精废水处理中的地位；并通过菌株的遗传改良措施，获得高效硝化细菌功能菌株（群），通过试验研究考察培养基组分（包括氮源、碳源、微量元素）以及培养条件（包括溶氧、pH 值、温度）对优势菌种的生长和硝化能力的影响，确定最佳脱氮条件，以此达到味精废水的常年稳态高效处理。

（1）菌株硝化速率的研究

1）污水中直接分离菌株的硝化速率

将含菌污水直接进行平板分离，从分离平板上随机挑取 10 株单菌经培养后采用比色法进行硝化速率的测定，结果如表 3-3 所列。可以看出，其中 5 株菌并没有硝化能力，其余菌株具有一定的硝化能力，但普遍较低。将硝化速率最高的 X5 菌株的硝化液进一步用离子色谱法验证，结果见图 3-11。离子色谱法测定显示 X5 菌株的 NO_2^- 的减少和 NO_3^- 的增加不明显，说明所分离菌株的硝化能力较弱。

2）先富集再分离菌株的硝化速率

将含菌污水经富集后再分离，同样从分离平板上随机挑取 10 株单菌经培养后进行硝化速率的测定，结果如表 3-4 所列。可以看出，大多数经富集再分离所得的菌株都显示了硝化能力，而且硝化能力普遍高于直接分离所得菌株。将硝化速率最

表 3-3　不同菌株的硝化速率

菌株	硝化速率/[mg/(L·d)]	菌株	硝化速率/[mg/(L·d)]
X1	0	X6	3.78
X2	6.3	X7	0
X3	0	X8	0
X4	0	X9	5.67
X5	7.56	X10	4.41

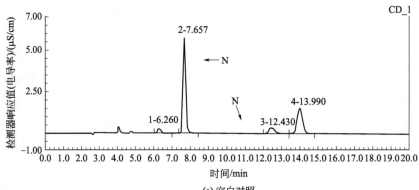

(a) 空白对照

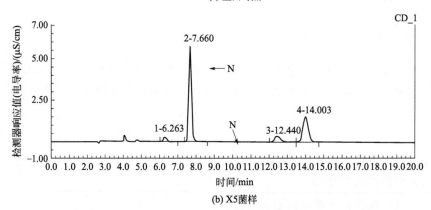

(b) X5菌样

图 3-11　离子色谱测定结果

高的 N4 菌株的硝化液进行离子色谱法验证,结果见图 3-12。可知 N4 菌株几乎将培养液里的 NO_2^- 全部氧化为 NO_3^-,说明 N4 具有很强的硝化能力。

表 3-4　不同菌株的硝化速率

菌株	硝化速率/[mg/(L·d)]	菌株	硝化速率/[mg/(L·d)]
N1	20.8	N6	14.5
N2	0	N7	18.3
N3	27	N8	9.4
N4	52.3	N9	32.8
N5	20.8	N10	15.7

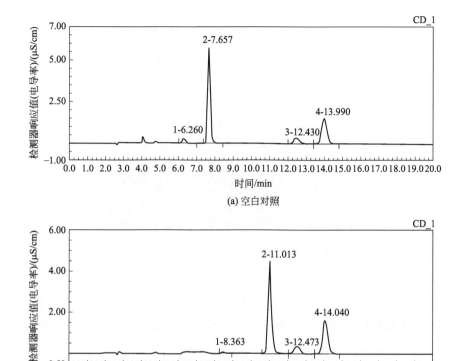

(a) 空白对照

(b) N4菌液

图 3-12　离子色谱测定结果

　　本书通过对直接分离和富集后再分离所获得的菌株的硝化速率进行分析，证实不同方式获得的单菌确实存在明显的硝化能力的差异，先富集再分离所得菌株的硝化速率显著高于直接分离菌株。因此，建议筛选硝化细菌时以先富集再分离的方式更为可靠。

　　(2) 优势菌种 N4 的菌种鉴定

　　① 菌落特征。菌落中央为圆形，菌落呈乳白色，不透明。不溶于水，在液体培养基表面形成絮状沉淀。鉴定结果见表 3-5。

表 3-5　N4 菌株生理生化鉴定

测试项目	结果
革兰氏染色	—
细菌的 V-P 实验	+
甲基红	—
吲哚试验	—
柠檬酸盐利用试验	+

注："+"代表阳性；"—"代表阴性。

　　② 16S rDNA 序列分析。N4 菌株的 16S rDNA 扩增结果如图 3-13 所示，得到大小为 1500bp 左右的目的条带。测序显示，该序列长度为 1449bp。

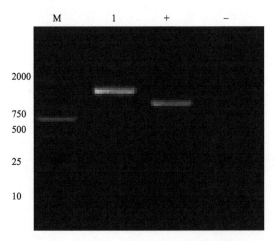

图 3-13　16S rDNA 的 PCR 扩增电泳图

1—PCR 产物；＋—阳性对照；－—阴性对照；M—对照组

　　将测序得到的 N4 菌株的 16S rDNA 核苷酸序列输入到 GenBank 数据库中。在 GenBank 数据库中进行 BLAST 序列比对，结果表明该菌与不可培养的 *Azoarcus* sp.（固氮弧菌属）同源性高达 99％，可以认为是同属菌株。

　　根据 16S rDNA 生物信息学软件构建菌株 N4 的系统发育树，结果如图 3-14 所示。

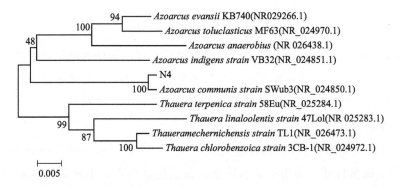

图 3-14　依据 16S rDNA 基因序列构建的菌株 N4 和相关菌种系统发育树

（3）固氮弧菌 N4 的耐低温驯化研究

　　固氮弧菌 N4 在 17℃下静置培养 15d 后，比色法检测硝化效率，结果发现亚硝酸盐全部转化为硝酸盐。将培养后的菌液 2mL 转接入同样的新鲜液体培养基，经检测，第 8 天实现了亚硝酸盐全部转化。同样方法，第三次转接新鲜培养基后，第 7 天实现了亚硝酸盐全部转化，第 4 次转接后，第 8 天实现了亚硝酸盐全部转化。表明该菌能够在 17℃、8d 内稳定地实现亚硝酸盐全部转化。

　　固氮弧菌 N4 在 4℃下静置培养，比色法检测硝化速率，结果发现，第一次、第二次、第三次分别转接到新鲜培养基后，该菌在第 30 天、第 13 天和第 23 天分别实现了亚硝酸盐的全部转化。和 17℃相比，4℃下将亚硝酸盐全部转化的速率要缓慢得多。

分别在不同温度下培养硝化细菌，结果如图 3-15 所示，30℃下驯化的菌株在 15℃以上温度培养时都保持相对较高的硝化速率；17℃下驯化的菌株在 15℃以上培养时，5d 内也能检测到一定的硝化速率；而 4℃下驯化的菌株在 15℃以上培养时硝化速率很不稳定。

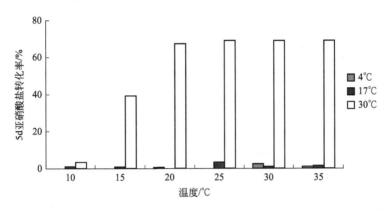

图 3-15　不同温度对 N4 硝化速率的影响

N4 分别在不同初始 pH 值条件下，放在 15℃和 20℃下培养，结果如图 3-16 所示，20℃下培养时，初始 pH 值在 6.0～8.5 范围内具有较高的硝化速率；而在 15℃下培养时，初始 pH 值在 7～8 范围内具有较高的硝化速率，尤其在 pH 值为 8 时硝化速率最高。

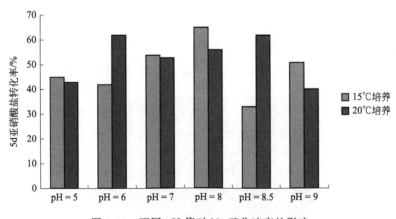

图 3-16　不同 pH 值对 N4 硝化速率的影响

在合适的温度下添加不同浓度的葡萄糖对 N4 硝化速率的影响结果如图 3-17 所示，在 15℃和 20℃培养时，葡萄糖浓度在 2g/L 时能够有效地提高硝化速率，葡萄糖浓度继续增加并不对硝化速率有明显的促进作用，反而使硝化速率降低。

在合适的温度下添加不同初始浓度的 $NaNO_2$ 对 N4 硝化速率的影响结果如图 3-18 所示，随着 $NaNO_2$ 浓度的增加，硝化速率相应降低。同时，在所有检测的不同初始浓度 $NaNO_2$ 条件下，20℃培养条件下 N4 的硝化速率总是高于 15℃下的硝

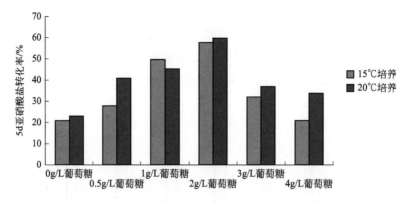

图 3-17 不同的葡萄糖浓度对 N4 硝化速率的影响

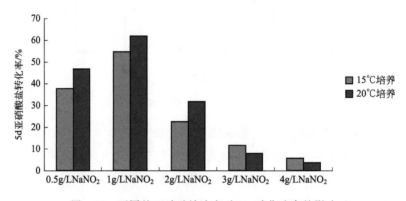

图 3-18 不同的亚硝酸钠浓度对 N4 硝化速率的影响

化速率。

（4）活性污泥优势菌群的研究

固氮弧菌 N4 和曝气废水总 DNA 提取检测结果如图 3-19 所示，两个样品的基

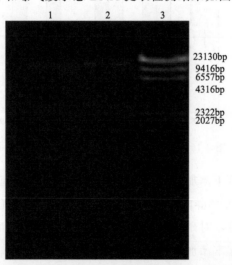

图 3-19 总 DNA 电泳检测

1—N4 的总 DNA 条带；2—曝气废水总 DNA 条带；3—λHindⅢ DNA 制造商

因组 DNA 片段的大小在 15000bp 以上。

曝气废水和硝化细菌单菌 16S rDNA 的 V3 区扩增,以细菌基因组 DNA 为模板,以 16S rDNA 的 V3 区引物进行 PCR 扩增,扩增得到 DNA 片段的长度在 230bp 左右(图 3-20)。

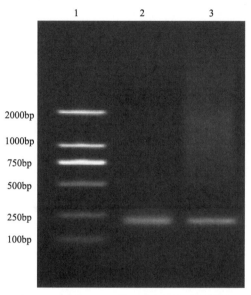

图 3-20　16S rDNA 的 V3 区 PCR 扩增结果

1—DL2000 DNA 制造商;2—N4 的 16S rDNA 的 V3 区扩增片段;

3—曝气废水 16S rDNA 的 V3 区扩增片段

对从 N4 和活性污泥絮体两个样品中获取的 DNA,通过 PCR 扩增,进行 DGGE 分析,结果如图 3-21 所示。可以看出,N4 的特征性条带在活性污泥絮体

图 3-21　以 V3 区引物扩增样品的 DGGE 检测

1—固氮弧菌 N4 的 DGGE;2—曝气废水的 DGGE

DGGE 中的对应条带不是很清晰,可以说明筛选出的低温 N4 菌株在莲花味精厂废水 SBR 污泥絮体中不占优势地位,这意味着,通过向 SBR 体系中人工施加 N4 菌株使其成为优势菌,有可能提高污水处理的脱氮效率,并为低温下 SBR 体系的稳定运行提供了途径。

(5) 硝化细菌培养基优化与增殖培养

由于硝化细菌培养液本身有沉淀,硝化细菌自身有附着在固体表面生长的习性,用分光光度计无法准确衡量菌体浓度,因此采用称菌体生物量法来衡量菌体浓度。取 200μL 菌液接入含 10mL 各种培养基的试管中,培养 36h 在电子天平上称重。表 3-6 列出了菌体质量差异较明显的一些培养基成分。可以得出每升培养基中含有 NaNO$_2$ 1.0g,K$_2$HPO$_4$·3H$_2$O 0.5g,MgSO$_4$·7H$_2$O 0.5g,Na$_2$CO$_3$ 1.0g,FeSO$_4$·7H$_2$O 0.4g,蛋白胨 2g,葡萄糖 2g 时最适合固氮弧菌 N4 生长。

表 3-6 各种培养基接菌后菌体质量

培养基成分/(g/10mL)	接菌后重/g
Na$_2$NO$_2$ 0.01g,其余成分是不加 Na$_2$NO$_2$ 原有硝化细菌培养液	0.053
NaNO$_2$ 0.02g,其余成分是不加 NaNO$_2$ 原有硝化细菌培养液	0.022
MgSO$_4$ 0.1g,其余成分是不加 MgSO$_4$ 原有硝化细菌培养液	0.012
FeSO$_4$·7H$_2$O 0.008g,其余成分是不加 FeSO$_4$·7H$_2$O 原有硝化细菌培养液	0.025
Na$_2$CO$_3$ 0.02g,其余成分是不加 Na$_2$CO$_3$ 原有硝化细菌培养液	0.01
K$_2$HPO$_4$ 0.1g,其余成分是不加 K$_2$HPO$_4$ 原有硝化细菌培养液	0.015
在原有培养液上添加葡萄糖 0.01g	0.01
在原有培养液上添加葡萄糖 0.02g	0.022
在原有培养液上添加蛋白胨 0.01g	0.008
在原有培养液上添加蛋白胨 0.02g	0.06
在原有培养液上添加葡萄糖 0.01g,蛋白胨 0.01g	0.01
在原有培养液上添加葡萄糖 0.02g,蛋白胨 0.02g	0.065
在原有培养液上添加 NaCl 0.01g	0.025

取扩大培养的四种培养物各 2mL,接入硝化细菌培养液中,30℃、160r/min 条件下震荡培养 4d,比色法测定硝化速率。从表 3-7 可以看出,含有葡萄糖蛋白胨的 N4 菌株的硝化培养液的硝化速率最高,在葡萄糖蛋白胨培养基基础上加 1‰ NaNO$_2$ 的 N4 的菌株的硝化培养液的硝化速率次之。

表 3-7　N4 菌在不同培养液中的硝化速率

培养物	硝化速率/[mg/(L·d)]
LB	22
葡萄糖蛋白胨	34
LB+1‰ NaNO₂	13
葡萄糖蛋白胨+1‰ NaNO₂	30

将四种扩大的培养物都接入 LB 平板，30℃培养 96h，计数结果见表 3-8。在 LB 培养液中生长的 N4 菌株接入 LB 平板上后菌落数最多。

表 3-8　平板计数结果

培养物	菌数/mL
LB	6.5×10^9
葡萄糖蛋白胨	8.125×10^8
LB+1‰ NaNO₂	4.5×10^8
葡萄糖蛋白胨+1‰ NaNO₂	7×10^7

3.1.4.3　载体复配 SBR 强化生物深度脱氮技术

味精废水水样采自河南莲花味精股份有限公司第一污水处理厂，包含味精生产和废水处理的 5 个不同阶段。试验对象为河南莲花味精厂味精综合生产废水。接种污泥取自河南莲花味精股份有限公司第一污水处理厂。本研究装置示意如图 3-22 所示，装置实物如图 3-23 所示。

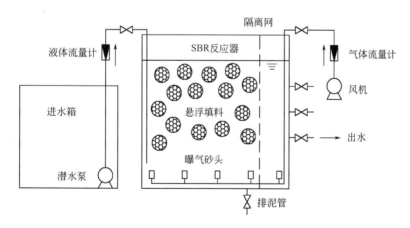

图 3-22　载体复配 SBR 试验装置示意

本研究向两个 SBR 反应器中分别投加两种不同的悬浮填料，分别为 1# 反应器和 2# 反应器，形成活性污泥法与生物膜法相结合的载体复配 SBR 工艺，以河南莲花味精股份有限公司第一污水处理厂调节池的味精废水为研究对象，在控制条件相同的情况下（水力停留时间、气水比等），研究不同载体的处理效果，并对微生物相进行观察、分析，了解其生物相分布对处理效果的影响。

图 3-23　载体复配 SBR 试验装置实物

(1) 悬浮填料挂膜研究

在各载体复配 SBR 反应器投入运行后，分别接种 20L 活性污泥至反应器，投入约 80L 试验用水及载体（填充率为 40%）；然后加自来水至反应器的有效体积，曝气约 10min 使接种的污泥、试验用水与载体充分混合，接种后 1# 反应器内悬浮污泥质量浓度（MLSS）约为 3829mg/L，2# 反应器内悬浮污泥浓度（MLSS）约为 4279mg/L；然后静置使悬浮的微生物与填料充分接触。第 2 天（即静置 24h后）开始曝气并排出混合液 40L，以排走部分悬浮态的微生物，使得固着态的微生物得到优势增长并使反应器中的微生物保持良好的活性，然后加入试验用水 40L，曝气 12h，静置 12h；从第 3 天开始连续曝气，每隔 12h 换水 40L（排出混合液，加入试验用水）。从第 10 天开始按 SBR 工艺运行，运行周期为：进水（40L）0.5h，静置厌氧 1h，曝气 7h，沉淀 1h，排上清液（40L）0.5h，此运行方式持续到挂膜成熟。挂膜期间反应器的水温保持在 18~25℃之间。

(2) 填料投配率的研究

填料是工艺的核心，填料的多少直接关系着曝气池的生物膜量、充氧能力、处理效果、基建投资和能源消耗。填料的投配率是填料堆积体积占曝气池有效体积的百分比。如池子有效体积为 1m³，投配率为 50% 即是投加 0.5m³ 的填料。

为确定载体复配 SBR 工艺最佳的填料投配率，需要研究不同投配率下有机物的去除情况。试验参数：反应开始 DO 值调整为 2.5mg/L，进水 pH 值调至 7.3 左右，水温 20~25℃，MLSS 为 3500mg/L 左右，HRT 为 9h，每个周期曝气 7h，沉淀 1h，进水静置排水 1h。试验时将球形悬浮填料分别以 20%、30%、40% 的比例投加至反应器中，分别测定 COD、NH_4^+-N 及 TN 的去除率及生物膜量，最终确定最佳填料投加率。

(3) 最佳运行工况的确定

寻求载体复配 SBR 工艺最佳的运行参数对该工艺在实际工程中的应用至关重

要，确定最佳运行工况的原则是在使经过处理的味精废水满足国家相关排放标准或工艺回用标准的前提下，尽量缩短 HRT，以达到降低工程基建费用以及运行成本的目的。载体复配 SBR 工艺的运行模式包括进水、曝气、沉淀、排水和闲置等环节，本试验将从进水、好氧以及沉淀时间等几个方面确定该工艺的最佳工艺参数。

1）进水方式的确定

SBR 工艺的进水方式分限制性曝气、非限制性曝气和半限制性曝气 3 种。采用限制性曝气时，由于进水前反应器有一个沉淀排水阶段，混合液中溶解氧浓度接近于零。在进水的同时进行混合搅拌，SBR 系统也同样进行厌氧反硝化反应，对于既要去除有机物又要进行脱氮的味精废水来说，本试验在实验室进行，选择限制性曝气方式。

2）曝气时间的确定

溶解氧 DO 维持在 2.5mg/L 左右，改变曝气时间，分别为 6h、7h、8h，沉淀 1h，测定 NH_4^+-N 及 COD 的去除效果，确定最佳曝气时间。

3）沉淀时间的确定

DO 维持在 2.5mg/L，曝气后改变沉淀时间，分别为 0.5h、1h、1.5h、2h，出水 0.5h，测定出水 SS 值，测定污泥沉降比（SV），确定合理的沉淀时间。

（4）脱氮效果影响因素研究

1）溶解氧

试验参数：进水 pH 值调至 7.3 左右，水温 20～25℃，MLSS 为 3500mg/L 左右，HRT 为 9h，每个周期曝气 7h、沉淀 1h，进水静置排水 1h。

系统在好氧曝气阶段，采用恒定量曝气，在一个反应周期内，每隔 10min，用 DO 检测仪测反应器中部的 DO 值，至沉淀结束。绘制出周期内 DO 浓度变化曲线，分析在有机物氧化阶段、硝化阶段 DO 值的变化规律，为载体复配 SBR 工艺溶解氧的自动控制提供现实依据。

从理论上说，当溶解氧处于 1～2mg/L 时，好氧微生物主要对有机碳化合物进行代谢分解，硝化反应难以进行。硝化过程的需氧量比碳化高许多，控制曝气量的大小就显得尤为重要，当硝化要求高时，浓度、温度、碱度等条件满足时混合液溶解氧应控制为 2～4mg/L。

加大曝气量后气流上升产生的剪切力有助于老化的生物膜的脱落，防止生物膜过厚，但是过大的曝气量也会对生物膜的生长产生负面影响，特别是对于待处理污水的污染物浓度低且生化可降解性不好时，在大曝气量情况下微生物极易在营养不够时消耗自身，难以在填料表面附着生长。

2）水力负荷

水力负荷的大小直接关系到水在 SBR 中与活性污泥及填料上生物膜的接触时间。从水力停留时间（HRT）来考虑，微生物对基质的降解需要一定的接触反应时间作保证。水力负荷越小，水与填料接触的时间越长，处理效果越好，反之亦然。但是 HRT 与工程造价密切相关，在满足处理要求的前提下，应尽可能减少 HRT。本试验拟寻求最佳的 HRT。

试验参数：pH 值调至 7.3 左右，MLSS 浓度为 3500～4500mg/L，曝气量按气水比 10∶1，水温为 20～25℃。

试验分别在 HRT 为 8h、9h、10h 的条件下稳定运行 5d，每天监测 2 个周期。在每个周期结束时，测出水 COD、NH_4^+-N 及 TN 浓度，分别讨论 HRT 对 COD、NH_4^+-N 及 TN 去除的影响，并观察不同 HRT 对微生物性状的影响。

3）pH 值

试验参数：DO 为 3mg/L，水温 20～25℃，MLSS 为 3500mg/L 左右，HRT 为 9h，每个周期曝气 7h、沉淀 1h，进水静置排水 1h。

硝化反应是一个耗碱过程，适宜的 pH 值范围为 7.0～8.5，超出该适宜范围，硝化细菌的活性便急剧下降。而味精废水是典型的酸性废水，若进水 pH 值过低，本试验拟采用 $NaHCO_3$ 调节进水 pH 值至 7.0～8.0。监测系统进出水的 pH 值变化。研究 pH 值对各污染物去除的影响，着重是 NH_4^+-N 去除及硝化速率的影响。

4）温度

理论上，温度对硝化菌的生长速率的影响比一般碳化细菌大，是工程设计中重要的参数之一。如硝化细菌适宜生长繁殖的温度在 25～35℃ 之间，当水温处于 10～23℃ 时 NH_4^+-N 的硝化速率几乎随温度的升高而直线上升，5～10℃ 时的 NH_4^+-N 硝化率大约为 20～30℃ 时的 1/2，23℃ 以上时 NH_4^+-N 的去除效果最佳。

本试验从夏季（8 月份）至冬季（12 月份），连续监测三方面的内容：反应器内对 COD 及 NH_4^+-N 的去除率、控制参数（DO、pH 值）的变化、活性污泥（MLSS、SV）及生物膜性状。分析温度变化与去污性能的关系，水温与主要控制参数的关系及对微生物活性的影响。当水温为 t 时 NH_4^+-N 去除率低于 30%，认为温度 t 对硝化作用抑制较严重，开始进行低温强化的试验。对于冬季水温低于 t℃，做出如下几种应对措施进行调试：

① 增大活性污泥浓度 MLSS。夏季反应器内保持 MLSS 浓度为 3500mg/L 左右，以 500mg/L 的浓度梯度增大反应器内 MLSS，直至 MLSS 浓度调至 6000mg/L。每个浓度梯度稳定运行 5d，监测反应器的各污染物去除率、硝化速率及对生物膜性状（生物膜量及生物膜厚度）的影响。

② 增大气水比。以 10% 的梯度增大生化反应气水比，从夏季 10∶1 逐渐增至 15∶1。系统于各梯度稳定运行 3～5d，监测出水的污染物去除率、硝化速率及对生物膜性状（生物膜量及生物膜厚度）的影响。

③ 增大填料投加率。以夏季的最佳投配率为起点，以 10% 的梯度增大投配率。让反应器在每个梯度水平稳定运行 3～5d，监测出水的污染物去除率、硝化速率及对生物膜性状（生物膜量及生物膜厚度）的影响。

5）活性污泥性状及生物相观察

应用活性污泥法处理污水时，要注意观察污水处理装置中活性污泥性状，原生动物和其他水生动物的种类和数量的变化以及它们之间的关系，可以在一定程度上反映污水处理的情况。通过观察来判断污水处理系统的运行状况，并查明原因，采取措施，达到稳定正常运行。试验采用分子生物学的方法，观测生物膜微生物群落特征及分布情况，对反应器内的微生物种类和形态进行分析，检测其群落结构和动态变化情况。

污泥沉降比 SV 是评定活性污泥数量和质量的重要指标。SV 越小，污泥沉降性越好。正常情况下，SV 应在 15%～30% 之间。对同一类污泥，浓度越高，SV 值也越大。当发现污泥沉降界面不清的现象时，有可能污泥短期缺乏营养或由于污泥中毒而造成部分解絮，这是由污泥中絮粒大小的差异所致。

SVI 反映了活性污泥的松散程度，是判断污泥沉降浓缩性能的一个常用参数。正常的活性污泥沉降良好，含水率在 99% 左右。当污泥变质时，污泥不易沉淀，SVI 值偏高，污泥结构松散和体积膨胀；当 70<SVI<100 时，一般污泥沉降良好；当 SVI>200 时，污泥容易膨胀，沉降性能差。但 SVI 过低时，说明泥粒细小，无机质含量高，缺乏活性。

活性污泥生物相是指活性污泥中微生物的种类、数量、优势度及其代谢活力等状况的概貌。污泥中的微生物状况随它所处环境条件而改变，因此，对观察活性污泥的生物相，可直接反映污水处理设施的运行状况及处理的效果。

活性污泥的生物相观察一般通过光学显微镜来完成。先用低倍数光学显微镜观察污泥絮体的大小、形状、结构紧密程度，再转用高倍数显微镜观察污泥絮粒中的菌胶团细菌与丝状细菌的比例、絮粒游离细菌的多少以及微型动物的状态，最后用油镜观察染色的涂片，分辨细菌的种类和观察细菌的情况。

生物膜量的测定具体步骤如下：取出一定量的带有生物膜的载体，放入 200mL 的小烧杯中轻轻用去离子水淋洗数遍洗去夹带的悬浮生长的 MLSS，然后将洗净的生物膜颗粒转移到已称重的铝箔（W_1，g）中，再放入 105℃ 的烘箱中烘干、冷却和称重（W_2，g）；再将干燥的颗粒转移到装有 20mL 的 1mol/L NaOH 的烧杯中，在恒温水浴（80℃）中加热 1h，加热过程中伴以搅拌至所有生物膜脱落，然后弃去脱膜碱液并用去离子水淋洗数遍，洗净的颗粒再转移至已洗净的原有铝箔中，再遵循同样步骤放入 105℃ 烘箱中烘干、冷却和称重（W_3，g）。由 W_1，W_2 和 W_3 即可计算出每克填料上生物膜的干重，以 mg/g 来表示。

（5）挂膜过程对污染物去除的研究

挂膜期间 COD 的去除效果见图 3-24。从图中可以看出，1# 反应器在第 1～10 天主要是活性污泥在降解有机物，出水 COD 浓度为 122～147mg/L，其中第 1～4 天的进水 COD 浓度较低为 650～840mg/L，COD 去除率仅为 74%～89%；第 10 天以后生物降解的 COD 去除率稳定趋于 90%；第 15 天后出水 COD 浓度为 71～

107mg/L；在第 20 天进水 COD 浓度高达 2115mg/L，出水 COD 浓度为 94.97mg/L，去除率达 95%。

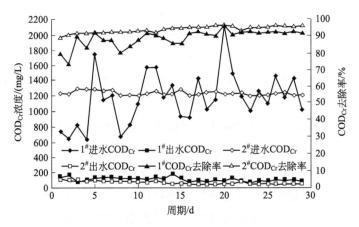

图 3-24　挂膜阶段 COD 的去除效果

2# 反应器挂膜过程中，进水采用人工配水，因此进水 COD 没有较大波动，约为 1200mg/L。由于人工配水 COD 采用葡萄糖配制，比较容易降解，在挂膜过程中 COD 去除率均高于 90%。随着生物膜在填料上的附着增多，COD 去除率缓慢升高，对应的出水 COD 浓度呈渐缓下降趋势。第 1~7 天，出水 COD 浓度为 90~100mg/L；第 10~20 天，出水 COD 浓度为由 80mg/L 慢慢下降至 50mg/L；第 22 天后，出水 COD 浓度稳定于 45~50mg/L 左右。

挂膜期间 NH_4^+-N 的去除效果见图 3-25。由图 3-25 可见，1# 反应器挂膜过程中，进水 NH_4^+-N 浓度为 80~140mg/L 左右，最低进水浓度为 74.09mg/L，最高

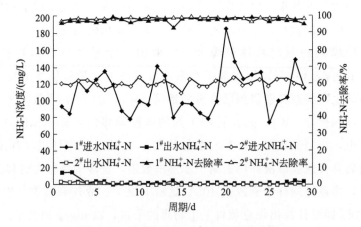

图 3-25　挂膜阶段 NH_4^+-N 的去除效果

为 185.35mg/L。尽管进水 NH_4^+-N 浓度有较大的波动，1# 反应器中味精废水的 NH_4^+-N 去除率维持在 96%~99%，出水 NH_4^+-N 浓度为 1~4mg/L。最高的 NH_4^+-N 去除率出现在第 7 天，出水 NH_4^+-N 浓度为 0.09mg/L。

2# 反应器人工配水的 C/N 值取 10:1，进水 NH_4^+-N 浓度为 120mg/L 左右。

由图 3-25 可见，$2^{\#}$ 反应器的 NH_4^+-N 去除率一直高达 97％～100％，微生物的氨化反应进行得很完全。出水 NH_4^+-N 质量浓度很低，最大也只有 2.7mg/L。不论是味精废水或是人工配水，NH_4^+-N 去除率都很高，证明系统硝化效果非常好。

　　两个反应器进水均为味精生产废水，在室温下进行，水温 15～20℃，平均 DO 浓度为 3mg/L，MLSS 为 3500mg/L 左右，运行方式为进水 12min，曝气 7h，沉淀 1h，出水 18min。将挂膜成熟的悬浮填料分别以 0、20％、30％、40％的比例投加至反应器中，每种工况稳定运行 10 个周期，分别测定 COD、NH_4^+-N 及 TN 的去除效果，最终确定最佳填料填充率。

　　两套载体复配 SBR 反应器在不同填料填充率时对 COD 的去除效果如图 3-26、图 3-27 所示。未投加填料时，COD 去除率均值为 84.54％和 84.51％，出水 COD 浓度为 128.39～162.34mg/L。当填料填充率为 20％时，两套反应器对 COD 的去除水平均有一定的提高，出水 COD 均值分别为 130.11mg/L 和 120.99mg/L，平均去除率分别为 88.62％和 89.08％。随着填料填充率的增大，COD 的去除率呈上升趋势，但 COD 去除率随填料投量增加的上升较为缓慢。当填料填充率为 30％时，出水 COD 均值分别为 109.81mg/L 和 102.31mg/L，平均去除率分别为 90.28％和 90.86％。当填料填充率为 40％时，$1^{\#}$ 反应器的 COD 去除率仍呈上升趋势，平均去除率为 90.58％，而 $2^{\#}$ 反应器去除率却有所下降，平均去除率为 90.55％。由于 $2^{\#}$ 反应器中的悬浮球填料由于体积较大，填充率增大时，填料在反应器中的流化程度降低，影响了氧的传递和利用，从而影响了系统的处理效果。

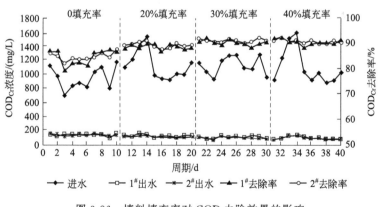

图 3-26　填料填充率对 COD 去除效果的影响

　　可见，投加悬浮填料可提高系统对 COD 的去除效果。这是由于悬浮填料的存在为微生物的生长提供了载体，使反应器内同时存在悬浮生长和附着生长的微生物，从而明显增加了反应器内的生物量，有利于有机质的降解，故有效提高了系统对 COD 的去除率。但是，曝气池内增加填料填充率的同时，还必须保证池内拥有良好的水流流态，当填充率过大时填料的流化程度降低，系统的处理效果便会受到影响。

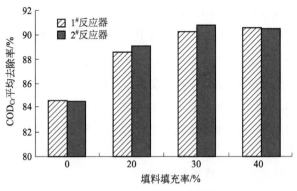

图 3-27   COD$_{Cr}$平均去除率对比

　　两套载体复配 SBR 反应器在不同填料填充率时对 NH$_4^+$-N 的去除效果如图 3-28、图 3-29 所示。从整体来看，尽管进水 NH$_4^+$-N 浓度有较大的波动，但两套复配反应器的氨化反应都比较完全。在未投加填料的情况下，NH$_4^+$-N 去除率均值高达 95％以上，出水 NH$_4^+$-N 浓度为 3.77～5.64mg/L。投加填料对 NH$_4^+$-N 的去除效果虽无显著影响，但 NH$_4^+$-N 去除率还是随填料填充率的增加而缓慢升高。当填料填充率为 20％时，出水 NH$_4^+$-N 均值分别为 2.52mg/L 和 2.36mg/L，平均去除率分别为 97.81％和 97.89％；填充率为 30％时，出水 NH$_4^+$-N 均值分别为 1.69mg/L 和 1.51mg/L，平均去除率分别为 98.38％和 98.56％；填充率为 40％时，出水 NH$_4^+$-N 均值分别为 1.22mg/L 和 1.24mg/L，平均去除率分别为 98.85％和 98.86％。

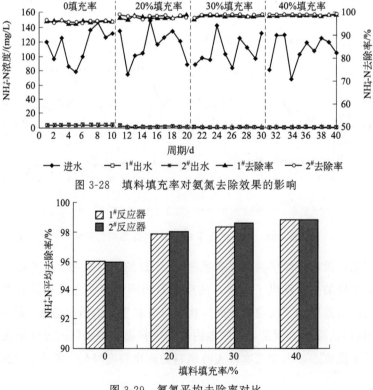

图 3-28   填料填充率对氨氮去除效果的影响

图 3-29   氨氮平均去除率对比

对 NH_4^+-N 的去除主要依靠亚硝酸菌和硝酸菌的亚硝化和硝化作用,在曝气时间足够长的条件下,即使不投加填料,系统对 NH_4^+-N 也有很好的去除效果。但投加悬浮填料后,由于生物膜附着在填料表面,其生物固体平均停留时间(即污泥龄)较长,因此在生物膜上生长世代时间较长、繁殖速率慢的微生物,如硝化菌就能够生长繁殖,故系统对 NH_4^+-N 的去除率较未投加填料时有一定提高。

两套载体复配 SBR 反应器在不同填料填充率时对 TN 的去除效果如图 3-30、图 3-31 所示。味精废水的进水 TN 浓度大多在 100~150mg/L 之间。未投加填料时,TN 平均去除率均为 46% 左右,出水 TN 浓度多处于 60~90mg/L 之间。投加悬浮填料后,TN 的去除率明显升高。当填料填充率为 20% 时,两个反应器中 TN 平均去除率迅速上升至 70.81% 和 71.00%,出水 TN 均值分别为 39.61mg/L 和 40.68mg/L;当填料填充率为 30% 时,TN 平均去除率分别为 77.64% 和 78.31%,出水 TN 均值分别为 28.45mg/L 和 29.07mg/L;当填料填充率为 40% 时,去除效果与 30% 填充率时相比变化不大,平均去除率分别为 78.71% 和 79.15%,出水 TN 均值分别为 27.43mg/L 和 29.24mg/L,填料填充率增加了 10%,但 TN 去除率只升高了大约 1%。

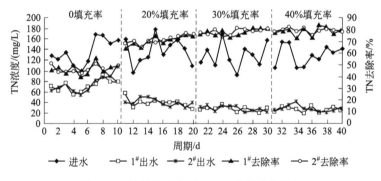

图 3-30　填料填充率对 TN 去除效果的影响

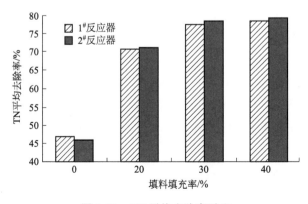

图 3-31　TN 平均去除率对比

综上所述,采用 2# 悬浮球填料进行后续研究,填料填充率为 30%。

（6）最佳运行工况的研究

1）DO 浓度的控制

从理论上说，DO 浓度的增加可加快异养菌的新陈代谢，促进有机物的降解，提高硝化反应速率，但会降低反硝化速率；反之 DO 浓度的降低，不仅降低硝化反应速率和总脱氮率，同时也出现了亚硝酸盐的积累。因此，在同一反应器只要保持适当的溶解氧水平可实现有机物的氧化、氨氮的硝化和硝酸氮的反硝化，这既能提高脱氮效果，又能节约曝气所需的能源。

在本阶段研究中，水温为 15～20℃，pH＝7.2～8.0，填料填充率为 30%，进水量为 45L，进水 COD 浓度为 1100～1200mg/L，进水 NH_4^+-N 浓度为 100～120mg/L。将曝气时间设为 6h，采用 YSI550A 型野外便携式 DO 仪对反应器中的 DO 浓度进行测定。在曝气量分别为 0.5m^3/h、0.75m^3/h 和 1.0m^3/h 的情况下，每隔 6min 记录一次 DO 浓度数值，其变化情况见图 3-32。

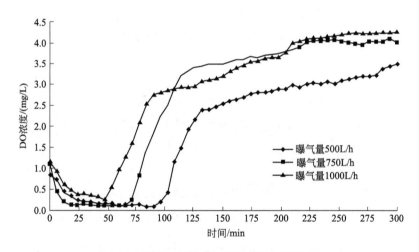

图 3-32   不同曝气量 DO 浓度随时间的变化

从图中可以看出，在曝气量分别为 0.5m^3/h、0.75m^3/h 和 1.0m^3/h 时，DO 浓度的变化曲线具有一定的相似性。曝气量分别为 0.5m^3/h、0.75m^3/h 和 1.0m^3/h 的情况下，DO 到达最低点的时间分别为 90min、66min 和 48min，是随着曝气量的增大而缩短的。三种强度的曝气量在整个曝气过程中的平均 DO 浓度分别为 1.9mg/L、2.7mg/L 和 2.9mg/L。

不同曝气强度（0.5m^3/h、0.75m^3/h、1.0m^3/h）的工况下，曝气 7h，出水 COD 去除率分别为 88.6%、89.2%、89.6%；出水 NH_4^+-N 浓度接近于 0；出水的 TN 去除率分别为 76.5%、74.1%、70.7%。可以看出，在曝气量为 0.5m^3/h 的基础上，加大曝气强度能加快有机物降解，但对于降低 COD 出水浓度没有十分明显的成效；系统 TN 去除率与曝气强度呈反比，可能是由于高强度曝气不利于污泥形成微环境的缺/厌氧条件，因此系统反硝化效果较差。因此，综合考虑 COD 与 TN 的去除效果，建议控制系统曝气强度为 0.5m^3/h 是较为经济合理的。

2) 曝气时间的确定

在三种不同 COD 及 NH_4^+-N 起始浓度的条件下，控制曝气量为 $0.75m^3/h$，把曝气时间延长至 9h，每隔 1h 取泥水混合样，沉淀后测上清液的 COD 及 NH_4^+-N 浓度。

曝气量为 $0.75m^3/h$ 时，不同进水浓度 COD 随时间的降解过程见图 3-33。进水 COD 浓度分别为 815.09mg/L、1080.44mg/L 和 1318.76mg/L。可以看出，不同的进水浓度的降解趋势一致，在曝气开始 1h 内降解速率最快，之后降解幅度很小，曲线趋于平缓。进水 COD 浓度为 815.09mg/L 时，在曝气 1h 内，COD 浓度降至 185.32mg/L；当反应至 5h 后，COD 降至 100mg/L 左右。进水 COD 浓度为 1080.44mg/L 时，曝气 1h 后 COD 浓度降至 208.45mg/L，此后 COD 的降解趋于缓慢，说明进入难降解阶段，大约在反应 7h 后达到 100mg/L 左右。当进水 COD 浓度为 1318.76mg/L 时，曝气 1h 后 COD 浓度为 275.36mg/L，曝气 9h 后出水 COD 浓度为 110.63mg/L，若要将 COD 浓度降至 100mg/L 以下还需要进一步延长曝气时间。

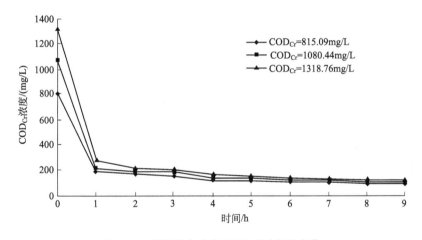

图 3-33　不同进水浓度 COD 随时间的变化

由于载体复配 SBR 系统间歇运行，曝气时间越长，经历的反应历程越长，反应越充分，因此曝气时间越长，出水 COD 含量越低。

曝气量为 $0.75m^3/h$ 时，不同进水浓度 NH_4^+-N 随时间的变化过程见图 3-34。进水 NH_4^+-N 浓度分别为 98.67mg/L、124.14mg/L 和 155.31mg/L。可以看出，随着曝气时间的延长，NH_4^+-N 的浓度不断降低。当进水浓度较低时，1h 时就能将 NH_4^+-N 浓度降解至 50mg/L 以下。三种不同进水浓度 NH_4^+-N 出水浓度达在 30mg/L 以下的时间分别为 2h、3h 和 3.5h。

本研究可以看出，COD 的降解及 NH_4^+-N 的转化在反应开始 4～5h 内都已比较完全，在反应后期二者的浓度基本保持稳定。从研究结果来看，由于难降解物质的存在，曝气时间的长短对 COD 的降解影响较大，为保证出水 COD 达到排放标

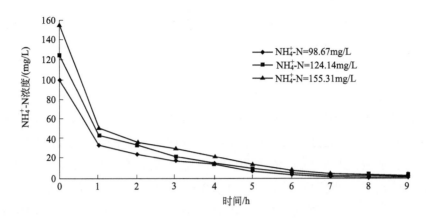

图 3-34　不同进水浓度 NH_4^+-N 随时间的变化

准，必须保证足够长的曝气时间；而 NH_4^+-N 的降解相对容易，在保证 COD 达标排放所需的曝气时间内，NH_4^+-N 均能降解至排放标准。因此，建议好氧曝气时间不低于 7h。

3）沉淀时间的确定

在载体复配 SBR 工艺中，进水、反应和沉淀在同一个反应器中进行，出水水质的好坏与沉淀时间有很大关系。在生物膜处理系统中，出水中的 SS 主要由脱落的生物膜引起。如果沉淀时间过短，出水就会含有大量未沉淀下来的生物膜絮体，导致出水悬浮物浓度过高，影响出水水质；而沉淀时间过长，会引起污泥上浮等现象，不仅造成处理能力下降，还严重影响出水水质。与此同时，由于沉淀时间过长，反应器里的溶解氧很低，易被生物降解的有机物已消耗殆尽，污泥中的微生物要存活，就只能靠内源呼吸，生物膜脱落后溶解在水中，造成 COD 浓度增大。除此之外，延长沉淀时间有利于反硝化，也意味着停留时间的增加，而增加水力停留时间势必需要增加反应器的容积。因此，为了达到出水水质指标，确定合适的沉淀时间很有必要。

在沉淀期内，污水中 NO_x-N 浓度的变化甚微，因此不考虑该阶段的脱氮能力，沉淀时间的长短主要考虑出水中悬浮物的浓度大小。在水温 21.8～22.5℃，pH＝7.2～8.0，曝气时间为 7h 的条件下，分别在沉淀时间为 0.5h、1h、1.5h、2h 时测定出水中 SS 的含量。通过检测水中悬浮固体（SS）浓度随沉淀时间的变化来确定沉淀时间，变化情况见表 3-9。

表 3-9　出水 SS 随沉淀时间的变化

沉淀时间/h	0.5	1	1.5	2
出水 SS/(mg/L)	15.0	9.6	8.6	7.8

载体复配 SBR 反应器中脱落的生物膜所含微生物等成分较多、密度较大，因

而具有良好的污泥沉降性能、易于固液分离;同时载体复配 SBR 反应器在停止曝气时属于静态沉淀,其沉淀效率高于动态沉淀,沉淀时间较短,出水悬浮物浓度较低。

可以看出,沉淀时间在 0.5~1h 之间时出水中 SS 含量迅速降低;沉淀时间为 0.5h 时,出水 SS 浓度大于 15mg/L;沉淀 1h,所取上清液测得的 SS 值为 9.6mg/L;继续延长沉淀时间,出水中 SS 含量下降缓慢。

在沉淀过程中,反应器中的活性污泥沉淀 0.5h 时,上层污泥距排水口较近,由于排水时间较短,排水段后期会出现活性污泥随水流出的现象。而在沉淀时间为 1h 时,污泥沉降效果更好。所以载体复配 SBR 反应器的最优沉淀时间确定为 1h。在实际工程中,由于采用滗水器排水,且有一定的排水时间,开始排水时并不需要沉淀到接近极限高度。因此将沉淀时间可适当调整,这样既能充分发挥载体复配 SBR 工艺静止沉淀效率高的优点,又能防止污泥膨胀或上浮。

(7) 脱氮效果影响因素研究

1) 溶解氧

DO 浓度的控制是提高脱氮效果的重要方式,系统中 DO 浓度既不能太高也不能太低。本书在进行生物膜法 DO 浓度对脱氮的影响研究中,在 HRT 为 30h,进水 pH 值在 6.8 左右,采用溶解氧仪使整个曝气过程中混合液的 DO 浓度控制在 2.0mg/L、3.0mg/L 和 4.0mg/L 三个水平下来考察不同 DO 浓度对系统脱氮的影响。载体复配 SBR 反应器在不同 DO 浓度对 COD 的去除效果如图 3-35 所示。

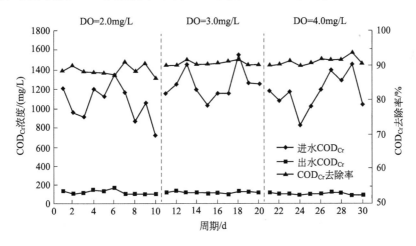

图 3-35　DO 浓度对 COD 去除效果的影响

从图 3-35 可以看出,随着 DO 浓度的提高,COD 的去除率有一定程度的提高,但影响不十分明显,在各种 DO 浓度下对 COD 的去除率均可达 88% 以上。

载体复配 SBR 反应器在不同 DO 浓度对 NH_4^+-N 的去除效果如图 3-36 所示。

从图 3-36 中可以看出,DO 浓度对 NH_4^+-N 的去除有较大的影响,当 DO 浓度为 2.0mg/L 时,NH_4^+-N 的出水浓度较高,随着 DO 浓度的提高,NH_4^+-N 的去除

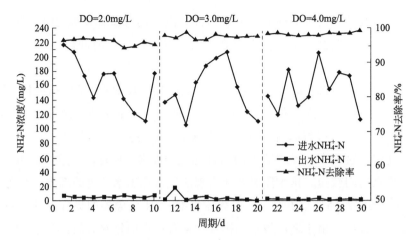

图 3-36　DO 浓度对 NH_4^+-N 去除效果的影响

率也呈上升趋势，DO 浓度从 2.0mg/L 上升到 3.0mg/L 时，NH_4^+-N 的去除率上升比较明显，但 DO 浓度从 3.0mg/L 提高到 4.0mg/L 时 NH_4^+-N 的去除率有一定上升，但效果不是很明显。三种 DO 浓度下 NH_4^+-N 的去除率均能达到 90％以上。

载体复配 SBR 反应器在不同 DO 浓度对 TN 的去除效果如图 3-37 所示。

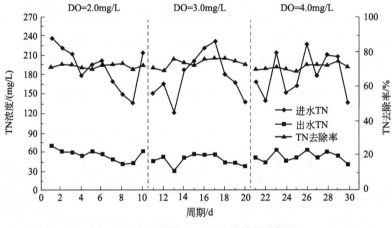

图 3-37　DO 浓度对 TN 去除效果的影响

由图 3-37 可以看出，DO 浓度对 TN 的去除效果影响较大。当 DO 浓度从 2.0mg/L 上升到 4.0mg/L 时，TN 的去除率经历先上升后下降的过程。TN 在 DO 浓度为 2.0mg/L 时去除率不是很高，原因是 DO 浓度低，NH_4^+-N 氧化不彻底。而在 DO 浓度为 4.0mg/L 时 TN 去除率又有一定程度的下降，原因是 DO 浓度相当较高，氧的穿透能力变强，所以在生物膜内部形成的缺氧区较小或只能在较少数的生物膜内部形成缺氧层，反硝化能力较弱。

为了考查 HRT 对污染物去除效果的影响，在三种不同 HRT 条件下检测稳定运行期间各污染物的进出水浓度及去除率。在室温下进行，水温 20～25℃，曝气量为 0.75m³/h，DO 浓度为 2～4mg/L，MLSS 为 3500mg/L 左右，填料填充率为

30％，每个周期进水量为 45L。运行方式为：进水 30min，曝气时间分别为 6h、7h、8h，沉淀 1h，出水 30min，HRT 分别为 24h、27h 和 30h。每种工况稳定运行 10 个周期，分别测定 COD、NH_4^+-N 及 TN 的去除效果，以确定最佳水力停留时间。

　　2）HRT

　　载体复配 SBR 反应器在不同水力停留时间对 COD 的去除效果见图 3-38。从图中可以看出，随着水力停留时间的延长，COD 的去除率程缓慢上升的趋势。在水力停留时间为 24h 时，出水 COD 浓度为 100.12～168.98mg/L，平均去除率为 88.66％，出水效果有小幅波动；在水力停留时间为 27h 时，出水 COD 浓度为 93.24～130.77mg/L，平均去除率为 90.78％；在水力停留时间为 30h 时，出水 COD 浓度为 88.89～110.25mg/L，平均去除率为 90.81％，去除率及出水浓度变化比较平稳，效果最好。

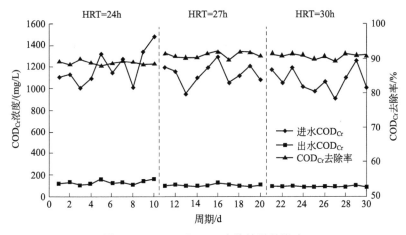

图 3-38　HRT 对 COD 去除效果的影响

　　载体复配 SBR 反应器在不同水力停留时间对 NH_4^+-N 的去除效果见图 3-39。可以看出，在水力停留时间改变的情况下，NH_4^+-N 的去除都比较完全。尽管进水 NH_4^+-N 浓度波动较大，波动范围为 89.28～159.78mg/L，但 NH_4^+-N 去除率均能达到 97％以上。在水力停留时间为 24h 时，出水 NH_4^+-N 平均浓度为 3.21mg/L，

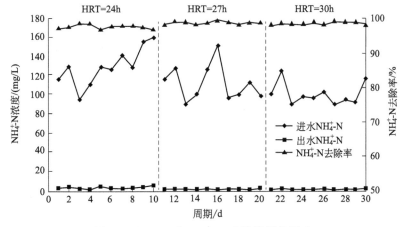

图 3-39　HRT 对 NH_4^+-N 去除效果的影响

平均去除率为 97.56%；在水力停留时间为 27h 时，出水 NH_4^+-N 平均浓度为 1.60mg/L，平均去除率为 98.56%；在水力停留时间为 30h 时，出水 NH_4^+-N 平均浓度为 1.62mg/L，平均去除率为 98.41%。

载体复配 SBR 反应器在不同水力停留时间对 TN 的去除效果如图 3-40 所示。可以看出，进水 TN 浓度波动在 90～180mg/L 之间时，水力停留时间在 24～30h 时，TN 去除率均在 70% 以上；在水力停留时间为 24h 时，TN 去除率均值最低，为 72.09%，出水 TN 浓度最高，均值为 42.65mg/L；在水力停留时间为 27h 时，TN 去除率均值最高，为 75.81%，出水 TN 浓度最低，均值为 32.05mg/L；水力停留时间延长至 30h 后，TN 去除效果与 27h 时基本一样，平均出水 TN 浓度为 33.03mg/L，平均去除率为 74.25%。

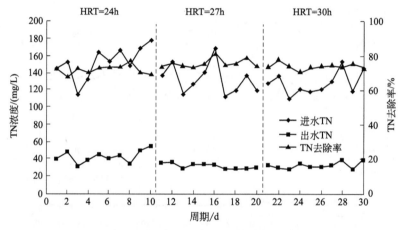

图 3-40　HRT 对 TN 去除效果的影响

在 DO 浓度为 3mg/L，水温 20～25℃，MLSS 为 3500mg/L 左右，HRT 为 30h，每个周期曝气 8h、沉淀 1h，进水静置排水 1h，监测系统进出水的 pH 值变化，如图 3-41 所示。

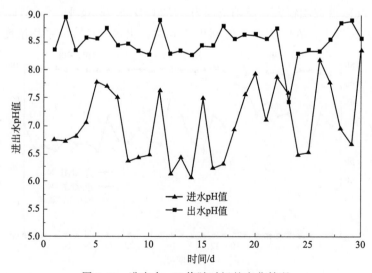

图 3-41　进出水 pH 值随时间的变化情况

从图 3-41 可以看出，出水 pH 值普遍比进水 pH 值高，致使出水 pH 值增加的原因主要有以下几个方面：

① 在污泥停留时间长的情况下，碳源 BOD_5 氧化的过程中可以产生碱度，相应的每去除 1mg BOD，就可产生 0.3mg 的碱度。碱度对于 pH 值的降低具有缓冲作用；

② 在曝气量较大的情况下，可以吹脱微生物氧化有机物产生的 CO_2 使 pH 值升高；

③ 在具有缺氧微环境的情况下，生物反应器内由于存在同步硝化反硝化反应，使得 TN 浓度降低，此时反硝化反应的进行中可以产生一定量的碱度。

因此可以认为，pH 值是影响同步硝化反硝化的重要因素，pH 为中性和略偏碱性是在载体复配 SBR 反应器中实现同步硝化反硝化的最佳范围。

（8）采用载体复配 SBR 处理系统处理味精废水中试研究

采用载体复配 SBR 处理系统处理味精废水，反应器由有机玻璃制成，外面由钢筋加固，设备主体长、宽、高分别为 4m、1.5m、2m，有效水深 1.67m，总容积 $12m^3$，有效容积 $10m^3$，前端用隔板隔出一段厌氧区用于进水。由滗水器排水，水流更平稳，防止形成束流抽吸填料并把污泥带出影响出水水质。采用污泥泵进行混合液回流。底部设排泥管，用于排泥及放空；通过一套可提升曝气系统进行曝气。中试装置示意、实物以及中试系统工艺流程，如图 3-42～图 3-44 所示。

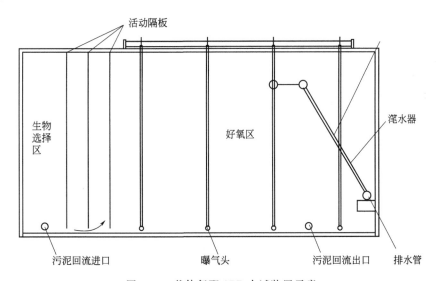

图 3-42　载体复配 SBR 中试装置示意

1）挂膜期间对污染物去除的研究

挂膜期间 COD 的去除效果见图 3-45。可以看出，挂膜期间 COD 的去除效果比较好，去除率都在 86％以上，分析其原因可能是活性污泥直接取自曝气池，不用驯化已能适应进水水质。挂膜期间 COD 去除率虽有波动，但整体呈缓慢上升趋势，尤其到挂膜后期至挂膜成熟，COD 去除率能稳定在 90％以上。出水 COD 浓度为 71.74～176.32mg/L，平均浓度为 119.64mg/L，COD 平均去除率

图 3-43　载体复配 SBR 中试装置实物

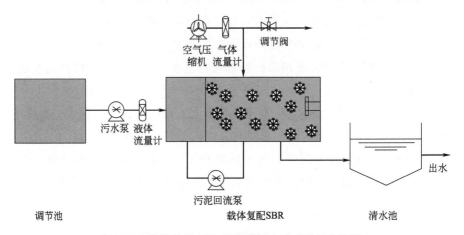

图 3-44　载体复配 SBR 强化脱氮中试系统工艺流程

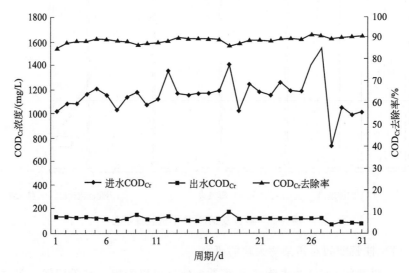

图 3-45　挂膜期间 COD 的去除效果

为 89.57%。

2）挂膜期间 NH_4^+-N 的去除效果研究

挂膜期间 NH_4^+-N 的去除效果见图 3-46。

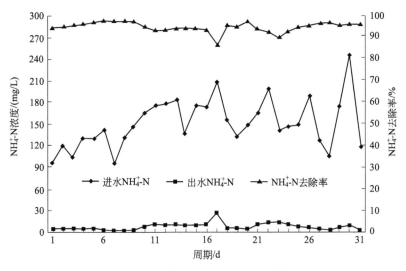

图 3-46　挂膜期间 NH_4^+-N 的去除效果

由图 3-46 可见，挂膜过程中，进水 NH_4^+-N 浓度约为 $100\sim160mg/L$，最低进水浓度为 $97.20mg/L$，最高为 $246.10mg/L$。尽管进水 NH_4^+-N 浓度有较大的波动，NH_4^+-N 去除率维持在 $94\%\sim96\%$，只是进水 NH_4^+-N 浓度在 $150mg/L$ 以上时，出水 NH_4^+-N 浓度往往在 $10mg/L$ 左右，出水不是很理想。

3）生物膜外形观察

反应器运行至第 3 天悬浮填料上挂有水膜，用水可冲洗下来；运行至第 5 天悬浮填料上挂的浅黄色水膜较厚；第 9 天，填料上的水膜颜色加深，手触摸有黏滑感，镜检有少量菌胶团；第 14 天，填料内部呈现黄褐色斑点，用水反复冲洗仍附着在填料上，镜检发现大量菌胶团、累枝虫、钟虫、少量轮虫，可见微生物在填料上开始优势增长；至第 20 天，填料上的膜变厚，镜检可见大量累枝虫、固着型钟虫、轮虫等；第 30 天，内部膜厚 $0.5\sim1.0mm$，较均匀，镜检观察到大量菌胶团、丝状菌、累枝虫、钟虫、轮虫、线虫等后生动物，且丝状菌的丝较长，呈束状。反应器运行至 30d，生物膜已成熟，挂膜基本成功，见图 3-47。镜检的主要微生物见图 3-48。

(a) 1#填料

(b) 2#填料

图 3-47　膜填料

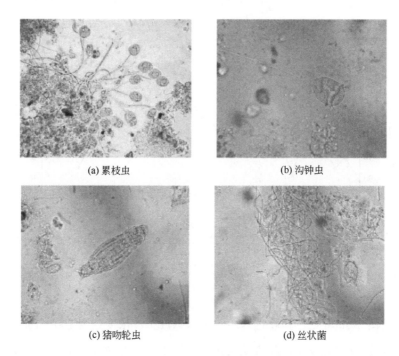

(a) 累枝虫   (b) 沟钟虫

(c) 猪吻轮虫   (d) 丝状菌

图 3-48　镜检微生物

采用载体复配 SBR 工艺处理味精废水，既要有效去除有机物，又要加大脱氮除磷的力度，曝气时间和曝气量的控制是至关重要的问题。最佳曝气时间的确定，可保证出水水质达到国家排放标准，并尽量减少能耗，以实现工艺运行的优化。曝气时间过长，溶解氧过高，会影响反硝化反应的正常进行，而且增加了系统的能耗；曝气时间过短，有机物不能有效降解，而且不易于生长世代时间较长的微生物。

在三种不同 COD 及 NH_4^+-N 起始浓度的条件下，控制曝气量，把曝气时间延长至 10h，每隔 1h 取泥水混合样，沉淀后测上清液的 COD 及 NH_4^+-N 浓度。

① 曝气时间对 COD 去除效果的影响。不同进水浓度 COD 随时间的降解过程见图 3-49。进水 COD 浓度分别为 727.03mg/L、1050.48mg/L 和 1343.47mg/L。可以看出，不同的进水浓度的降解趋势一致，在曝气开始 1h 内降解速率最快，之后降解幅度很小，曲线趋于平缓。进水 COD 浓度为 727.03mg/L 时，在曝气 1h 内，COD 浓度降至 173.56mg/L；当反应至 4h 后，COD 降至 100mg/L 左右。进水 COD 浓度为 1050.48mg/L 时，曝气 1h 后 COD 浓度降至 202.70mg/L，此后 COD 的降解趋于缓慢，说明进入难降解阶段，大约在反应 8h 后达到 100mg/L。当进水 COD 浓度为 1343.47mg/L 时，曝气 1h 后 COD 浓度为 286.43mg/L，曝气 10h 后出水 COD 浓度为 119.83mg/L，若要将 COD 浓度降至 100mg/L 以下还需要进一步延长曝气时间。

由于载体复配 SBR 系统间歇运行，曝气时间越长，经历的反应历程越长，反应越充分，因此曝气时间越长，出水 COD 含量越低。

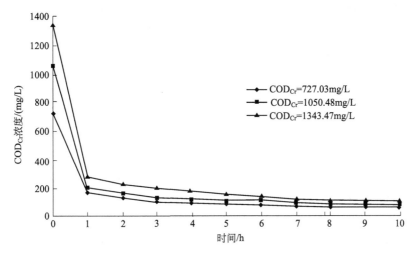

图 3-49 不同进水浓度 COD 随时间的变化

② 曝气时间对 NH_4^+-N 去除效果的影响。不同进水 NH_4^+-N 浓度随时间的降解过程见图 3-50。进水 NH_4^+-N 浓度分别为 98.46mg/L、121.78mg/L 和 153.58mg/L。从图中可以看出，随着曝气时间的延长，NH_4^+-N 的浓度不断降低。当进水浓度较低时，1h 时就能将 NH_4^+-N 浓度降解至 50mg/L 以下。三种不同进水浓度 NH_4^+-N 出水浓度达在 30mg/L 以下的时间分别为 2h、3h 和 3.5h。

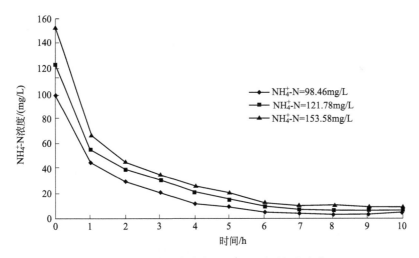

图 3-50 不同进水浓度 NH_4^+-N 随时间的变化

可以看出，COD 的降解及 NH_4^+-N 的转化在反应开始 4～5h 内都已比较完全，在反应后期，二者的浓度基本保持稳定。从结果来看，由于难降解物质的存在，曝气时间的长短对 COD 的降解影响较大，为保证出水 COD 达到排放标准，必须保证足够长的曝气时间，而 NH_4^+-N 的降解相对容易，在保证 COD 达标排放所需的曝气时间内，NH_4^+-N 均能降解至排放标准。因此，建议好氧曝气时间不低于 8h。

③ 沉淀时间对出水中 SS 的影响。在载体复配 SBR 工艺中，进水、反应和沉

淀在同一个反应器中进行，出水水质的好坏与沉淀时间有很大关系。在生物膜处理
系统中，出水中的 SS 主要由脱落的生物膜引起。如果沉淀时间过短，出水就会含
有大量未沉淀下来的生物膜絮体，导致出水悬浮物浓度过高，影响出水水质。而沉
淀时间过长，会引起污泥上浮等现象，不仅造成处理能力下降，还严重影响出水水
质；与此同时，由于沉淀时间过长，反应器里的溶解氧很低，易被生物降解的有机
物已消耗殆尽，污泥中的微生物要存活，就只能靠内源呼吸，生物膜脱落后溶解在
水中，造成 COD 浓度增大。除此之外，延长沉淀时间有利于反硝化，也意味着停
留时间的增加，而增加水力停留时间势必需要增加反应器的容积。因此，为了达到
出水水质指标，确定合适的沉淀时间很有必要。

在沉淀期内，污水中 NO_x-N 浓度的变化甚微，因此不考虑该阶段的脱氮能
力，沉淀时间的长短主要考虑出水中悬浮物的浓度大小。在水温 28～32℃，pH=
6.5～7.8，曝气时间为 8h 的条件下，分别在沉淀时间为 0.5h、1h、1.5h、2h 时
测定出水中 SS 的含量。通过检测水中悬浮固体（SS）浓度随沉淀时间的变化来确
定沉淀时间，变化情况见表 3-10。

表 3-10　出水 SS 随沉淀时间的变化

沉淀时间/h	0.5	1	1.5	2
出水 SS/(mg/L)	16.3	9.8	8.4	7.5

载体复配 SBR 反应器中脱落的生物膜所含微生物成分较多，因而具有良好的
污泥沉降性能，易于固液分离；同时载体复配 SBR 反应器在停止曝气时属于静态
沉淀，其沉淀效率高于动态沉淀，沉淀时间较短，出水悬浮物浓度较低。

可以看出，沉淀时间在 0.5～1h 之间时，出水中 SS 含量迅速降低；沉淀时间
为 0.5h 时，出水 SS 浓度大于 15mg/L；沉淀 1h，所取上清液测得的 SS 值为
9.8mg/L。继续延长沉淀时间，出水中 SS 含量下降缓慢。所以载体复配 SBR 反应
器的最优沉淀时间确定为 1h。

4）脱氮效果影响因素研究

① 溶解氧。DO 浓度的控制是提高脱氮效果的重要方式，系统中 DO 浓度既不
能太高也不能太低。在进行生物膜法中 DO 浓度对脱氮的影响研究中，在 HRT 为
30h，进水 pH 值在 6.8 左右，采用溶解氧使整个曝气过程中混合液的 DO 浓度控
制在 1.5mg/L、2.5mg/L、3.5mg/L 和 4.5mg/L 四个水平下来考察不同 DO 浓度
对系统脱氮的影响。

Ⅰ. DO 浓度对 COD 去除效果的影响。载体复配 SBR 反应器在不同 DO 浓度
对 COD 的去除效果如图 3-51 所示。

从图 3-51 可以看出，在 DO 浓度为 4.5mg/L 条件下 COD 浓度迅速下降，在
好氧反应 1h 时就达到了一个稳定的范围。而在 DO 浓度为 1.5mg/L 条件下对于
COD 降解需要 2h。但最终的 COD 浓度在 1.5～4.5mg/L 范围内都是比较接近的，

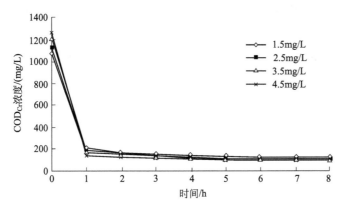

图 3-51　DO 浓度对 COD 去除效果的影响

均能维持在 100mg/L 左右。随着 DO 浓度的提高去除率有一定程度的提高，但影响不十分明显，在各种 DO 浓度下对 COD 的去除率均可达 88% 以上。

Ⅱ. DO 浓度对 NH_4^+-N 去除效果的影响。载体复配 SBR 反应器在不同 DO 浓度对 NH_4^+-N 的去除效果如图 3-52 所示。可以看出，DO 浓度对 NH_4^+-N 的去除有较大的影响，当 DO 浓度为 1.5mg/L 时，NH_4^+-N 的出水浓度较高，为 15.56mg/L，去除率为 87.89%。随着 DO 浓度的提高，NH_4^+-N 的去除率也呈上升趋势，DO 浓度从 1.5mg/L 上升到 2.5mg/L 时，NH_4^+-N 的去除率上升比较明显，当 DO 浓度为 2.5mg/L 时出水 NH_4^+-N 为 8.78mg/L，去除率达到 93.48%；随着 DO 浓度继续升高，NH_4^+-N 去除率继续上升，但上升幅度减小；在 DO 浓度为 4.5mg/L 时，NH_4^+-N 在好氧反应 3h 就能达到一个稳定的范围。

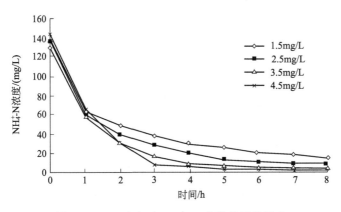

图 3-52　DO 浓度对 NH_4^+-N 去除效果的影响

Ⅲ. DO 浓度对 TN 去除效果的影响。载体复配 SBR 反应器在不同 DO 浓度对 TN 的去除效果如图 3-53 所示。可以看出，在不同的 DO 浓度下 TN 的变化趋势都是随着曝气时间的延长而逐渐降低，整个载体复配 SBR 反应器内的同步硝化反硝化效果明显。当 DO 浓度为 1.5mg/L、2.5mg/L、3.5mg/L、4.5mg/L 时，TN 的去除率分别为 69.79%、74.24%、72.53%、67.61%，经历先上升后下降的过程。TN 在 DO 浓度为 1.5mg/L 时去除率不是很高，原因可能是因为 DO 浓度低，NH_4^+-N 氧化不彻底。而在 DO 浓度大于 3.5mg/L 时 TN 去除率又有一定程度的下降，可能是 DO 浓度较高，氧的穿透能力变强，所以在生物膜内部形成的缺氧区较小或只能在较少数的生物膜内部形成缺氧层，反硝化能力较弱，出水 TN 以硝态氮为主；另外，由于 DO 浓度太高，好氧层中异养好氧菌活力很强，能将有机物进行快速彻底降解，所以即使在部分生物膜内部能形成缺氧层，也会由于有机物的供应不足而降低反硝化能力。为了维持系统较高的反硝化脱氮能力，DO 浓度应该控制在 2.5～3.5mg/L。

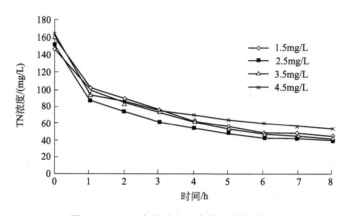

图 3-53   DO 浓度对 TN 去除效果的影响

② 水力停留时间。为了考查 HRT 对污染物去除效果的影响，在三种不同 HRT 条件下检测稳定运行期间各污染物的进出水浓度及去除率。参数控制如下：pH 值在 6～7 之间，MLSS＝3500mg/L，溶解氧控制在 2.5mg/L 左右，水温为 28～32℃，运行方式为进水 0.5h，曝气 8h，沉淀 1h，排水 0.5h。通过控制排水比来控制 HRT。分别在 HRT 为 20h、30h、40h 的条件下稳定运行 5d，每天两个周期。在每个周期结束时，测出水 COD、NH_4^+-N、SS，分别讨论 HRT 对 COD、NH_4^+-N 及 TN 去除的影响，以确定最佳水力停留时间。

Ⅰ. HRT 对 COD 去除效果的影响。载体复配 SBR 反应器在不同水力停留时间对 COD 的去除效果见图 3-54。

从图 3-54 中可以看出，随着水力停留时间的延长，COD 的去除率呈缓慢上升的趋势。在水力停留时间为 20h 时，出水 COD 浓度为 122.37～154.37mg/L，平均去除率为 88.05%；在水力停留时间为 30h 时，出水 COD 浓度为 94.18～125.25mg/L，平均去除率为 90.39%；在水力停留时间为 40h 时，出水 COD 浓度为 67.63～117.08mg/L，平均去除率为 91.90%，去除率及出水浓度变化比较平稳，效果最好。

Ⅱ. HRT 对 NH_4^+-N 去除效果的影响。载体复配 SBR 反应器在不同水力停留时间对 NH_4^+-N 的去除效果见图 3-55。从图中可以看出，随水力停留时间的延长，

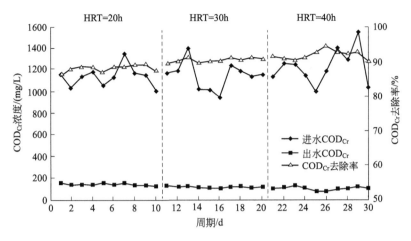

图 3-54　HRT 对 COD 去除效果的影响

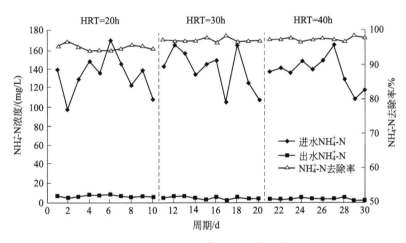

图 3-55　HRT 对 NH_4^+-N 去除效果的影响

NH_4^+-N 的去除率有一定程度的提高。尽管进水 NH_4^+-N 浓度波动较大，波动范围为 97.42～167.23mg/L，但 NH_4^+-N 去除率均能达到 94％以上。在水力停留时间为 20h 时，出水 NH_4^+-N 平均浓度为 6.31mg/L，平均去除率为 95.09％；在水力停留时间为 30h 时，出水 NH_4^+-N 平均浓度为 4.20mg/L，平均去除率为 97.04％；在水力停留时间为 40h 时，出水 NH_4^+-N 平均浓度为 3.50mg/L，平均去除率为 97.47％。

Ⅲ. HRT 对 TN 去除效果的影响。载体复配 SBR 反应器在不同水力停留时间对 TN 的去除效果如图 3-56 所示。

由图 3-56 中可以看出，进水 TN 浓度波动在 120～190mg/L 之间，水力停留时间在 20～40h 时，TN 去除率均在 70％以上。在水力停留时间为 20h 时，TN 去除率均值最低，为 72.62％，出水 TN 浓度最高，均值为 43.45mg/L；在水力停留时间为 30h 时，TN 去除率均值最高，为 75.56％，出水 TN 浓度最低，均值为 35.88mg/L；水力停留时间延长至 40h 后，TN 去除效果与 30h 时基本一样，平均

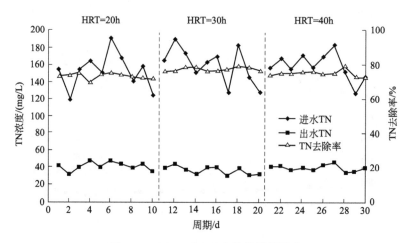

图 3-56　HRT 对 TN 去除效果的影响

出水 TN 浓度为 37.01mg/L，平均去除率为 75.38%。

③ 系统内 DO、pH 值的变化

Ⅰ.反应周期内 DO 的变化与反应历程。在挂膜后期，选取系统稳定运行的典型周期，实时监测曝气池中 DO 浓度随反应历程的变化情况。自曝气开始，在一个反应周期内，每隔 10min（至沉淀结束），监测反应器内 1/2h 水深横断面处的 DO值。图 3-57 和图 3-58 是进水有机负荷为 0.714kg/(m³·d) 的反应周期内，DO、pH 值及各污染物浓度的变化规律。

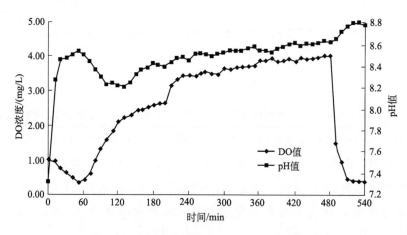

图 3-57　典型反应周期内 DO 及 pH 值的变化

由图 3-57 可见，在生化反应的前 60min 内，DO 浓度随时间的推移而缓慢下降，并且一直处于较低的水平（<1mg/L），这是因为在曝气量一定的情况下，耗氧速率大于供氧速率。至 50min，DO 浓度跌至谷底为 0.35mg/L。结合图 3-58 可以看出，前 60min 内 COD 浓度从 1400mg/L 降解至 400mg/L 左右，系统内 71%的易降解有机物被微生物吸附降解，此阶段是好氧异养微生物占优势。进行 60min后，DO 浓度有一个迅速大幅度的升高，在 60~240min 内，系统对有机物的降解

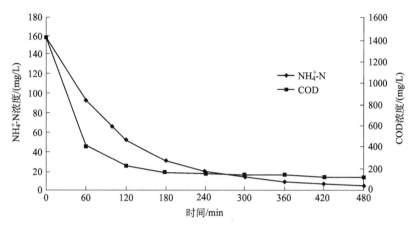

图 3-58　典型反应周期污染物降解历程

速度明显变缓，硝化作用明显，NH_4^+-N 浓度在此期间有大幅度的下降。运行到 210min 左右时，DO 浓度出现二次突然增长现象，表明 COD 到达难降解部分，硝化反应耗氧也基本结束，充氧速率迅速增加，DO 浓度不断上升，直至再次与内源呼吸耗氧速率相平衡。DO 浓度的二次突然增长点可指示碳源降解及硝化反应的结束信息。480min 后曝气结束，DO 浓度随微生物耗氧作用而迅速降低，进入缺氧状态。DO 浓度的突变规律说明此工艺碳源降解及硝化反应过程进行完全。

　　Ⅱ. 反应周期内 pH 值的变化与反应历程。硝化反应是一个耗碱过程，适宜的 pH 值范围为 7.0～8.5，超出此范围，硝化细菌的活性及硝化效果均会急剧下降。而味精废水是典型的酸性废水，但由于系统出水时 pH 值较高，而排出比小，当来水进到反应器混合后 pH 值将升高，基本都在适宜的 pH 值范围内。在一个反应周期内，每隔 10min（至沉淀结束），监测反应器内的 pH 值。绘制出反应周期内 pH 值随时间变化曲线，分析在有机物氧化阶段、硝化阶段 pH 值的变化规律。

　　该反应周期的进水有机负荷为 $0.714kgCOD/(m^3 \cdot d)$，进水 pH 值为 7.33，由图 3-57 可以看出，自曝气开始 pH 值有较快的上升，在 50min 时出现一个"峰值"，pH 值上升至 8.53。这主要是前期有机物降解过程中，菌胶团发生好氧呼吸过程不断吸收 H^+ 使 pH 值上升，然而呼吸作用产生 CO_2，生成碳酸使 pH 值下降，但曝气作用不断吹脱 CO_2，因此碳化使系统混合液中 pH 值上升；而且活性污泥对酸性有机物的吸收也会导致反应器溶液中 pH 值的上升。60min 后 pH 值略有下降，至 130min 时 pH 值下降至 8.21，随后又有较大幅度的升高，当 480min 时 pH 值出现"拐点"，pH 值为 8.62。结合图 3-58，在 480min 时反应器中氨氮浓度为 4.23mg/L，NH_4^+-N 的去除率达 97%，可以看出系统已经实现较为完全的硝化反应。曝气结束后系统进入厌氧阶段，系统发生反硝化反应产生的碱度又使 pH 值升高，出水时 pH 值达 8.77。

　　从理论上说，硝化反应是一个产酸过程，它会使 pH 值下降，有机物酸化也会导致 pH 值的下降。但本研究中，发现载体复配 SBR 反应器中 pH 值的变化规律与传统 SBR 工艺不尽相同，根据 DO 浓度的变化趋势及有机物降解过程，可以判断在 210min 时有机物降解基本结束，硝化反应也结束。但在硝化反应结束前（120～210min），pH 值就有一段上升。这很可能是因为生物膜内部存在溶解氧梯度，碳源及电子受体通过传质进入生物膜内部的厌氧区，发生反硝化反应。系统投加填料后，反应器中的生化反应未遵循有机物降解-硝化-反硝化的传统历程。由图 3-58 氨氮浓度的变化曲线可以发现，在曝气前期氨氮转化与有机物降解同时进行，在前 180min 内 NH_4^+-N 就得到大部分的转化。曝气开始 60min，DO 浓度一直维持在较低水平，而硝化反应对 DO 浓度的要求是 2mg/L 左右，这说明在曝气前期系统中的氨氮有部分发生缺氧硝化。此外，当系统微生物进入内源氧化阶段，其本质上同有机物好氧呼吸作用一致，均导致 pH 值不断上升。

④ 混合液回流比。混合液也就是经过好氧硝化后的硝化液。理论上混合液回流比（R）越大，可供反硝化的硝氮越多，系统氮的去除率越高。但是从运行能耗的角度考虑，混合液回流比不宜过大，太大能耗过高。

混合液回流比应根据实际水质条件而定，不宜过高也不宜过低。本试验为确定最佳混合液回流比，控制参数如下：pH 值在 6～7 之间，MLSS＝3500mg/L，溶解氧控制在 2.5mg/L 左右，水温为 28～32℃，运行方式为进水 0.5h，曝气 8h，沉淀 1h，排水 0.5h，HRT 为 30h。通过改变曝气过程中混合液回流时间来改变混合液回流比。分别在混合液回流比为 50％、80％、100％的条件下稳定运行 5d，每天运行两个周期。在每个周期结束时，测出水 COD、NH_4^+-N、TN，分别讨论混合液回流比对 COD、NH_4^+-N 及 TN 去除的影响，以确定最佳混合液回流比。

Ⅰ. 混合液回流比对 COD 去除效果的影响。载体复配 SBR 反应器在不同混合液回流比下对 COD 的去除效果如图 3-59 所示。可以看出，尽管进水 COD 浓度在 931.73～1532.64mg/L 范围内波动，但系统的平均出水 COD 浓度在 110mg/L 左右，平均 COD 去除率为 90％，混合液回流比对 COD 去除率的影响不大，增大回

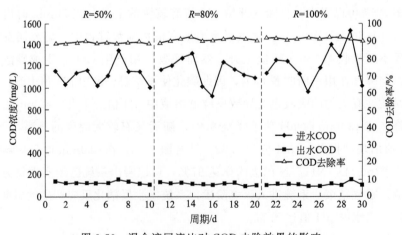

图 3-59　混合液回流比对 COD 去除效果的影响

流比，去除率有一定程度的提高，但效果不明显。

Ⅱ. 混合液回流比对 NH_4^+-N 去除效果的影响。载体复配 SBR 反应器在不同混合液回流比下对 NH_4^+-N 的去除效果如图 3-60 所示。由图 3-60 可见，混合液回流比对 NH_4^+-N 的去除率影响不大，在各个回流比下去除率均能达到 95% 以上，出水 NH_4^+-N 浓度基本上在 $3\sim5mg/L$ 范围内，进水 NH_4^+-N 浓度高的话出水 NH_4^+-N 浓度相应偏高，系统运行稳定。

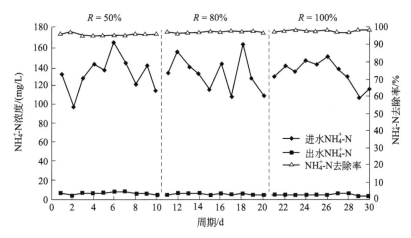

图 3-60　混合液回流比对 NH_4^+-N 去除效果的影响

Ⅲ. 混合液回流比对 TN 去除效果的影响。载体复配 SBR 反应器在不同混合液回流比下对 TN 的去除效果如图 3-61 所示。由图 3-61 可知，混合液回流比对 TN 的去除率影响较大。当混合液回流比（R）分别为 50%、80% 和 100% 时，系统对 TN 的去除率均很稳定，出水 TN 平均浓度分别为 38.67mg/L、33.06mg/L 和 37.89mg/L，平均去除率分别为 74.72%、78.93% 和 75.35%。TN 的去除率随着混合液回流比的增大呈先升高后下降的趋势，表明系统中混合液回流的作用是向缺氧段反硝化提供硝态氮，作为反硝化过程的电子受体，以达到脱氮的目的。当系

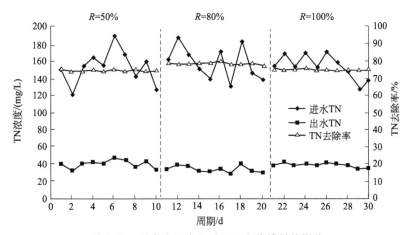

图 3-61　混合液回流比对 TN 去除效果的影响

统 R 过低时，导致系统缺氧段的硝态氮不足，从而影响反硝化脱氮效果；但当 R 过高时，随着混合液进入缺氧池中的氧相应增多，破坏了系统的缺氧条件，导致反硝化效果下降。因此，根据本试验的进水水质及脱氮效果选择混合液回流比为 80%。

⑤ 系统稳定性分析。为了检验系统运行的稳定性，在最终确定的最佳工况，即进水 0.5h，曝气 8h，沉淀 1h，出水 0.5h，DO 浓度在 3mg/L 左右，$R = 80\%$ 下运行 10 个周期，系统对 COD、NH_4^+-N 和 TN 的去除效果如图 3-62～图 3-64 所示。

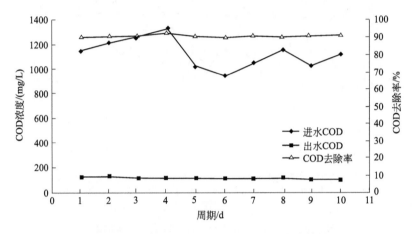

图 3-62　系统在最佳工况下对 COD 的去除效果

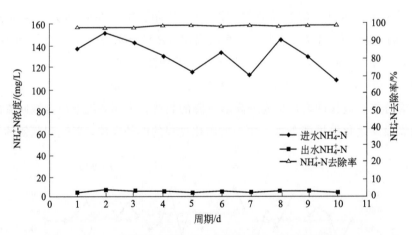

图 3-63　系统在最佳工况下对 NH_4^+-N 的去除效果

虽然进水污染物浓度波动较大，但系统在最佳工况下运行稳定性很高，污染物进水浓度高时，出水浓度相应也高，去除率比较稳定。进水 COD、NH_4^+-N 和 TN 浓度分别为 938.73～1328.64mg/L、104.64～149.43mg/L 和 130.46～173.79mg/L 范围内波动，平均去除率分别为 90.60%、96.99% 和 79.11%。载体复配 SBR 工艺运行稳定性高的原因是载体复配 SBR 除了具有活性污泥法的优点外，又具有生物膜法的优点。微生物相多样化，并能存活世代时间较长的微生物；单位反应器容

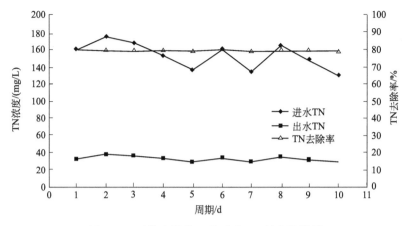

图 3-64　系统在最佳工况下对 TN 的去除效果

积内的生物量可高达活性污泥法的 5～20 倍，具有较大的处理能力，而且反应器内的生物膜的浓度和性质分布均匀，故具有良好的抗冲击负荷变化能力。

3.1.5　主要技术优势及经济效益

载体复配 SBR 生物强化脱氮技术提供了一种有效避免曝气气泡对填料表面生物膜的剪切作用，减小水流对生物膜的冲刷作用的装置，从而利于活性微生物附着、生长和自然更新。经过一段时间的挂膜反应，填料表面会附着一层生物膜。生物膜内有极其丰富的生物相，延长了微生物食物链，提高了生物量，同时由于生物膜的存在可以使世代时间较长、比增殖速度很小的硝化菌得到固着繁殖，继而强化生物膜的硝化能力。

本关键技术发明了一种填料篮装置创新了填料投加方式，解决了如何迅速挂膜、使膜自然更新的问题；同时填料篮的使用改善了反应池的流体动力学状态，提高了溶解氧的转移效率，增加生物膜的稳定性，提高原反应池的生物量。将自主培养的高效脱氮菌添加到反应器中，增强硝化和反硝化效果。

示范工程得到的回用具有多渠道的经济效益，实现回用后年收益高达 118.8 万元，主要包括以下几个方面。

（1）节约的排污费用

按照我国排污费基本价格 1.2 元/吨、330 天/年核算，本示范工程处理规模为2000 吨/天，节约的排污费用总计为 2000×1.2×330＝79.2(万元/年)。

（2）再生回用水收益

再生回用水主要是作为生产降温循环水、热风炉冲渣水和复合肥造粒尾气洗涤除尘用水使用，按再生回用水单价 1.2 元/吨废水回用量为 1000m³/d 计，再生回用水收益 1000×1.2×330＝39.6(万元/年)。

3.1.6　工程应用及第三方评价

载体复配 SBR 强化生物脱氮技术在示范工程中运行建成后，示范工程规模为

$2000m^3/d$，实际出水效果 COD 68.6mg/L，NH_4^+-N 7.0mg/L，废水回用率提高到 50% 以上，即废水回用量为 $1000m^3/d$，COD 削减量约 72.6t/a，NH_4^+-N 削减量约为 10.9t/a，节水约 $33×10^4 m^3/a$。从社会效益上来看，控制了污染源，减少排放污染物的排放，并将有效的改善河流水质。

3.2 酒精废水处理技术

3.2.1 技术简介

前置水解酸化均质均量技术与改良 UASB 结合，水解酸化可去除部分 SS 并降低改良 UASB 进水负荷，改良 UASB 通过增设内循环系统利用回流使反应器的升流速度恒定，而恒定的升流速度可以显著提升泥水混合效率，提升改良 UASB 的负荷，改善厌氧生物处理效果；可缓冲冲击负荷的不利影响；降低三相分离器的泥水分离压力。填料 CASS 通过在填料表面形成生物膜增加反应器内生物量和生物种类，且形成的生物膜表面到内部存在溶解氧梯度，达到深度脱氮的目的。深度处理"混凝沉淀-过滤-消毒"出水可满足循环冷却水补充水要求，达到酒精废水回用的目的。

3.2.2 适用范围

酒精废水处理。

3.2.3 技术就绪度评价等级

TRL-6。

3.2.4 技术指标及参数

3.2.4.1 酒精废水 UASB 反应器水解酸化原理及应用

(1) 小试改良 UASB 启动期试验

1) 小试试验装置

水解酸化和改良 UASB 反应器均为有机玻璃制成，水解酸化反应器结构尺寸为 600mm×300mm×550mm，有效水深 0.5m，其中装填弹性填料，有效容积为 90L。

改良 UASB 反应器结构尺寸为 ϕ350mm×2600mm，有效水深为 2.5m，有效容积为 240L。出水管分为 2 根，分别为出水管和回流管，出水管接中间沉淀池，回流管内的回流水与水解酸化出水分别进入计量泵，回流水与水解酸化出水混合后由改良 UASB 配水系统均匀地分配到反应器底面上。

水解酸化＋改良 UASB 试验装置实物见图 3-65。

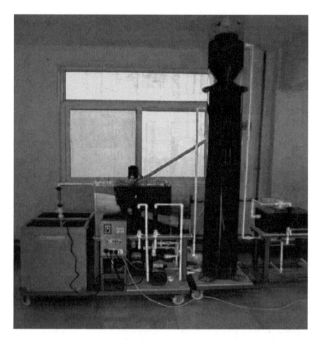

图 3-65　水解酸化＋改良 UASB 试验装置实物

2）水解酸化反应器运行情况

① 对 COD 的去除情况。启动阶段水解酸化进水水质为：COD 浓度在 1200～3500mg/L 之间、NH_4^+-N 浓度为 28mg/L、TN 浓度为 38mg/L、TP 浓度为 36mg/L。经水解酸化处理后具体进出水 COD 浓度变化见图 3-66。

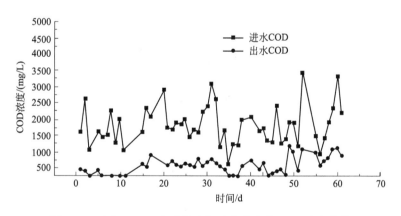

图 3-66　改良 UASB 启动期水解酸化进出水 COD 浓度变化

经过水解酸化后，COD 的平均去除率约为 35%。污染物得以去除主要是因为水体中难溶性的大分子有机化合物被分解为既可作为电子供体也可作为电子受体的小分子有机化合物，小分子有机化合物可作为反硝化细菌的碳源而被消耗，COD 得以去除。

② 对 SS 的去除情况。水解酸化通过物理吸附、沉降等作用可大幅度去除废水中大颗粒物质及悬浮物，具体情况见图 3-67。

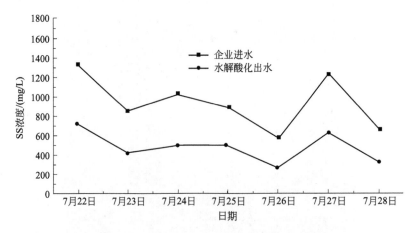

图 3-67 改良 UASB 启动期水解酸化 SS 变化

水解酸化进水 SS 浓度为 569～1329mg/L, 出水 SS 浓度为 263～716mg/L, SS 去除率在 44%～54% 之间, 平均去除率为 50%, 利于后续对 SS 敏感的厌氧反应器对废水进行处理。

3) 启动期改良 UASB 反应器运行情况

① 对 COD 的去除情况。本试验改良 UASB 进水 COD 为 1054～3468mg/L, SS 为 263～716mg/L, 改良 UASB 对 COD 的去除效果具体情况见图 3-68。

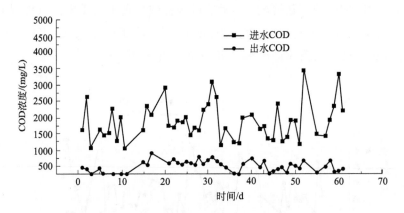

图 3-68 启动期改良 UASB 进出水 COD 变化

改良 UASB 对 COD 的去除效果可分为 1～10d、11～48d 和 49～61d 三个阶段, 其中第一阶段 (1～10d 期间) 是改良 UASB 启动的初始阶段; 第二阶段 (11～48d 期间) 是提高负荷阶段; 第三阶段 (49～61d 期间) 也属提高负荷阶段, 只是将处理量由 10L/h 调至 19L/h。

在每个负荷提升的前期, 改良 UASB 对 COD 的去除率会下降, 但运行一段时间后 COD 去除率会逐步上升, 到负荷提升的后期逐渐稳定。整个启动期改良 UASB 对 COD 的去除率在 51.39%～95.77% 之间。

② 启动期改良 UASB 进出水挥发性脂肪酸 (VFA) 的变化。VFA 是厌氧硝化过程的重要中间产物, 甲烷菌主要利用 VFA 形成甲烷, 但 VFA 在厌氧反应器

中逐渐积累能反映出甲烷菌的不活跃状态或反应器操作条件的恶化，较高的 VFA 浓度对甲烷菌有抑制作用，因此在反应器的运行中，出水 VFA 是重要的控制指标。本试验对整个启动期改良 UASB 反应器的出水进行了监测，具体情况见图 3-69。

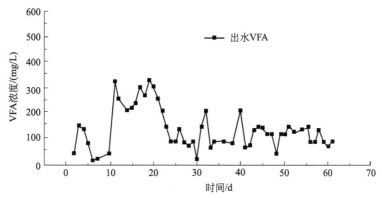

图 3-69　启动期改良 UASB 出水 VFA 变化

由图 3-69 可看出，改良 UASB 出水 VFA 前期波动较大，后期出水较为稳定，均在 200mg/L 以下。对厌氧反应器而言，每一次负荷提升后出水 VFA 就会升高，反应器稳定后会降低，当出水 VFA 低于 200mg/L 时可以进一步增加负荷，如此模式进行循环。

另外，对启动阶段改良 UASB 的进出水 pH 值和碱度也进行了监测，出水 pH 值在 6.4～7.8 之间，相较进水处于升高趋势，出水碱度升高到 650～850mg/L 之间，说明改良 UASB 反应器运行良好，没有发生酸化反应。

③ 启动期污泥 MLSS、MLVSS 以及沉降速率的变化。为了解水解酸化和改良 UASB 反应器中污泥浓度及污泥成分的变化，本试验在每个负荷提升前及启动完成时对反应器内的污泥 MLSS 及 MLVSS 进行测定，具体结果见表 3-11。

表 3-11　启动第 60 天测定结果

样品	取样点	MLSS /(mg/L)	MLVSS /(mg/L)	MLVSS /MLSS 值	沉降速率 /(m/h)
启动 第 29 天	取样口 1	4002	2920	0.71	—
	取样口 2	502	249	0.50	—
启动 第 46 天	取样口 1	67	25	0.37	35.16
	取样口 2	74	11	0.15	28.06
启动 第 60 天	取样口 1	132	78	0.59	25.65
	取样口 2	154	76	0.49	18.57

从表 3-11 可以看出，水解酸化及改良 UASB 反应器的 MLSS 和 MLVSS 都是呈先降低后升高的趋势，主要是因为在启动的初始阶段反应器内还存在有大量的絮状污泥，但随着负荷的提升及上升流速的增加，絮状污泥逐渐被洗出，颗粒污泥刚刚开始形成，此时污泥量最小；随着颗粒污泥逐渐成长，反应器内的污泥量会逐渐增加，且污泥中的有机物含量增加，灰分减少。启动阶段污泥的沉降速率基本都在

20～50m/h 之间，说明污泥的沉降性能良好。

④ 厌氧颗粒污泥特性研究

Ⅰ．颗粒污泥的表现性状。不同基质中或不同操作条件下培养出来的颗粒污泥的外形、菌群组成等方面均有差异。颗粒污泥表形观察结果显示，改良 UASB 反应器中颗粒污泥形态随时间变化很快。

厌氧颗粒污泥的培养共耗时 61d，图 3-70 是颗粒污泥培养过程中污泥形态粒径的变化，可以看出，随着培养时间的延长颗粒污泥粒径逐渐增大，且颗粒污泥呈黑色，形状上大致呈椭球形、不规则多边形和球形；颗粒污泥密实且有弹性。

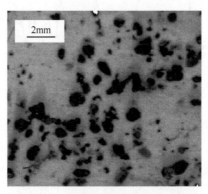

(a) 20d, 0.5～1.0mm

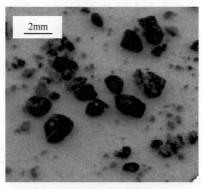

(b) 40d, 1.0～2.0mm

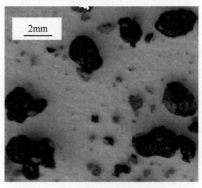

(c) 50d, 2.0～3.0mm

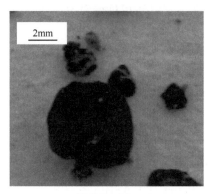

(d) 61d, >3.0mm

图 3-70　改良 UASB 颗粒污泥形态变化

Ⅱ. 颗粒污泥微生物相分析。厌氧颗粒污泥中的菌群主要有水解发酵菌、产乙酸菌和产甲烷细菌。为进一步观察颗粒污泥中菌群结构的变化，对整个培养过程中的颗粒污泥进行扫描电镜（SEM）分析，具体分析结果见图 3-71。

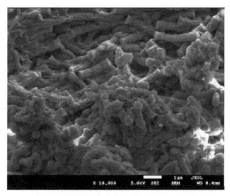

(a) ×10000, 61d, >3.0mm

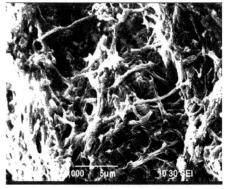

(b) ×5000, 企业颗粒污泥

图 3-71　颗粒污泥的扫描电镜照片

由图 3-71(a) 发现颗粒污泥内部主要为短杆菌并有少量球菌存在，且菌体密度高，排列紧密。由图 3-71(b) 可以看出，企业原有 UASB 厌氧污泥颗粒内部主要为丝状菌。对比可知，在不同的培养条件下颗粒污泥内部的菌群不同。

Ⅲ. 产气组分分析。采用气相色谱对改良 UASB 产生的沼气成分进行测定分析，具体结果见表 3-12。

表 3-12   沼气成分组成   单位：%

样品	H_2	O_2	N_2	CH_4	CO_2	H_2S	总计
1#	0	1.58	3.68	81.61	8.2	4.93	100

表 3-12 中是颗粒污泥培养期间所取沼气样品，其中 CH_4 的体积分数为 81.61%，N_2 为 3.68%，H_2S 为 4.93%，该沼气组分中主要成分为 CH_4。

（2）小试水解酸化＋改良 UASB 正交试验

1）COD 浓度的变化

在进水 COD 浓度波动较大的情况下水解酸化对 COD 去除率稳定在 35% 左右，改良 UASB 反应器 COD 去除率 81.82%；"水解酸化＋改良 UASB"厌氧单元 COD 平均去除率 87.52%，最高可以达到 92.72%。具体情况见图 3-72。

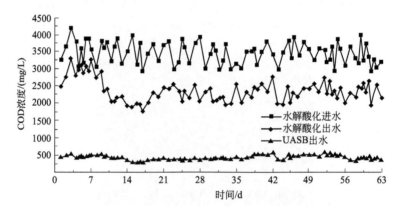

图 3-72   正交试验过程中 COD 随时间的变化

2）正交分析

水解酸化＋改良 UASB 正交试验试验指标为废水 COD 的去除率，即本试验为单指标正交试验。

在单因素试验结果的基础上，选取改良 UASB 停留时间、总进水 pH 值、改良 UASB 上升流速的 3 个较好水平，采用正交试验方法设计 3 因素 3 水平正交表 $L_9(3^4)$，开展相应的正交试验，正交试验因素水平见表 3-13。

表 3-13   水解酸化＋改良 UASB 正交试验因素水平

序号	改良 UASB 停留时间(A)/h	总进水 pH 值(B)	改良 UASB 上升流速(C)/(m/h)
1	24	7	0.4
2	12	6	0.3
3	9.6	5.5	0.5

对正交试验结果进行分析得出，最优方案为 $A_1B_2C_1$，即改良 UASB 停留时

间 24h，总进水 pH 值为 6.0，改良 UASB 上升流速 0.4m/h。由极差分析得知各因素的主次顺序依次为：C（改良 UASB 上升流速），A（改良 UASB 停留时间），B（总进水 pH 值）。从提高效率、降低能耗以及经济效果考虑，经正交分析知最优运行参数方案为：改良 UASB 停留时间 12h、改良 UASB 上升流速 0.4m/h、进水 pH 值为 6.0～7.0。

（3）小试水解酸化＋改良 UASB 稳定运行试验

由水解酸化＋改良 UASB 正交试验得到的最佳运行参数进行厌氧系统的稳定运行试验，其中水解酸化设计参数为：HRT 3.6h，上升流速 0.139m/h（需要加以搅拌），进水 pH 值为 6.0～7.0。改良 UASB 参数为：容积负荷 3.88kg/(m³·d)、HRT 12h、上升流速 0.4m/h。此时，水解酸化的处理量为 25L/h，改良 UASB 处理量为 20L/h。

1）水解酸化对废水的处理效果

① 对 COD 的去除效果。稳定运行期水解酸化进水仍为企业中和池原水，进水水质为：COD 浓度在 2551～4861mg/L 之间，NH_4^+-N 浓度在 22.82～48.5mg/L 之间，SS 浓度在 526～728mg/L 之间，TP 浓度在 26.88～38.80mg/L 之间，进水 pH 值为 6.07～6.89。水解酸化对 COD 的去除效果见图 3-73。

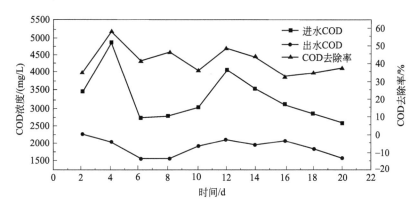

图 3-73　水解酸化对 COD 的去除效果

由图 3-73 可知，经过水解酸化处理后，出水 COD 浓度在 1553～2260mg/L 之间，COD 去除率 33％～58％。水解酸化阶段大分子和难降解物质转化为易降解和小分子物质进而 COD 得以去除，可减小冲击负荷对后续改良 UASB 处理效果的影响。

② 对 SS 的去除情况。水解酸化进水 SS 浓度在 526～728mg/L 之间，出水 SS 浓度在 232～359mg/L 之间，对 SS 在去除率在 38％～62％之间，平均去除率为 55％。具体情况见图 3-74。

考察水解酸化对 COD 和 SS 去除效果的同时，也分析了经过水解酸化处理后 NH_4^+-N、TP 和 pH 值的变化。水解酸化进水 NH_4^+-N 浓度在 22.82～48.5mg/L 之间，出水 NH_4^+-N 浓度升高在 29.99～52.33mg/L 之间，主要是废水中的有机氮发生了氨化反应，使部分有机氮转化为无机氮，进而 NH_4^+-N 浓度升高；进水 TP

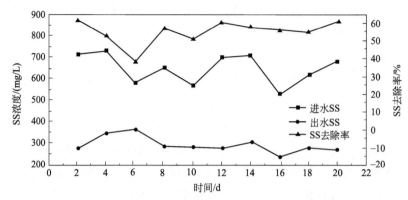

图 3-74 水解酸化对 SS 的去除效果

浓度在 26.88~38.80mg/L，出水 TP 浓度在 20.93~35.30mg/L，对 TP 的去除率为 8%~17%，对其平均去除率为 12%，主要是微生物在自身代谢过程中需消耗部分 P 元素，且 pH 值升高可能会生成正磷酸盐沉淀，进而 TP 得到去除；进水 pH 值在 6.07~6.89 之间，出水 pH 值在 6.13~7.1 之间，主要是水解酸化反应器的水力停留时间（HRT）为 9h，反应器内部已有产气现象，说明反应器内部已发生了甲烷化反应，以致 pH 值升高，严进在用水解酸化处理味精废水时也发现当水解酸化 HRT 大于 8h 时处理后废水 pH 值升高，与本书 pH 值变化一致。

2）改良 UASB 对废水的处理效果

① 对 COD 的去除效果。改良 UASB 进水 COD 浓度在 1553~2260mg/L 之间，出水在 373~688mg/L 之间，COD 去除率在 66%~82% 之间，具体见图 3-75。

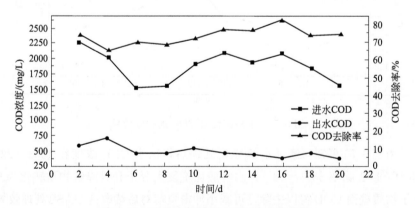

图 3-75 改良 UASB 对 COD 的去除效果

② 出水 VFA 及 pH 值变化。改良 UASB 出水 VFA 基本呈逐渐降低的趋势，中间略有波动，整个运行期出水 VFA 都低于 200mg/L，最终稳定在 90mg/L，反应器运行良好，无酸化现象，具体见图 3-76。

同时考查经过改良 UASB 的处理，出水 NH_4^+-N、TP 和 pH 值的变化，改良 UASB 反应器进水 NH_4^+-N 在 29.99~52.33mg/L，出水 NH_4^+-N 在 15.23~43.94mg/L，对 NH_4^+-N 的去除率在 11%~16% 之间，平均去除率为 12%；改良 UASB 进水

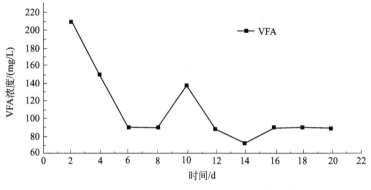

图 3-76　改良 UASB 出水 VFA 的变化

TP 浓度在 20.93～35.3mg/L，出水 TP 浓度在 15.34～27.89 之间，对其去除率在 12%～27%，平均去除率为 21%，改良 UASB 对 NH_4^+-N 和 TP 的去除主要是因为厌氧微生物在自身代谢的同时会消耗部分 N、P 元素，进而 NH_4^+-N 和 TP 得到去除；改良 UASB 出水 pH 值升高在 7.31～7.78 之间，主要是反应器内部产甲烷菌与产酸菌协同作用使有机物发生产甲烷化，生成了 CH_4 和 CO_2，CO_2 部分溶于水，导致了碳酸氢盐碱度增大，进而 pH 值增大。

(4) 小试改良 UASB 负荷提升试验

企业现有 UASB 的容积负荷为 2.0kgCOD/(m^3·d)，为了进一步突出改良 UASB 的优势，对改良 UASB 进行负荷提升试验，在进水量为 15L/h 的条件下，进水 COD 浓度由原来的 2000mg/L 左右提高至 5159.34mg/L，改良 UASB 的容积负荷从 3.93kgCOD/(m^3·d) 提高至 7.9kgCOD/(m^3·d)。此阶段改良 UASB 对酒精废水 COD 的处理效果如下。

改良 UASB 进水即水解酸化出水水质为：COD 浓度在 2285.7～5265.26mg/L 之间，NH_4^+-N 浓度在 52.44～102.75mg/L 之间，TP 浓度在 75.87～159.07mg/L 之间，SS 浓度在 442～1234mg/L 之间，pH 值在 6.67～7.30 之间。其中改良 UASB 对 COD 的去除效果具体情况见图 3-77。

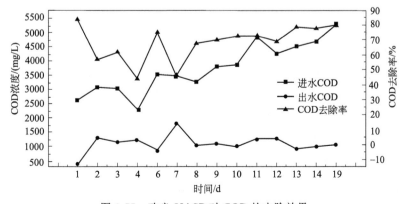

图 3-77　改良 UASB 对 COD 的去除效果

改良 UASB 对 COD 的去除率在 45.00％～83.80％之间，在提升负荷的前段期间对 COD 的去除率波动较大，主要是提升容积负荷会影响改良 UASB 的去除效果，稳定之后恢复至原来水平。在容积负荷最高为 7.9kgCOD/(m^3·d) 时，改良 UASB 对 COD 的去除率为 79.22％。

同时考查了提升负荷期改良 UASB 出水 VFA 及 pH 值的变化，出水 VFA 随着容积负荷的提升呈先升高后降低的趋势，但都在 300mg/L 以下，出水 pH 值在 7.54～8.16 之间，说明反应器运行良好，没有发生酸化现象。

（5）小试厌氧处理单元与企业厌氧处理单元处理效果对比

该阶段主要是小试厌氧处理单元稳定运行时与企业厌氧处理单元的对比试验分析，COD 处理效果对比如下。

在进水水质条件完全一样的情况下，只对出水 COD 值进行比较，此时进水 COD 浓度在 1200～3500mg/L，NH_4^+-N 浓度在 28mg/L 左右，TN 浓度在 38mg/L 左右，TP 浓度在 36mg/L 左右。

从图 3-78 可以看出，小试试验厌氧处理单元出水的 COD 要小于企业厌氧出水 COD，说明在同样的进水水质条件下，小试试验厌氧单元的处理效果要优于企业的厌氧单元。

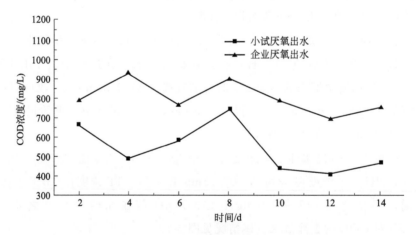

图 3-78　小试试验与企业厌氧出水 COD

同时对比考查了厌氧系统与企业厌氧单元 TN 和 TP 的出水浓度，结果表明，在相同的进水水质条件下，TN 和 TP 的出水浓度都要优于企业的，说明"水解酸化＋改良 UASB"在处理酒精废水中有一定的优势，可以实现污染物的有效削减。

（6）中试水解酸化＋改良 UASB 启动试验

1）中试试验装置

中试试验装置：水解酸化＋改良 UASB 反应器均为钢板制成，水解酸化反应器结构尺寸为 600mm×500mm×3600mm，有效水深 2.5m，其中装填弹性填料，有效容积为 1.05m^3；末端为中间水池。

改良 UASB 反应器结构尺寸为 ϕ1050mm×4150mm，有效水深为 3.85m，有效容积为 3.33m³，出水管分为 2 根，分别为出水管和回流管。出水管接中间沉淀池，回流水和水解酸化出水一起进入计量泵，再由改良 UASB 底部配水系统均匀地分配到反应器底面上（图 3-79）。

图 3-79　水解酸化＋改良 UASB 厌氧系统中试试验装置实物

考虑到经过水解酸化后废水的 COD 浓度会降低不利于改良 UASB 启动时的负荷提升，因此中试水解酸化和改良 UASB 采取分别进企业原水进行独立启动。

2）水解酸化启动试验

水解酸化反应器运行期间，进水 COD 浓度在 5434～7910mg/L 之间，NH_4^+-N 浓度在 45.63～97mg/L 之间，SS 浓度在 846～1055mg/L 之间，TP 浓度在 98.58～187.18mg/L 之间，经过水解酸化后，COD 约有 40％被去除，SS 约有 40％被去除。启动期水解酸化对 COD 的去除效果见图 3-80。

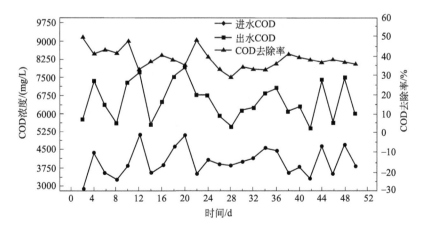

图 3-80　启动期水解酸化对 COD 的去除效果

另外，在进水时 pH 值为 5.94～6.85，经过水解酸化后 pH 值升高，利于后续厌氧反硝化的进行。

3) 改良 UASB 启动试验

改良 UASB 的启动采用逐步提升容积负荷的方式启动，提升方式前后分两种，首先进水浓度不变提高进水流量直至达到设计流量 5m³/d，而后进水流量不变提高进水浓度，当反应器内的絮状污泥量迅速减少，同时颗粒污泥加速形成直至反应器内以颗粒污泥为主，可认为改良 UASB 系统启动顺利完成。

① 对 COD 的去除效果。改良 UASB 启动阶段进水为企业中和池原水，经配水箱配水调节 pH 值并去除部分 SS 后进入改良 UASB 反应器（图 3-81），此阶段进水 COD 浓度波动较大，在 1055～4393mg/L 之间，改良 UASB 对 COD 的去除效果见图 3-82。

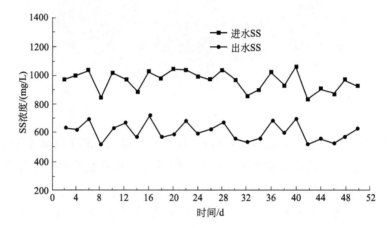

图 3-81　启动期水解酸化对 SS 的去除效果

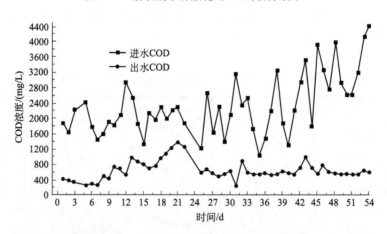

图 3-82　改良 UASB 对 COD 的去除效果

启动阶段改良 UASB 对 COD 的去除率在 32.98%～91.61%之间，每一次提高容积负荷，改良 UASB 对 COD 的去除率都会呈先下降后上升的趋势，最终启动完成时容积负荷为 6.33kgCOD/(m³·d)，COD 去除率 87%。

对改良 UASB 的容积负荷的变化也进行了计算分析，改良 UASB 经过 54d 的容积负荷由最初的 1.44kgCOD/(m³·d) 提升至 6.33kgCOD/(m³·d)，已达到改良 UASB 的设计容积负荷 4.0kgCOD/(m³·d)。

② pH 值、碱度和 VFA 的变化。本试验进水 pH 值在 6.44～7.57 之间,出水 pH 值在 6.83～7.72 之间,经过改良 UASB 的处理 pH 值呈升高的趋势,说明反应器内部没有发生酸化现象。改良 UASB 出水 VFA 变化见图 3-83。

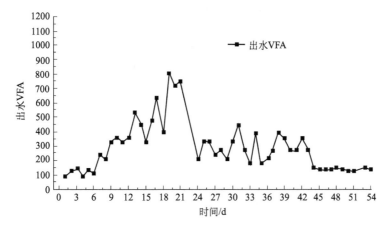

图 3-83　改良 UASB 出水 VFA 的变化

本书进水碱度即为碳酸盐碱度,进水碱度(以 CaCO₃ 计)在 423.70～2867.22 mg/L,出水碱度在 792.04～2958.70mg/L,经过改良 UASB 的处理,出水碱度值均大于进水的碱度值。

一般认为,碳酸氢盐碱度:VFA＞2:1 是厌氧反应器系统运行的最佳状态,改良 UASB 出水碱度与出水 VFA 值比值在启动的后期稳定阶段均大于 2:1,且出水 VFA 在 200mg/L 以下,反应器运行良好。

③ 改良 UASB 反应器内 MLSS 变化。改良 UASB 反应器中的污泥浓度呈先下降后上升的趋势,改良完成后 MLSS 升高至 1652～2197mg/L(表 3-14)。

表 3-14　改良 UASB 反应器内 MLSS 变化

MLSS 时间/d	MLSS/(mg/L)				
	1#	2#	3#	4#	5#
7	2304	2234	2439	2587	2305
22	401	395	892	954	664
33	12246	6494	6259	6436	5880
43	1334	1398	1217	1544	1461
54	1652	1541	1800	2070	2197

④ 厌氧颗粒污泥特性研究

Ⅰ.颗粒污泥表现性状变化。厌氧颗粒污泥的培养共耗时 54d,从图 3-84 中可以看出,随着培养时间的延长,颗粒污泥粒径逐渐增大,启动完成后粒径约为 2～3mm,且颗粒污泥呈黑色,形状上大致呈椭球形、不规则多边形和球形,颗粒污泥密实且有弹性。

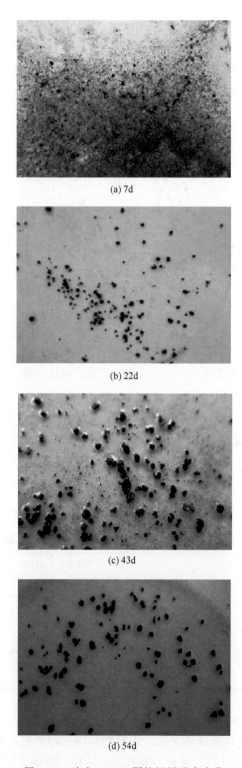

(a) 7d

(b) 22d

(c) 43d

(d) 54d

图 3-84 改良 UASB 颗粒污泥形态变化

Ⅱ. 颗粒污泥电镜分析。本试验对厌氧颗粒污泥进行电镜扫描（图 3-85），发现其结构较为密实，孔隙率较低，颗粒污泥内部以短杆菌为主，小试厌氧颗粒污泥内部主要也是短杆菌，中试试验很好地验证了小试试验。

(a) 颗粒污泥表面图

(b) 颗粒污泥剖面图

图 3-85 改良 UASB 颗粒污泥扫描电镜图

Ⅲ. 厌氧颗粒污泥分子生物学分析

⑤ 产气组分分析。对改良 UASB 产气进行收集，并采用液相色谱对其成分进行分析，分析结果见表 3-15。

表 3-15 中试改良 UASB 产气组分分析　　单位：%

样品	H_2	O_2	N_2	CH_4	CO_2	H_2S	总计
1#	0	1.28	4.23	82.27	7.60	4.62	100
2#	0	0.69	2.01	84.32	8.0	4.98	100
3#	0	1.47	5.08	80.48	7.70	5.27	100

可以看出，本试验改良 UASB 产气组成和一般沼气组成基本吻合，主要成分为 CH_4，但 CO_2 量低于一般沼气中的量，主要是因为反应器为上流式反应器，反应过程中生成的 CO_2 部分溶于水，提升了废水碱度。

（7）中试水解酸化＋改良 UASB 稳定运行及验证试验

经过 54d 的运行，整个厌氧系统顺利启动完成，接着进行 24d 稳定运行试验也是对小试结果进行验证的试验，试验进水水质与小试相同都为企业中和池水，进水COD浓度在 2806～6425mg/L 范围内。

1）水解酸化对废水的处理效果

① 对 COD 的去除效果。经过水解酸化的处理，出水 COD 降低在 1963～4048mg/L 之间，其去除率在 29%～41% 之间，主要是废水中大分子和难降解的物质经水解酸化后转化为易降解和小分子物质，COD 得以去除，并降低冲击负荷对后续改良 UASB 的影响（图 3-86）。

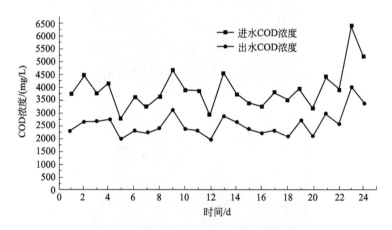

图 3-86　稳定期水解酸化进出水 COD 变化

另外，对废水中 NH_4^+-N 的变化也进行了考查，发现同小试一样的变化规律，NH_4^+-N 经过水解酸化的处理后升高。

② 对废水 SS 的去除效果。水解酸化进水 SS 浓度在 753～961mg/L 之间，出水 SS 浓度在 441～616mg/L 之间，平均去除率为 37%（图 3-87）。

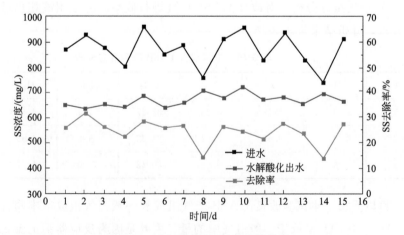

图 3-87　水解酸化对 SS 的去除效果

2）改良 UASB 对废水的处理效果

① 对 COD 的去除效果。改良 UASB 进水 COD 在 1963～4048mg/L 之间，经

过改良 UASB 的处理，COD 大部分被去除，其去除率在 70%～88% 之间，出水 COD 浓度在 284～581mg/L 之间。具体情况见图 3-88。

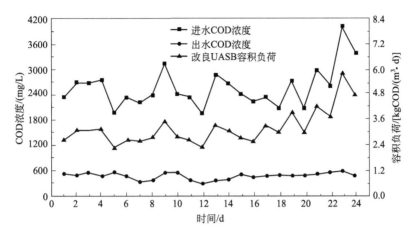

图 3-88　改良 UASB 对 COD 的去除效果

从图 3-88 还可以看出，改良 UASB 容积负荷随着进水 COD 浓度变化而变化，在 2.26～5.84kgCOD/(m³·d) 之间，整体呈上升趋势。

② 出水 VFA 的变化。改良 UASB 出水 VFA 整个稳定运行期出水 VFA 都低于 200mg/L，整体反应器运行良好无酸化现象。具体情况见图 3-89。

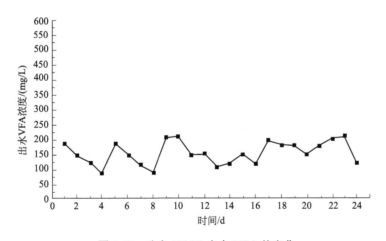

图 3-89　改良 UASB 出水 VFA 的变化

（8）中试厌氧处理单元与企业厌氧处理单元处理效果对比

在进水水质条件完全一样的情况下，对改良 UASB 出水和企业厌氧出水的 COD、NH_4^+-N 和 TP 值进行比较，发现改良 UASB 出水值均低于企业的，其中出水 COD 浓度变化见图 3-90。

（9）酒精废水"水解酸化＋改良 UASB"技术研究结论

1）小试研究结论

水解酸化＋改良 UASB 整体厌氧单元经 61d 启动完成，改良 UASB 启动完成

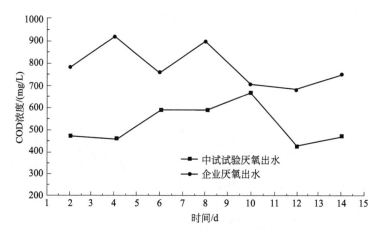

图 3-90   中试试验与企业厌氧出水 COD 浓度变化

后内部颗粒污泥粒径＞3.0mm，且颗粒污泥呈黑色，形状大致上呈椭球形、不规则多边形和球形，颗粒污泥密实且有弹性。经过水解酸化＋改良 UASB 正交试验得出两个单元的最佳参数为：

① 水解酸化   HRT 3.6h，上升流速 0.139m/h，进水 pH 值为 5.5～7.0；

② 改良 UASB   容积负荷 3.88kgCOD/(m³·d)，HRT 9.62h，上升流速 0.4m/h，回流比为 60％。

厌氧单元稳定运行时水解酸化对 COD、SS 的平均去除率分别为 42％和 55％，NH_4^+-N 经过处理后升高；改良 UASB 对 COD、NH_4^+-N 的平均去除率分别为 74％、21％，出水 VFA 稳定在 90mg/L。

小试厌氧单元与企业厌氧单元对比结果表明小试厌氧单元对 COD、TN 和 TP 的去除效果都要优于企业厌氧处理单元，且水解酸化前置能有效去除部分 SS。

改良 UASB 容积负荷提升试验最终负荷提升至 7.9kgCOD/(m³·d)，此时对 COD 的去除率为 79.22％，对 NH_4^+-N、TP 的平均去除率分别为 16.38％和 21.92％，出水 VFA 均在 300mg/L 以下。

2）中试研究结论

中试水解酸化和改良 UASB 采取同时独立启动的方式进行启动，启动完成后改良 UASB 容积负荷为 6.33kgCOD/(m³·d)，内部颗粒污泥粒径为 2～3mm，颗粒污泥密实且有弹性，对其进行电镜分析，发现内部大多数为短杆菌，对产气组成进行分析发现 80％以上为 CH_4。

厌氧单元稳定运行时水解酸化对 COD 和 SS 的平均去除率分别为 35％和 375％，改良 UASB 对 COD 去除率在 70％～88％之间，出水 VFA 稳定在 200mg/L 以下。

中试厌氧处理单元与企业对比试验证明，中试厌氧单元对 COD、NH_4^+-N 和 TP 的去除效果都要优于企业厌氧处理单元。

3）改良 UASB 优势

与本研究改良 UASB 相比，企业 UASB 还有以下优势：

① 加快颗粒污泥的形成。通过增设内循环提高反应器内上升流速，相比较企业原有 UASB 加快了颗粒污泥的形成，本试验中改良 UASB 启动时间为 61d，且培养成熟后颗粒污泥粒径＞3mm，企业 UASB 启动时间为 90d，颗粒污泥粒径较小，最大粒径为 2mm 左右。

② 提升容积负荷。本研究改良 UASB 最终容积负荷提升至 7.9kgCOD/(m³·d)，企业 UASB 容积负荷只有 1.8kgCOD/(m³·d)，相比较企业 UASB，改良 UASB 容积负荷提升幅度较大。

③ 抗击冲击负荷能力较强。改良 UASB 将三相分离器下方经主体反应区处理后的水回流至进水口，可稀释进水浓度，减小冲击负荷对反应器的影响。在改良 UASB 进水 COD 浓度为 4392mg/L 时，对其去除率仍达 87%。

④ 水力停留时间短。改良 UASB 水力停留时间为 17h，企业 UASB 停留时间为 46h，相同的处理时间内本书改良 UASB 处理废水量较大，可提高企业排放酒精糟液的处理程度。

3.2.4.2　酒精废水填料 CASS 深度脱氮技术及其优化研究

（1）小试填料 CASS 试验

1）小试试验装置

试验采用的是循环式活性污泥法填料 CASS 反应器，装置材质为有机玻璃（图 3-91）。它是一种前置生物选择器的完全混合的池体，过水装置为薄壁堰，投加材质为聚丙烯的中空球形填料，填料的外径为 50mm。反应器尺寸为 1.2m×0.25m×0.6m，有效水深为 0.5m，总有效容积为 150L，整个反应器分为生物选择区、预反应区、主反应区三部分，三者之间的体积之比约为 1∶2∶17。

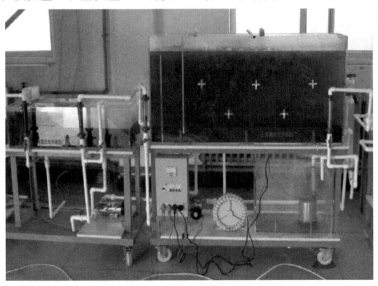

图 3-91　填料 CASS 小试试验装置实物

2）单因素分析

填料 CASS 单因素试验主要考察了污泥浓度、填料投加量、曝气时间和 DO 浓度四个因素对填料 CASS 去除 COD 和 NH_4^+-N 效果的影响。其中污泥浓度 MLSS 分别为 4.6g/L、3.8g/L 和 3.0g/L，填料投加量为 450 个、300 个和 150 个，曝气时间为 10h、8h 和 6h，DO 浓度为 6.5mg/L、5.5mg/L 和 4.5mg/L。

① 污泥浓度影响分析。污泥浓度 MLSS 的改变对 COD 的去除效果没有明显影响，但对 NH_4^+-N 去除效果影响较大。

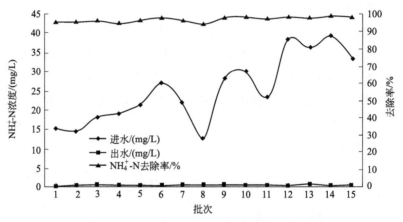

图 3-92   MLSS＝3.8g/L 时 NH_4^+-N 的去除情况

试验分析结果表明当 MLSS＝3.8g/L 时，NH_4^+-N 去除效果最好（图 3-92），平均进水、出水 NH_4^+-N 浓度和对 NH_4^+-N 的平均去除率分别为 25.34mg/L、0.77mg/L 和 96.53%。

② 填料投加量影响分析。填料投加量的变化对 NH_4^+-N 的去除效果影响不大，平均去除率均为 95% 左右，但对 COD 去除有较为明显影响投加 300 个填料时 COD 的去除情况见图 3-93。

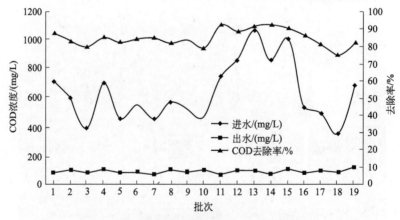

图 3-93   投加 300 个填料时 COD 的去除情况

填料投加量对 COD 的去除效果影响结果表明，填料投加量越大，对 COD 的去除率越高，填料投加量分别为 300 个和 450 个时对 COD 的平均去除率为 85.69％和 84.33％，去除效果相差不大，考虑到成本问题，选择填料投加量为 300 个。

③ 曝气时间影响分析。三种工况下对 COD 的处理效果相差不大，曝气时间分别为 10h、8h、6h 时 COD 平均去除率分别为 85.15％、83.46％、83.22％；对 NH_4^+-N 的去除效果都比较好。曝气 6h NH_4^+-N 去除情况见图 3-94。

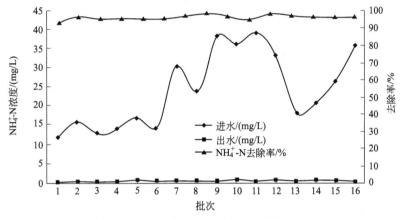

图 3-94　曝气 6h NH_4^+-N 去除情况

曝气时间对 NH_4^+-N 的去除效果的影响表明，在曝气时间分别为 10h、8h、6h 时，对 NH_4^+-N 的平均去除率分别为 95.20％、93.66％、96.23％。三种不同工况下对 NH_4^+-N 的去除效果均较好，过多的曝气并不能使 NH_4^+-N 的去除效果得以较大幅度地提升。整体上，曝气时间维持在 6h 则能达到很好的去除效果，即平均出水 NH_4^+-N 浓度在 0.76mg/L，平均去除率为 96.23％。

④ DO（DO 为进水开始时测量值）影响分析。DO 对 COD 和 NH_4^+-N 的去除效果都有一定影响，其中随着反应器内 DO 含量的增加，对废水 COD 的去除效率呈上升趋势。当反应器内 DO 浓度为 5.5mg/L 时出水 COD 平均浓度已降到 100mg/L 以下，COD 平均去除率达 82.20％，对 NH_4^+-N 的影响见图 3-95。

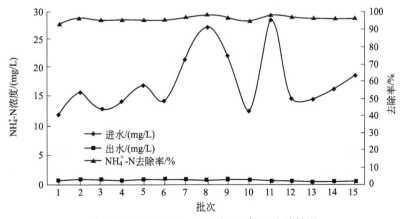

图 3-95　DO＝5.5mg/L 时 NH_4^+-N 去除情况

DO 浓度对 NH_4^+-N 去除效果的影响结果表明，DO 浓度分别为 6.5mg/L、5.5mg/L、4.5mg/L 时，对 NH_4^+-N 的去除率分别为 96.12%、95.25%、95.07%。随着 DO 浓度的升高，NH_4^+-N 的去除效果会随着有一定的增加，且当 DO 浓度由 4.5mg/L 增加到 5.5mg/L 时，平均出水 NH_4^+-N 能维持在 0.8mg/L 以下。

3）正交试验结果分析

分别从每组试验的正交试验结果中选取 3 组试验数据进行分析，主要得出以下结论：

① 填料 CASS 正交试验 COD 结果分析。MLSS 浓度为 3.8g/L，填料投加量为 300 个，曝气时间为 6h，DO 浓度为 6.5mg/L 时效果最好；因素之间影响顺序由主到次依次为 DO、填料投加量、MLSS、曝气时间。

② 填料 CASS 正交试验 NH_4^+-N 结果分析。MLSS 浓度为 3.8g/L，填料投加量为 300 个，曝气时间为 10h，DO 浓度为 6.5mg/L 的时候效果最好；因素之间影响顺序由主到次依次为曝气时间、填料投加量、MLSS、DO。

4）进水方式对填料 CASS 去除污染物的影响

填料 CASS 采用连续进水方式会使整个反应器内始终处在低负荷处理状态，在这种状态下，由于反应器有机物浓度过小，整个反应过程反应速率也会较低。但抑制丝状菌过度生长也要求反应器内有一定的浓度梯度，这样才能有效避免污泥膨胀现象的出现。如采用瞬时进水（初始进水量大）可以提高曝气初期反应器内的有机物浓度，整个周期内反应器中有机物浓度梯度也会更加明显。鉴于以上考虑，采用不同的进水方式，对填料 CASS 进行进一步研究。三种不同进水方式具体操作参数见表 3-16。

表 3-16 三种进水方式具体操作参数一览表

进水方式	进水曝气时间/h	纯曝气时间/h	沉淀时间/h	排水时间/h	闲置时间/h
1	4	0	1	0.5	0.5
2	2	2	1	0.5	0.5
3	0（瞬时进水）	4	1	0.5	0.5

经过对三种进水方式对 COD、NH_4^+-N、TN 三种污染指标的去除效果分析，结果表明，第三种进水方式即瞬时进水对污染物去除效果最好，具体分析结果见图 3-96～图 3-98。

三种进水方式下分别进行连续 10 批次，3# 进水方式 COD、NH_4^+-N 和 TN 的平均去除率分别为 92.63%、98.17% 和 93.89%。3# 进水方式接近于传统 SBR 反应器运行情况，但多一个生物选择区和一个缺氧区，这有利于难降解有机物的降解，因为难降解有机物在厌氧状态下能够进一步提高其生物降解性。综合比较，采用瞬时进水方式比较好。在此方式下运行，还可以节省反应期间的运行费用，同时结合该酒精厂现状，也方便工作人员的管理。

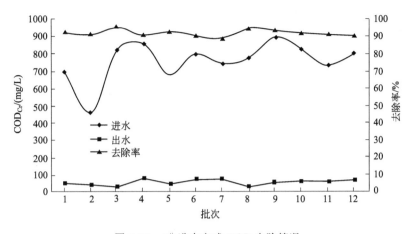

图 3-96　3#进水方式 COD 去除情况

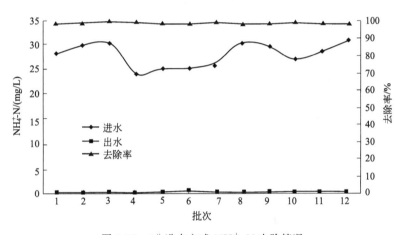

图 3-97　3#进水方式 NH_4^+-N 去除情况

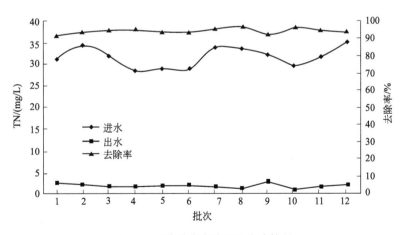

图 3-98　3#进水方式 TN 去除情况

5）排水比影响研究

根据上一节的实验分析结果，将小试试验装置的循环周期定为 6h，其中进水为瞬时进水，曝气 4h，沉淀 1h，排水 0.5h。在常温下（25～31℃），测定排水比 λ

分别为 1/2、1/3、1/4 时填料 CASS 反应器对各污染物的去除效果，根据测定效果得出排水比为 1/4 时对污染物去除效果最好，具体情况见图 3-99～图 3-101。

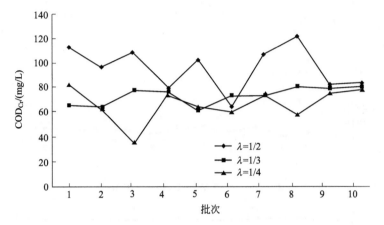

图 3-99　三种工况条件下 COD 去除效果对比

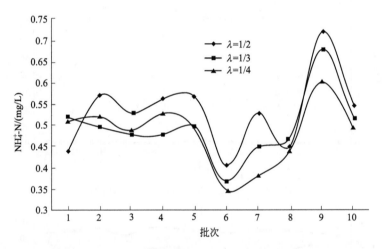

图 3-100　三种工况条件下 NH_4^+-N 去除效果对比

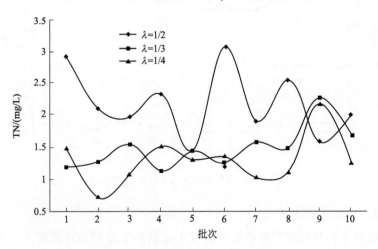

图 3-101　三种工况条件下 TN 去除效果对比

当排水比 λ 为 1/4、1/3、1/2 时，出水 COD 平均出水浓度分别为 67.53mg/L、74.01mg/L、96.90mg/L，平均出水 NH_4^+-N 浓度分别为 0.53mg/L、0.50mg/L、0.48mg/L，对 TN 的去除率分别为 95.88%、95.23% 和 92.88%，整体而言排水比 λ＝1/4 时对污染物处理效果最好。

6）填料 CASS 和企业 CASS 比对分析

为进一步考察填料 CASS 的强化处理效果，在一段时间内通过试验对填料 CASS 出水和企业 CASS 出水进行比较分析（表 3-17）。

表 3-17　两种反应器进水及运行模式情况

指标反应器	填料 CASS	企业 CASS
进水 COD/(mg/L)	546.72～895.98	
进水 NH_4^+-N/(mg/L)	24.22～31.19	
进水 TN/(mg/L)	27.61～35.24	
运行模式	瞬时进水,曝气 4h,沉淀 1h,排水 1h	连续进水曝气 6h,沉淀 1h,排水 1h

每 2d 分别对两个反应器进行一次进出水水质监测，监测指标主要有 COD、NH_4^+-N、TN 等，连续监测 10 个周期，其出水监测结果如下所述。

① 对 COD 处理效果的比对分析。由图 3-102 可以看出就 COD 而言填料 CASS 出水普遍比企业 CASS 出水效果好，填料 CASS 出水平均 COD 浓度为 60.23～81.47mg/L，而企业 CASS 出水 COD 浓度为 91.3～131.41mg/L，经过填料强化以后 COD 出水浓度较 CASS 平均提高 35%，出水可以基本稳定在 80mg/L 以下。

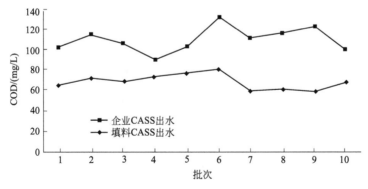

图 3-102　填料 CASS 和企业 CASS 出水 COD 对比分析

由图 3-102 可以看出，投加悬浮填料可提高系统对 COD 的去除效果。这是由于悬浮填料的存在为微生物的生长提供了载体，使反应器内同时存在悬浮生长和附着生长的微生物，从而明显增加了反应器内的生物量，有利于有机质的降解，进而有效提高了系统对 COD 的去除率。

在反应器曝气的过程中，上升气泡与填料碰撞，上升路径更为曲折，增加了微气泡在反应器内的停留时间，随着上升的气泡及水流呈不规则转动，相互碰撞频繁，球形填料内部的叶片对气流进行分割、剪切，使填料与水中的 DO 能够更为充分地接触，提高了传质效率和水中的 DO 浓度。这为 COD 的充分降解起着很好的促进作用。

② 对 NH_4^+-N 处理效果的对比分析。由图 3-103 可以看出填料 CASS、企业 CASS 对 NH_4^+-N 的处理效果，填料 CASS 出水 NH_4^+-N 浓度在 $0.47 \sim 0.75mg/L$ 之间，而企业 CASS 出水 NH_4^+-N 浓度在 $1.95 \sim 3.82mg/L$ 之间，经过填料强化以后出水 NH_4^+-N 较企业 CASS 平均提高 75%。

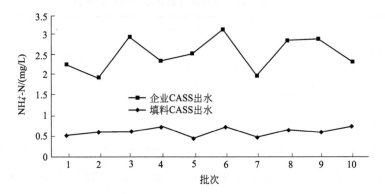

图 3-103 填料 CASS 和企业 CASS 出水 NH_4^+-N 浓度对比

分析原因，示范企业与本课题组开展清洁生产水平研究评估后，通过示范企业清洁生产工艺改造提高酒精糟过滤液回流比例，在减少了高浓度废水的处理量时降低了企业酒精废水的污染负荷。目前，企业 CASS 池在运行稳定的情况下，NH_4^+-N 浓度在 $2 \sim 4mg/L$ 范围内。但投加悬浮填料后，由于生物膜附着在填料表面可延长生物平均停留时间（即污泥龄），因此在生物膜上能够生长时间较长、繁殖速率慢的微生物，硝化菌也能够更好地生长繁殖，故能缩短曝气时间、提高处理效果，因此，填料 CASS 可进一步削减企业 NH_4^+-N 的排放量。

③ 对 TN 处理效果的对比分析。由图 3-104 可以看出，就对废水 TN 的处理效

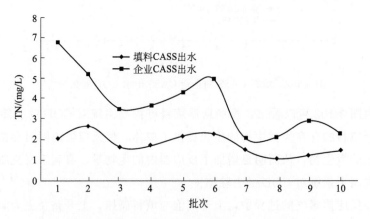

图 3-104 填料 CASS 和企业 CASS 出水 TN 浓度对比

果，填料 CASS 出水平均比企业 CASS 出水效果好。填料 CASS 出水水质 TN 平均浓度为 1.77mg/L，而企业 CASS 出水水质 TN 平均浓度为 3.79mg/L，经过填料强化以后出水 TN 浓度较企业 CASS 平均提高 53.30％，出水 TN 浓度基本稳定在 2.3mg/L 以下。

结果表明，填料 CASS 出水的 TN 浓度低于企业 CASS 出水 TN 浓度，说明填料的投加强化了系统内的硝化和反硝化反应，利于脱氮。生物膜在外层好氧的情况下发生硝化反应，而在内部一定深度处的厌氧区存在着反硝化反应，因此较传统活性污泥法有更好的脱氮效果。生物量的增大也同时促进了系统硝化和反硝化的过程，对脱氮产生了有利影响。

综上所述，填料 CASS 因投加悬浮填料，相比企业 CASS 而言，主要有以下优势：a. 增加了系统内的总生物量；b. 丰富了系统内微生物的种群；c. 由于填料的投加，形成了一层厚厚的生物膜，减小了因水体流动微生物的流失。

结合以上几点优势分析，填料 CASS 系统改善了反应器内部的微生物生长环境，因此，与未投加填料的 CASS 系统相比，填料 CASS 对废水 COD、NH_4^+-N 和 TN 等的处理效果均有所提高，尤其在冬季低温时微生物活性较低的条件下，填料 CASS 系可保证对废水中 COD、NH_4^+-N 和 TN 等污染物的稳定去除效果，减小冬季低温对其的影响。

7）微生物相的观察

用光学显微镜观察生物膜样品可以发现，在生物膜的生长过程中，微生物的表观、种类及状态也在不断变化。在培养初期，填料表面的生物膜呈点状分布且厚度很薄，镜检发现微生物数量较少、密度较小；随着生物膜的不断生长，膜厚不断增加，填料表面的生物膜分布更加均匀，生物膜上的微生物数量越来越多。镜检观察发现，成熟的生物膜上微生物种类和数量很多，其中原生动物主要有漫游虫、纤虫、钟虫、累枝虫等，后生动物主要有线虫及各种轮虫，还有大量的丝状菌，形成了稳定的生态系统。

在试验过程中，出水水质一直较为稳定，定期对生物膜及悬浮态活性污泥进行镜检，发现其中的微生物种类也较为稳定，但生物膜中可观察到的原生动物及后生动物的密度要远远超过活性污泥。其中数量最多的微生物有累枝虫、钟虫和轮虫，还有少量变形虫、楯纤虫和线虫等（图 3-105）。

（2）中试填料 CASS

1）挂膜过程污染物去除变化情况

填料 CASS 中试装置由 PE 板制成，外面由钢筋加固，设备主体长、宽、高分别为 3.2m、0.8m、1.3m，有效水深 0.8m，总容积 3.33m³，有效容积 2.04m³。前端用活动隔板隔出一段预反应区，预反应区的大小可由活动隔板位置进行调节。排水采用旋转式滗水器，所用填料为聚乙烯改性悬浮球形填料。填料 CASS 中试试验装置实物见图 3-106。

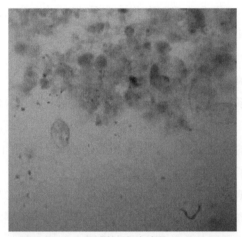

(a) 活性污泥中钟虫

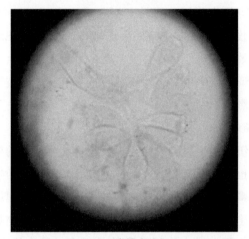

(b) 生物膜中钟虫

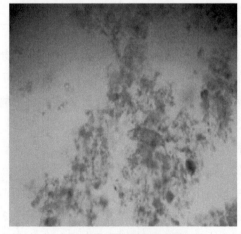

(c) 活性污泥中其他微生物

图 3-105　微生物相观察

图 3-106　填料 CASS 中试试验装置实物

2）挂膜过程污染物去除变化情况

在填料挂膜期间反应器运行模式为：进水曝气 6h，沉淀 1h，排水 30min，闲置 30min。每隔一天测定一次进出水的 COD、NH_4^+-N 浓度。

① 挂膜期间 COD 的去除效果。挂膜期间 COD 的去除效果见图 3-107。挂膜期间进水 COD 浓度为 139.78～1143.22mg/L，出水 COD 浓度为 51.64～198.58mg/L，平均出水 COD 浓度为 97.87mg/L，平均去除率为 75.38%。整体上，在填料挂膜阶段，填料 CASS 工艺对 COD 去除效果较好，在进水浓度波动较大的情况下，出水 COD 浓度比较稳定，由此可以看出，生物膜的逐渐成熟提高了系统总的生物量，增强了填料 CASS 工艺抗冲击负荷强的能力。

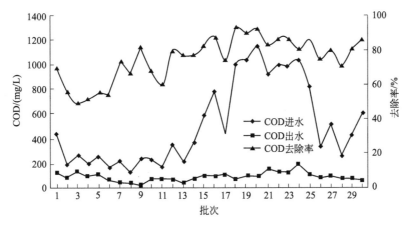

图 3-107　挂膜期间对 COD 的去除效果

② 挂膜期间氨氮的去除效果。在挂膜培养阶段，填料 CASS 对 NH_4^+-N 的去

除效果见图 3-108，可以看出，在挂膜期间，系统进水 NH_4^+-N 的浓度为 21.76～60.57mg/L，出水 NH_4^+-N 的浓度为 0.73～3.08mg/L，对 NH_4^+-N 的平均去除率达到了 95.97%。在整个挂膜期间进水 NH_4^+-N 的浓度波动较大，但出水 NH_4^+-N 浓度均在 1.50mg/L 左右。填料 CASS 对 NH_4^+-N 的去除能力比较强，这是由于载体填料表面生物膜的形成，有利于世代较长的硝化细菌的生长，强化了系统的硝化作用。

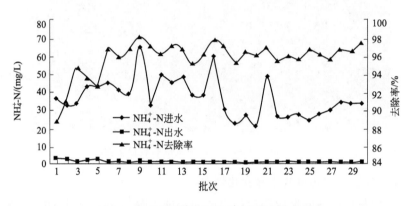

图 3-108　挂膜期间对 NH_4^+-N 的去除效果

3）生物膜外形观察

在污泥驯化阶段，该阶段运行方式为进水曝气 6h、沉淀 1h、排水 1h、周期为 8h，每天运行 3 个周期。驯化过程中每天定期观察污泥絮体和填料表面生物膜情况。2d 后白色填料上有浅黄色斑点，为菌胶团；20d 后填料上附着一层浅黄色薄膜；35d 后填料内部孔洞壁上有 2～3mm 薄膜，此时填料 CASS 反应器对 COD、NH_4^+-N 去除率接近稳定。结果表明：在温度约 25℃ 的条件下，填料在 30～40d 后挂膜基本成功。

对生物膜特性的研究表明：随着生物膜微生物的生长繁殖，填料表面的生物膜量逐渐增加。通过显微镜的观察发现，成熟的生物膜内微生物的种类和数量明显多于悬浮态活性污泥数，其中原生动物主要有漫游虫、纤虫、钟虫、累枝虫等，后生动物主要有线虫及各种轮虫，形成了稳定的生态系统，有助于提高系统的处理效果和稳定性。镜检微生物见图 3-109。

4）最佳运行工况的确定

① 曝气时间对污染物浓度的影响分析。填料 CASS 运行参数为：进水曝气，沉淀 1h，排水 1h，回流比 100%，充水比 1/3，定期排泥控制污泥量 4200mg/L 左右；控制曝气量确保好氧反应区溶解氧不低于 2mg/L。分别在曝气各阶段分别测定 COD、NH_4^+-N、TN，考察其对污染物的去除效果。

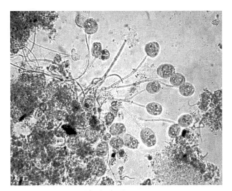

(a) 累枝虫

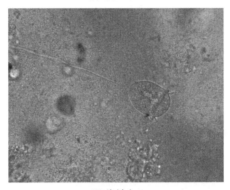

(b) 沟钟虫

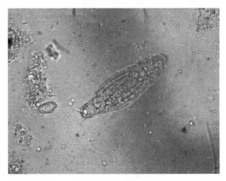

(c) 猪吻轮虫

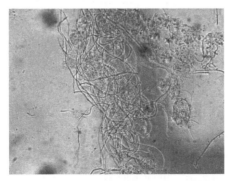

(d) 丝状菌

图 3-109　镜检微生物

Ⅰ. 对 COD 去除效果影响。一周期内对 COD 污染物去除效果变化见图 3-110。

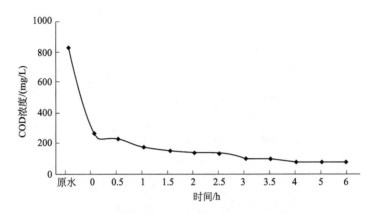

图 3-110 一个周期内随曝气时间延长 COD 去除效果变化

从图 3-110 中可以看出，进水 COD 浓度为 830.69mg/L，进入反应器后与滗水器以下的废水混合，其 COD 浓度为 266.83mg/L。随着曝气时间的延长，COD 浓度不断降低。在曝气开始 4h 内降解速率最快，COD 浓度降至 80.39mg/L；随着曝气时间的进一步延长，COD 降解幅度很小，曲线趋于平缓，当反应至 5h 后 COD 浓度降至 80mg/L 以下。

Ⅱ. 对 NH_4^+-N 去除效果影响。一周期内对 NH_4^+-N 污染物去除效果变化见图 3-111。

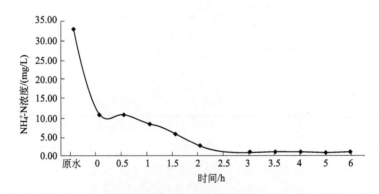

图 3-111 一个周期内随曝气时间延长 NH_4^+-N 去除效果变化

从图 3-111 中可以看出，随着曝气时间的延长，NH_4^+-N 的浓度不断降低。在 3h 时内就能将 NH_4^+-N 浓度降解至 1mg/L 以下。综合分析，曝气 5h 后 COD 浓度降至 80mg/L 以下，NH_4^+-N 浓度降至 0.5mg/L 以下，故曝气 5h 就能比较有效地去除污染物，为了便于操作，取曝气时间 6h。

② 沉淀时间影响分析。本试验沉淀时间影响分析主要考察对 SS 的去除效果分析，曝气时间为设定为 6h，沉淀时间分别为 0.5h、1h、1.5h、2h 时测定出水中 SS 的含量。具体情况见图 3-112。

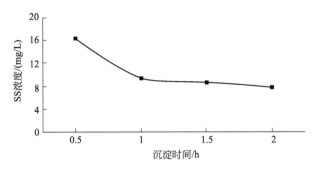

图 3-112　一个周期内随沉淀时间延长出水 SS 的变化图

可以看出，沉淀时间在 0.5~1h 之间时，出水中 SS 含量迅速降低。沉淀时间为 0.5h 时，出水 SS 浓度大于 15mg/L；沉淀 1h，所取上清液测得的 SS 值为 9.5mg/L。继续延长沉淀时间，出水中 SS 含量下降缓慢，增加沉淀时间延长了水力停留时间，这样势必会增加反应器的容积，故综合考虑沉淀时间为 1h 为宜。

③ 预反应区容积占比对污染物去除效果分析。控制填料 CASS 反应器 MLSS＝3500mg/L，溶解氧为 2~3mg/L，回流比为 1∶2，运行方式为进水-曝气 6h，沉淀 1h，排水 1h，通过改变预反应区容积占比，占比分别为 12.50％、18.75％、25.00％，在各自体积比的条件下稳定运行 3 批次以上。

Ⅰ. 对 COD 的去除效果。预反应区容积占比分别为 12.50％、18.75％、25.00％时，对 COD 的去除效果影响见图 3-113。

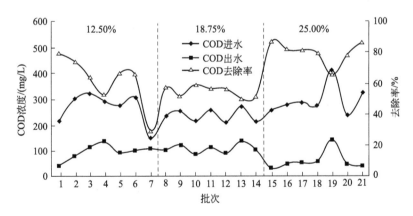

图 3-113　预反应区容积占比对 COD 的去除效果影响

可以看出，预反应区占比为 12.50％时，反应器进水 COD 浓度为 115.42~306.22mg/L，出水 COD 浓度为 76.70~107.73mg/L，系统对 COD 去除率均值为 55.55％；当占比为 18.75％时，反应器进水 COD 浓度为 215.74~272.30mg/L，出水 COD 浓度为 91.3~107.09mg/L，系统对 COD 去除率均值为 58.17％；当占比为 25.00％时，反应器进水 COD 为 236.64~423.14mg/L，出水 COD 浓度为 55.49~90.64mg/L，系统对 COD 去除率均值为 86.43％。随着预反应区容积的变大系统对 COD 的去除效果有着比较大的提升，分析原因，一方面由于预反应区的变大占用了好氧区的池容，使反应器处理量变小，减小了系统的处理负荷，对有机污染物的降解更充分；另一方面是预反应区的增大为回流污泥的快速吸附、降解提供了更充分的时间。

Ⅱ. 对 NH_4^+-N 的去除效果。预反应区容积占比分别为 12.50%、18.75%、25.00% 时，对 NH_4^+-N 的去除效果影响见图 3-114。

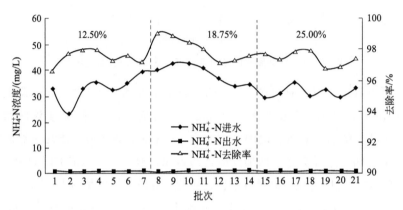

图 3-114　预反应区容积占比对 NH_4^+-N 的去除效果影响

可以看出，三种不同预反应区容积占比条件下，出水 NH_4^+-N 浓度均在 0.37～1.12mg/L 范围内，填料 CASS 系统对 NH_4^+-N 的去除率在 97% 左右，没有较大的差别。说明整体上填料 CASS 系统的硝化效果非常好，预反应区的占比对系统 NH_4^+-N 的去除没有直接的影响。

Ⅲ. 对 TN 的去除效果。预反应区容积占比分别为 12.50%、18.75%、25.00% 时，对 TN 的去除效果影响见图 3-115。

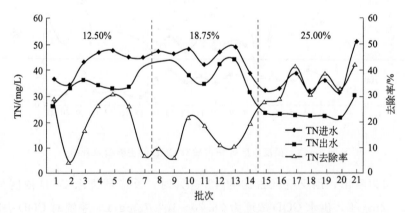

图 3-115　预反应区容积占比对 TN 的去除效果影响

可以看出，当预反应区占比为 12.50% 时，反应器进水 TN 平均值为 42.56mg/L，出水 TN 平均值为 33.84mg/L，平均去除率为 20.03%；当预反应区占比为 18.75% 时，反应器进水 TN 浓度平均为 45.57mg/L，出水 TN 浓度平均为 39.46mg/L，平均去除率为 13.61%。系统对 TN 的去除率比较低，且不稳定；当预反应区占比为 25.00％时，系统对 TN 的去除率有很大的提升，平均去除率为 34.56％，出水 TN 浓度在 30mg/L 以下。这是由于预反应区的增大，给反硝化细菌提供了一个良好的兼氧反硝化环境，有助于提高反硝化速率。

（3）酒精废水填料 CASS 深度脱氮技术研究结论

1）小试研究结论

填料 CASS 正交试验表明：该工艺基本都能达到一个很好的去除效果，COD 去除率在 75.38％～91.96％之间，NH_4^+-N 的去除率在 90.05％～98.59％之间。其中该工艺对污染物的去除明显优于污水站所用的工艺，NH_4^+-N 的去除情况特别明显。

① 填料 CASS 最佳运行参数　曝气时间 10h、填料投加量 300 个，MLSS 3.8g/L，DO 6.5mg/L，进水方式为瞬时进水（纯曝气时间 4h，沉淀时间 1h，排水时间 0.5h，闲置时间 0.5h），排水比 1/4。

② 填料 CASS 出水水质　填料 CASS 出水 COD 平均浓度为 64.90mg/L，NH_4^+-N 平均浓度为 0.61mg/L，TN 平均浓度为 1.77mg/L，TP 平均浓度为 5.44mg/L，达到原预期的考核要求（填料 CASS 出水 COD 浓度降到 70mg/L 以下，NH_4^+-N 浓度降到 2mg/L 以下）。填料 CASS 对 COD、NH_4^+-N、TN 和 TP 的去除效果都要优于企业 CASS，对填料 CASS 中的微生物进行观察，发现数量最多的为累枝虫、钟虫和轮虫，还有少量的变形虫、楯纤虫和线虫等。

2）中试研究结论

在挂膜期间通过长时间的观察，结果表明：在常温条件下，填料在 30～40d 挂膜成熟，生物膜厚度约 2～3mm，且成熟的生物膜可以更有效地降低有机物的含量，使填料 CASS 系统总的出水 COD 浓度在 80mg/L 左右。

通过对曝气时间、沉淀时间、预反应区容积占比等因素的分析，结果表明：填料 CASS 工艺曝气时间 6h，沉淀时间 1h，预反应区容积占比 25％，在此工况下出水 COD、NH_4^+-N 浓度能够分别稳定在 80mg/L、1mg/L 以下。

填料 CASS 处理玉米酒精废水对原有 CASS 工艺的改造来说简单方便，只需向 CASS 投入适量的填料即可。本试验填料投加率 30％，填料投加 200 个，按每个填料 1 元计算，增加费用约 200 元，也就是说对 CASS 的改造费用为 100 元/m³，填料 CASS 的改造费用为一次性投加费用，其运行费用和 CASS 运行费用一样，改造后运行费用无增加。

由小试、中试研究结果可以看出，填料 CASS 系统出水 COD 和 NH_4^+-N 浓度分别在 80mg/L 和 1mg/L 以下，出水优于未投加填料的 CASS 系统（企业 CASS），主要是因为填料 CASS 投加了悬浮填料，增加了系统内的总生物量，丰富了系统内微生物的种群，形成了一层厚厚的生物膜，减小了因水体流动微生物的流失。填料 CASS 系统改善了反应器内部的微生物生长环境，因此，填料 CASS 能保证对废水 COD、NH_4^+-N 和 TN 等的处理效果，尤其在冬季低温时微生物活性较低的条件下。

3.2.4.3 酒精废水深度处理技术及其优化研究

（1）小试混凝过滤试验

1）小试试验装置

试验采用自制混凝沉淀-过滤装置及外购组装超滤（UF）装置和反渗透（RO）装置，材质均为有机玻璃，由絮凝反应池、沉淀池和过滤装置组成，絮凝反应池尺寸为 140mm×140mm×170mm，沉淀池尺寸为 300mm×200mm×360mm，过滤装置尺寸为 ϕ250mm×1300mm，投加石英砂滤料，滤层高度为 700mm。混凝单元试验装置实物见图 3-116。

图 3-116　混凝单元试验装置实物

外购试验用膜分离装置，可按不同需要安装各种试验反渗透装置、超滤组件，试验用膜装置实物见图 3-117。采用聚砜、聚醚砜和 PVDF 超滤膜各 1 根，芳香聚

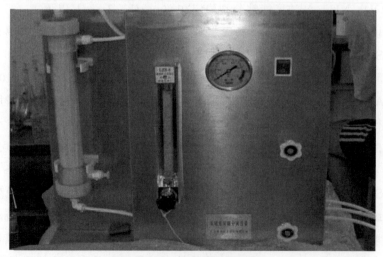

图 3-117　试验用膜装置实物

酰胺卷式反渗透膜组件 1 根。

2）单因素烧杯试验分析及结论

① 混凝剂优选试验。考察聚合氯化铝、聚合硫酸铝、聚合硫酸铁 3 种混凝剂对废水 COD 的去除效果，具体情况见图 3-118。

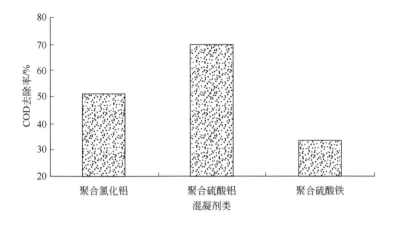

图 3-118　不同混凝剂 COD 去除率对比

三种混凝剂对 COD 的去除率均高于 30％，从高至低依次是聚合硫酸铝＞聚合氯化铝＞聚合硫酸铁，前两者适用于处理低浊度的污水，聚合硫酸铁适用高浊度、高 COD 污水的处理，且出水色度较大，呈铁红色。根据试验结果，选定聚合硫酸铝（PAS）作为混凝剂。

② 混凝剂投加量试验。考察聚合硫酸铝不同投加量对废水的处理效果，投加量分别为 20mg/L、40mg/L、60mg/L、80mg/L、100mg/L 和 120mg/L，具体的试验结果见图 3-119 和图 3-120。

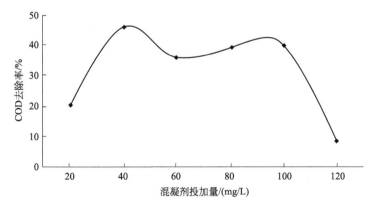

图 3-119　不同混凝剂投加浓度对 COD 去除率的影响

由图 3-119 可知，聚合硫酸铝混凝剂投加量为 40mg/L 时，原水 COD 去除率最高，达到 45.8％。随着投加量的增加，COD 去除率有一定的波动，当投加量为 120mg/L 时，其 COD 去除率下降至 7.7％，所以混凝剂投加量有一个最适点。混

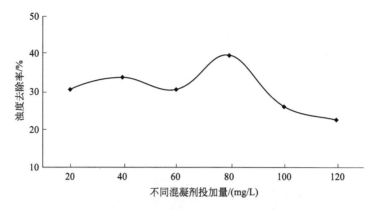

图 3-120　不同混凝剂投加浓度对浊度去除率的影响

凝机理主要是吸附架桥作用。

由图 3-120 可知，聚合硫酸铝的投加量对原水浊度去除率的影响也是随着投加量的增加，呈先增加后减小的趋势，投加量为 80mg/L 时浊度去除率最高，达到39.6％。综合聚合硫酸铝混凝剂对原水 COD 和浊度去除的效果，适宜的聚合硫酸铝投加量为 40～80mg/L，为后续正交试验混凝剂投加量范围的选取提供了一定的依据，并将 40mg/L 确定为 pH 值对出水效果影响试验中的投加量。

③ pH 值对出水效果的影响试验。考察 pH 值对出水效果的影响，依次将 pH值调节为 5.5、6.0、6.5、7.0、7.5 和 8.0 共 6 个梯度，具体试验结果见图 3-121。

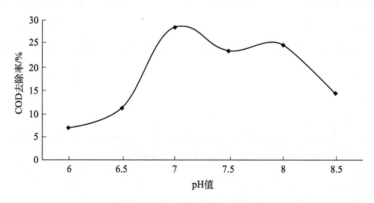

图 3-121　不同 pH 值 COD 去除率对比

由图 3-121 可知，随着废水 pH 值的增加，对 COD 的去除率呈先增加后下降的趋势，pH 值在 7～8 之间时对其去除率较高，在 24.3％～28.2％之间。故将此范围作为正交试验中水平设定依据。同时考虑到试验原水偏碱性，pH 值处于8 左右，因此将原水 pH 值调节至 7.0 左右，考查不同沉淀时间对原水处理的效果。

3）沉淀时间对出水效果影响的试验

考察沉淀时间分别为 30min、35min、40min、45min、50min 和 55min 对废水中 COD 和浊度的去除效果，具体情况见图 3-122 和图 3-123。

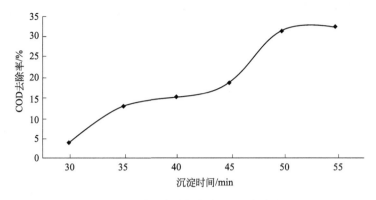

图 3-122　不同沉淀时间出水 COD 去除率对比

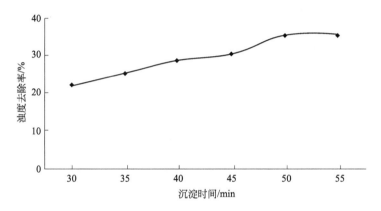

图 3-123　不同沉淀时间出水浊度去除率对比

由图 3-122、图 3-123 可知，沉降时间对 COD 和浊度的去除影响明显，随着时间的延长，去除率整体呈上升趋势，50min 之后去除率趋于平缓。沉淀时间在50～55min 中期间，沉淀效果较为明显。

4）混凝沉淀-过滤正交试验分析及结论

结合烧杯试验结果，混凝剂选用聚合硫酸铝，采用正交试验表头设计采用 L_{16} (3^4) 运行小试试验装置，试验中不考虑各因素间的交互作用，各影响因素水平见表 3-18。

表 3-18　混凝沉淀各影响因素水平

因素水平	1	2	3	4
混凝剂投加量/(mg/L)	40	50	60	70
pH 值	6.5	7.0	7.5	8.0
沉淀时间/min	1.0	1.5	2.0	2.5

由正交试验结果可得出以下结论：

① 因素影响的主次顺序为：B(pH)$>A$(混凝剂投加量)$>C$(沉淀时间)；

② A_3、B_4、C_2 分别为 A、B、C 三因素的最优水平，即 $A_3B_4C_2$ 为本试验的

最优水平组合，也就是混凝剂投加量为 60mg/L，pH 值为 8.0 左右，沉淀时间 1.5h。

按照混凝沉淀正交试验确定的最佳工艺参数连续稳定运行混凝沉淀-过滤装置，验证试验效果，测定对 COD 的去除效果。

由图 3-124 可知，试验初期，进水 COD 浓度波动较大，出水也波动较大，稳定后对 COD 的平均去除率为 37.23%，出水在 50mg/L 左右波动，满足循环冷却水补充用水水质要求。

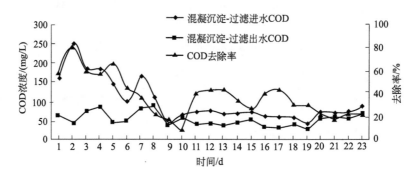

图 3-124　混凝沉淀-过滤装置出水 COD 浓度变化

5）微絮凝试验分析及与混凝沉淀-过滤试验对比

本试验为了寻求更好的酒精废水深度处理技术，开展微絮凝-纤维球过滤试验，并与混凝沉淀-过滤试验进行对比分析。

① 微絮凝试验分析。选用聚合硫酸铝作为混凝剂，运行小试微絮凝-纤维球过滤装置，进行正交试验，对 COD 的去除效果见图 3-125。

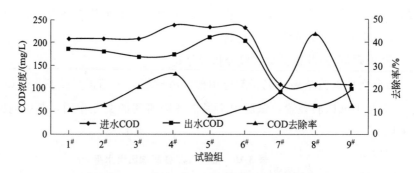

图 3-125　COD 进水、出水浓度及去除率变化

根据微絮凝-过滤正交试验结果得知试验的最优条件混凝剂投加量为 60mg/L，pH 值 7.5，搅拌时间为 60s。在不同正交运行工况下，对 COD 的平均去除率达 18.17%，同时也测定了对 NH_4^+-N、总碱度和总硬度的去除效果，对三者的平均去除率分别为 17.77%、26.06% 和 3.94%。

② 混凝沉淀-过滤与微絮凝-过滤对比分析。为确定最佳的深度处理技术，将混凝沉淀-过滤技术和微絮凝技术进行对比分析，具体情况见表 3-19。

表 3-19　混凝沉淀-过滤与微絮凝对比分析

序号	工艺类型	最佳运行参数	污染物去除效果	优缺点
1	混凝沉淀-过滤	混凝剂投加量 60mg/L，pH=8.0，沉淀时间 1.5h	COD 去除率 37.23%，浊度去除率 37%	污染物去除效率较高
2	微絮凝-过滤	混凝剂投加量 60mg/L，pH=7.5，搅拌时间 60s	COD、NH_4^+-N、总碱度、总硬度去除率分别为 18.17%、17.77%、26.06%和 3.94%	污染物去除效率较低，且在运行中滤料易堵塞，易造成反冲洗周期缩短

从表 3-19 可知，与微絮凝-过滤工艺相比，混凝沉淀-过滤工艺污染物去除效果较高，尤其是对 COD 的去除效果较好，为 37.23%，而微絮凝-过滤只有 18.17%，且微絮凝-过滤工艺在运行中易堵塞，因此建议在中试试验中采用混凝沉淀-过滤工艺。

6）二氧化氯消毒试验分析结论

分别用 $10\times10^{-6}\sim50\times10^{-6}$ 浓度的二氧化氯消毒液对混凝沉淀-过滤最佳工艺出水进行消毒处理，具体结果见图 3-126。

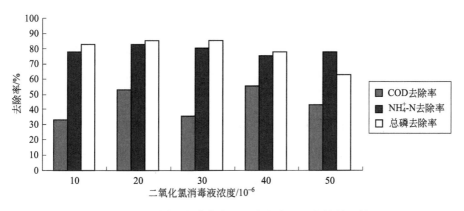

图 3-126　不同浓度消毒液对过滤出水处理的效果比较

由图 3-126 可知：混凝沉淀-过滤-消毒工艺对废水 COD、NH_4^+-N 和 TP 去除效果较显著，$10\times10^{-6}\sim50\times10^{-6}$ 浓度二氧化氯消毒处理后出水 COD、NH_4^+-N、TP 去除率均高于 32.6%、75.7%、61.4%。结合以上三个指标的去除效果，20×10^{-6} 是有效且经济的消毒液浓度。

（2）中试混凝沉淀-过滤-消毒工艺试验

将好氧单元出水作为此系统的原水，依次运行混凝沉淀-过滤-消毒装置，以 COD、NH_4^+-N、TP、SS、总硬度、总碱度和 pH 值作为考察指标，考察该工艺对酒精废水生化出水污染物去除效果稳定性的影响。具体试验结果分析见图 3-127 和图 3-128。

1）COD、NH_4^+-N 随时间的变化

由图 3-127 可知：深度单元进水 COD 浓度为 53.24～74.61mg/L，经混凝沉

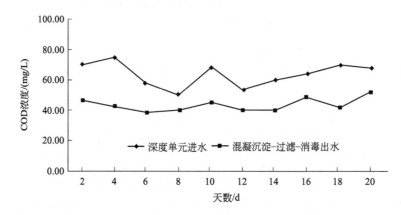

图 3-127　混凝沉淀-过滤-消毒工艺对 COD 的去除效果

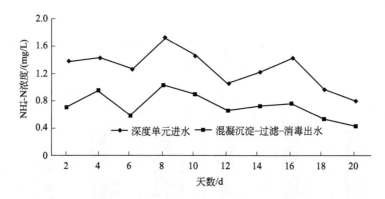

图 3-128　混凝沉淀-过滤-消毒工艺对 NH_4^+-N 的去除效果

淀-过滤-消毒工艺处理后出水 COD 浓度为 36.89～50.87mg/L，其 COD 平均去除率达到 31.79%。该工艺处理出水 COD 浓度满足循环冷却水的要求。

由图 3-128 可知：深度单元进水 NH_4^+-N 浓度为 0.785～1.462mg/L，经混凝沉淀-过滤-消毒工艺处理后出水 COD 浓度为 0.427～1.026mg/L，其 NH_4^+-N 平均去除率达到 43.49%。

2）其他指标随时间的变化

本试验同时考察了"混凝沉淀-过滤-消毒"工艺对 TP、SS 等指标的去除效果，在进水 TP、SS 浓度分别为 8.078～17.784mg/L 和 50～65mg/L，该工艺对其平均去除率分别为 75.73% 和 71.89%，出水 TP 和 SS 的浓度分别为 2.85～3.98mg/L 和 13～18mg/L，出水总碱度＋总硬度＜700mg/L。

综上所述，酒精废水经深度处理后，其 COD、NH_4^+-N、TP、SS、总硬度＋总碱度、pH 值等指标均满足直接回用循环冷却水补充用水回用标准。

目前企业采用地下水作为水源，经软化水设备处理后总硬度浓度＜0.3mmol/L，可作为循环冷却水。本示范工程出水后再采用企业软化设备进行处理，出水作为循环冷却水，实现废水的循环利用，又能节约地下水资源，具有良好的环境效益和社会效益。

（3）中试混凝剂复配试验

本试验在混凝剂选择的时候只考察了单一混凝剂对废水中污染物的去除效果，但目前工程上采用复配混凝剂较多，"无机＋无机""无机＋有机"和"石灰＋无机＋有机"三种复配方式都有应用，本试验为了更好地指导示范工程的运行又开展混凝剂复配试验，采用三种复配方式进行试验，采用的无机混凝剂有聚合硫酸铁（PFS）、聚合硫酸铝（PAS）和聚合氯化铝（PAC），有机混凝剂有阴离子聚丙烯酰胺（APAM）等，本试验结果见表 3-20。

表 3-20　复合混凝剂与单一混凝剂混凝沉淀效果比较

混凝剂种类		试验条件	试验现象	COD去除率/%	处理费用/(元/吨)
单一混凝剂	PAS	60mg/L	生成的沉淀物质较小	45	0.71
复合混凝剂	无机复合混凝剂	70mg/L（PFS∶PAC＝4∶1）	生成的沉淀物较小	63	0.72
	无机-有机混凝剂	铝盐，60mg/L；APAM，0.6mg/L	生成的沉淀物呈块状，沉淀时间较短	42	0.72
单一石灰	Ca(OH)$_2$	Ca(OH)$_2$，400mg/L	生成的沉淀物最多，沉淀易	64	0.24
复合混凝剂	石灰-无机-有机混凝剂	石灰，400mg/L，铝盐，60mg/L，APAM，0.6mg/L	生成的沉淀物较多，沉淀时间较短	63	0.96

从表 3-20 可以看出，复合混凝剂对废水混凝沉淀效果均优于单一混凝剂，可见复合混凝剂可强化混凝处理效果。由于在实际应用中采用混凝沉淀设备时投加药剂、排泥以及处理费用是比较关键的因素，因此本试验从混凝沉淀效果、污泥产生量、处理费用以及 COD 去除率等方面优选复合混凝剂，确定了无机复合混凝剂，其混凝剂种类及投加量为 PAC 56mg/L、PFS 14mg/L。废水经混凝沉淀处理后，实际工程中再经过滤、消毒处理实现中水回用，处理费用 0.72 元/吨，相比自备取用地下水资源费征收标准（2.50 元/吨），具有一定的优势。

（4）中试深度出水与循环冷却补充水水质比较

深度单元处理后出水水质与工业循环冷却水系统补充水水质对比，见表 3-21。

表 3-21　深度出水水质与工业循环冷却水系统补充水水质对比

项目	pH 值	COD/(mg/L)	NH$_4^+$-N/(mg/L)	TP/(mg/L)	总硬度/(mg/L)	总碱度/(mg/L)	浊度/NTU	SS/(mg/L)
深度处理出水	8.0～8.5	37～51	0.427～0.756	2.85～3.98	246～386	286～342	3.5～4.9	13～18
循环冷却水系统补充水	6.0～9.0	≤60	≤15	≤1	≤450	≤350	≤5	≤20

由表 3-21 可知，深度处理出水主要指标 pH 值、COD、NH$_4^+$-N、总硬度、总碱度、浊度和 SS 满足再生水作为工业循环冷却水系统补充水标准要求，部分 TP 和 TDS 超标。由于循环冷却水对水质要求较严格，补充水需要软化后才能作为循环冷却水。依据小试装置最佳运行工况，并结合示范工程 2000m^3/d 的设计处理能力，拟对混凝过滤工艺采用连续运行方式，混凝沉淀-过滤配合消毒工艺的吨水处理成本约为 0.71 元/吨，相比自备取用地下水资源费征收标准（2.50 元/吨），具有一定的优势。

3.2.5   主要技术优势及经济效益

"前置水解酸化＋改良 UASB＋填料 CASS＋混凝沉淀-过滤＋消毒"工艺特点为：水解酸化可以提高废水的可生化性并去除部分 SS 和有机污染物，后续改良 UASB 可以处理高浓度有机废水，填料 CASS 工艺可去除废水中的 COD 和 NH$_4^+$-N，与厌氧单元结合可处理高浓度有机废水，混凝沉淀-过滤技术已有广泛应用，出水满足循环冷却水补充用水要求，可以达到节约用水的目的。

示范工程深度处理后的回用水具有多种经济效益，实现回用后年收益高达 158.2 万元，主要包括以下几项。

（1）节约的排污费用

按我国排污费基本价格 1.2 元/吨、365 天/年核算，节约的排污费用总计为 1000×1.2×365＝43.8 万元/年。

（2）再生水收益

再生水水质达到了工业循环冷却水水质要求，可节省新鲜水 33 万吨，按新鲜水单价 2.4 元/吨计，再生水收益 1000×2.4×365＝87.6(万元/年)。

（3）沼气收益

示范工程产气量将达到 387m^3/d，天然气单价 1.90 元/立方米，沼气收益 387×1.9×365＝26.8(万元/年)。

3.2.6   工程应用及第三方评价

本关键技术应用在 2000m^3/d 的酒精废水深度处理及回用示范工程中，主要是"前置水解酸化＋改良 UASB＋填料 CASS＋混凝沉淀-过滤＋消毒"集成工艺的示范，其中填料 CASS 出水 COD 浓度在 51.9～83.9mg/L 之间，NH$_4^+$-N 浓度在 0.410～0.792mg/L 之间，对 COD 的去除在 97.11%～98.38%之间，对 NH$_4^+$-N 的去除率在 95.05%～97.50%之间，出水满足《发酵酒精和白酒工业水污染物排放标准》（GB 27631—2011）表 2 直接排放标准（COD≤100mg/L，NH$_4^+$-N≤10mg/L）要求，并可实现稳定达标排放，并优于现有企业好氧出水 COD 100～120mg/L、NH$_4^+$-N 2～3mg/L，示范效果良好；示范工程"混凝沉淀-过滤＋消毒"深度出水

COD 浓度在 40.3～47.8mg/L、NH_4^+-N 未检出，达到工业循环冷却水补充用水回用标准。

3.3　果汁加工废水处理技术

3.3.1　技术简介

由于果汁加工企业生产用水量大，耗能高，生产废水排放量大，浓度高，故而充分利用了该行业的行业特质，通过工艺优化实现废水减排 16%，并利用以高效厌氧技术为核心，包括利用水梯级循环利用技术，在无线传输和中央控制系统控制下，实现果汁加工行业清洁生产，节能减排，并对产生的沼气进行再利用，降低成本。应用气-液混合搅拌系统的全混式高效厌氧发酵罐处理果汁生产固体废弃物，并用高效氧化铁脱硫剂等实现沼气的净化。

3.3.2　适用范围

果汁加工废水处理。

3.3.3　技术就绪度评价等级

TRL-6。

3.3.4　技术指标及参数

3.3.4.1　水梯级循环利用技术

浓缩果汁企业新鲜水用量在 15～18m³/t 浓缩果汁，最多用量可达 25m³/t，生产过程用水可以分成井水、自来水、蒸馏水、软水和浓盐水 5 种类型。其主要耗水单元是洗果、反渗透、车间其他用水、树脂吸附 4 个部分，分别占总用水量的 27.52%、21.80%、14.53%、17.44%，不同耗水单元使用情况如表 3-22 所列。

针对果汁企业的主要耗水单元可采取以下措施。

① 洗果用水开源节流：除井水和自来水外，充分利用果汁巴氏杀菌过程的冷凝水和反渗透剩余的浓盐水，减少约 10% 新鲜水用量。

表 3-22　浓缩果汁生产系统水使用情况

单元操作	占总生产自来水水量比例/%	占总用水量比例/%
洗果	32.91	27.52
反渗透	31.57	21.80
锅炉	14.14	9.99
车间其他用水	21.05	14.53

单元操作	占总生产自来水水量比例/%	占总用水量比例/%
榨汁	0.00	5.45
超滤	0.00	0.73
树脂吸附	0.00	17.44
其他设备 CIP 清洗	0.00	2.54
合计	100.00	100.00

② 改进清洗工艺：采用逆流洗涤工序，将后一工序的排水用于前一工序的清洗；设置二级浮洗池采用分次少量供水的方式进行清洗；采用高压喷淋装置或者气雾喷洗法减少用水量；设备罐、管道清洗采取定期、定工序清洗。

③ 清洗用水循环利用：树脂冲洗水回用于预洗水，后冲洗水用于前冲洗水；生产线上增加循环水池和次品水池，提高水的循环利用率；车间水泵密封水循环使用。

浓缩果汁企业的废水包括生产废水、生活污水和雨水，排水的主要环节是洗果、树脂漂洗和设备 CIP 清洗。洗果环节排水量约占整个工艺排水量的 40%～50%，3d 设备大清洗时耗水量增加 50%。浓缩果汁废水中含有较高浓度的糖类、果胶、果渣及水溶物和纤维素、果酸、单宁、矿物盐等。不同的生产工艺阶段所产生的废水具有不同的特点，即使在同一阶段，废水水质也因产品不同而差异较大。各工艺单元排水的 COD 浓度相差甚远，超滤罐底物 COD 高达 247690mg/L，设备 CIP 清洗液最小为 680mg/L，两者相差 364.3 倍。即使在单一工序排水的 COD 浓度波动也很大，如设备清洗排水 COD 浓度从几百到几万毫克每升不等。不同处理单元废水排放情况如表 3-23 所列。

表 3-23　主要单元废水排放情况

单元操作		排水量/(m³/t果汁)	COD 浓度/(mg/L)	废水主要特点
洗果		6～7.3	1520～2689	含有大量的果渣、果肉、果屑等物质，水量波动大
树脂漂洗		1.3～1.6	4531～4763	有机物含量高，水量、pH 值波动大
超滤罐底物		0.13～0.2	85694～247690	有机物含量特别高
设备清洗	榨机	0.08	17862～46932	有机物含量高，碱性强
	超滤机	0.05	3859～4010	SS 含量高
	巴氏杀菌机	0.08	14586	有机物含量高，水质较稳定
	酶解罐	0.64	1245～3585	水质相对稳定
	其他	0.53～0.8	680～48643	水量、水质、pH 值波动大
车间耗水		0.8～1	—	—

采取果汁生产特点可采取以下清洁生产措施进行生产减排。

（1）鼓励果农种植高酸果汁原料品种

鼓励果农种植高出汁率"澳洲青苹"和榨汁专用的"植酸苹果"，提高苹果的出汁率，同时减少3％的果渣，冲洗滤带后排入污水站COD总量减少约2％。

（2）罐底物回收利用

超滤罐底物量虽不大，但其COD浓度高达数十万毫克每升，排入污水处理站后，占到总COD量的20％。超滤环节罐底物产生量约150kg/t浓缩果汁，给末端污水处理造成很大的冲击。罐底物直接回收会增加产品中富马酸和乳酸的含量，这两种酸是微生物活动的代谢产物，不能被降解，因此现在国外不提倡把罐底物回收到二榨，以减少食品中微生物的含量。可以用"卧式螺旋离心脱水机"进行分离，分离后的液相是约30kg/t浓缩果汁，直接进入产品。剩余的固体可作为果渣处理，以5～6元/吨的价格卖给果渣厂作饲料原料，这样既减少了污染物排放又提高了产品产率。每吨浓缩果汁产品以1000美元来计算，可带来经济效益约30美元/吨浓缩果汁。果渣也可以生产果醋，例如冠农果蔬食品有限公司产果渣2200吨/年，总投资700万开展果渣生产果醋项目，投产后每年可产生250万人民币的净利润。

（3）设立设备清洗酸、碱二次清洗罐

浓缩果汁设备清洗流程是：

① 纯水（反渗透水）1t漂洗一遍（10min）；

② 2％～3％的食品级NaOH溶液冲洗（15min）；

③ 纯水冲洗至pH为中性；

④ 消毒剂（3％的H_2O_2消毒液）（10min）清洗（2t）；

⑤ 纯水洗至pH为中性。

浓缩果汁生产过程中，所有设备清洗约耗水1.5～3m³/t浓缩果汁；NaOH消耗12～13kg/t果汁；H_2O_2消耗量为浓度3％的H_2O_2消耗20kg/t果汁。

因此，在车间分别设立酸、碱液二次清洗罐，把步骤⑤和步骤③后期的排出水通过管道储存至二次清洗罐，适量回收酸和碱，下次清洗时直接将NaOH、H_2O_2加到二次清洗罐中即可，这样既做到了节水减排又降低了生产成本。二次清洗罐中回收酸、碱浓度1％，水量回收30％～40％，这样就可以节约耗水0.5m³/t浓缩果汁，节约NaOH约2kg/t果汁，H_2O_2约3kg/t果汁。

若以市场价NaOH 3000元/吨、自来水4元/立方米，H_2O_2 2500元/吨来计算，设备清洗原成本98元/吨浓缩果汁，设置酸、碱二次清洗罐后，可以节约成本15.5元/吨浓缩果汁。实施清洁生产措施后，果汁废水减排效果达到16％，COD总量减排25％，实施清洁生产措施后废水减排效果如表3-24所列。

表 3-24　实施清洁生产后废水减排效果

类型	较清洁生产前减少比例/%	
	废水量	COD 总量
洗果	15	10
生产环节	17	8
锅炉	4	0
设备清洗	17	3
超滤罐底物	1	20
整个生产过程	16	25

3.3.4.2　浓缩果汁生产固定废弃物厌氧发酵技术

浓缩果汁企业固体废弃物的产生环节主要在提升带、带式拣果、压榨和超滤过程。以处理苹果 800~900t/d 的企业为例，每天固体废渣约为 20t，其中烂果 10~15t/d，废水处理站粗格栅和细格栅固体废弃物 5t/d，大部分浓缩果汁企业烂果采用填埋的处理方式。果渣一般用作饲料。罐底物排放至污水站，极大地增加了废水的有机负荷，加入后 COD 浓度可高达 40000mg/L，具体数值如表 3-25 所列。

表 3-25　果汁厂固体废弃物排放量

类型	排放量/(t/d)
烂果	10~15
格栅固废	5
果渣	160~220
罐底物	40~45

以果汁厂烂果及废水处理系统污泥为原料进行厌氧发酵以及沼气利用，其工艺路线如图 3-129 所示。

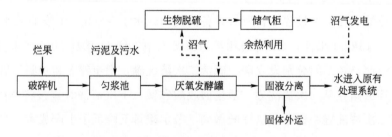

图 3-129　厌氧发酵以及沼气利用工艺路线

3.3.5　主要技术优势及经济效益

3.3.5.1　主要技术优势

针对果汁企业的主要耗水单元采取了洗果用水开源节流、改进清洗工艺、清洗用水循环利用、节能和减排等措施。除了强调必要的末端治理，更加强调基于源头控制和过程控制的清洁生产改造，从而使得一方面可以以较低的代价处理废水和废物，另一方面企业甚至可以通过废水和废物处理过程获得收益。本技术节能、节水并降低了成本，经济效益显著。

3.3.5.2　经济效益

① 清洁生产节水措施效果良好，日节约清水 $2500m^3/d$。水资源费按 1.0 元/m^3 计，日节约 0.25 万元。

② 污水处理站厌氧池及厌氧硝化罐日产沼气 $6700m^3/d$，相当于日节约普煤 $6.7t$。普煤每吨以 350 元计，日节约 0.24 万元。

③ COD 排放量日减少 $1.09t$，日节约污水排污费 0.077 万元。

④ 污水站剩余污泥日减量 32.5 吨（含水率 80%）。固体废物排污费以 25 元/吨计，日节约固体废物排污费 0.081 万元。

⑤ 示范工程合计日节约 0.648 万元。

3.3.6　工程应用及第三方评价

示范工程运行状态良好，不仅达到了节能减排的效果，而且为企业节省了成本。

3.4　大豆分离蛋白废水处理技术

3.4.1　技术简介

好氧-厌氧耦合工艺（aerobic-anaerobic couple treatment processing，AAC）是将好氧和厌氧处理耦合在同一反应器中。移动床生物膜反应器（moving bed bio-film reactor，MBBR）是生物膜反应器的一种，具有耐负荷、污泥龄长、剩余污泥少、无污泥膨胀现象发生的优点，广泛应用于高浓有机废水的处理。结合 MBBR 反应器和好氧-厌氧耦合反应器（AAC）的优势，设计了连续化好氧-厌氧耦合反应器（continuous aerobic-anaerobic coupled process，CAAC），通过水流方向上不断改变的环境条件实现大豆深加工废水厌氧出水污染物的去除和剩余污泥减量化。对大豆分离蛋白废水的处理效果显示，COD 去除率为 93.08%，BOD_5 去除率为 95.81%，SS 去除率为 98%，出水符合国家二级排放标准，而且几乎没有剩余污泥排放。

3.4.2　适用范围

大豆分离蛋白生产废水处理。

3.4.3 技术就绪度评价等级

TRL-4。

3.4.4 技术指标及参数

连续化好氧-厌氧耦合反应器（CAAC）如图 3-130 所示，由移动床生物膜反应器（MBBR）和 AAC 反应器组成。整个 CAAC 反应器总有效体积为 28.89L，MBBR 反应器有效体积 8.19L，采用大连宇都 BioM™悬浮填料，填充率为 30%，载体主要技术参数见表 3-26。AAC 反应器有效体积 20.7L，反应器内部设置挡板两块，将反应器等分成 3 个区域（图中②～④区）。AAC 反应器内部放置工业炉渣作为载体形成固定床，该载体直径约 3～5cm，具有多孔结构，孔隙率达 50%～60%，比表面积较大，表面能高，炉渣中含有的残炭达 10%～30%，有利于微生物的附着和生长，形成生物膜。其中缺氧区②和厌氧区③的载体填充率为 100%，好氧区④载体填充率为 80%，底部悬空同时一侧设置曝气装置。各区域 DO 如图 3-131 所示，①区 DO 浓度为 4.4～4.8mg/L，②区 DO 浓度为 0～0.6mg/L，③区 DO 浓度为 0～0.2mg/L，④区 DO 浓度为 3.4～3.5mg/L。

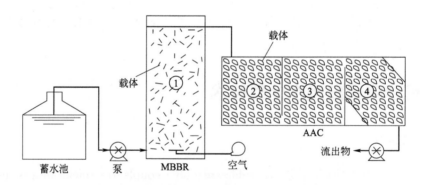

图 3-130　实验装置流程图

①—移动床生物膜反应器；②—缺氧区；③—厌氧区；④—好氧区

表 3-26　BioM™载体主要技术参数

高/mm	直径/mm	厚度/mm	密度/(kg/m³)	比表面积/(m²/m³)
10	10	0.7	0.96～0.98	1200

污水从储罐通过蠕动泵从 MBBR 反应①区底部进水口进入，经过高效好氧处理后从 MBBR 反应器顶部出水口流出，进入 AAC 反应器，废水流经②区、③区进入④区处理后，由④区出水口直接排出。装置运行启动初期进行间歇式操作，待各段生物膜形成后进行连续化处理。

（1）废水水质与装置启动

CAAC 反应器各区接种污泥均来自某大豆深加工企业污水处理厂。实验进水

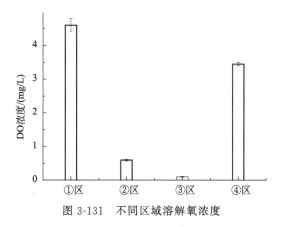

图 3-131　不同区域溶解氧浓度

为模拟大豆废水，配方如表 3-27 所列。在反应器启动初期采用间歇式操作，MBBR 反应器采用排泥快速挂膜法启动。随着反应器内生物膜的形成，间歇操作 2 周后开始进行连续化操作。反应器启动 6 周后，出水 COD 浓度稳定控制在 120mg/L，通过检测发现 NH_4^+-N 去除率较低，出水 NH_4^+-N 浓度甚至高于进水。为提高反应器的对 NH_4^+-N 的去除效率，在反应器体系外进行了硝化污泥的富集培养，将富集后的硝化污泥添加到体系的好氧区（①区和④区）。同时调整①区进水配方，即降低有机碳源的含量和补充无机碳源，以促进自养型硝化细菌的挂膜生长，两周后检测发现①区的 NH_4^+-N 去除率达到 70%，同时恢复对原模拟废水进行处理。在此后的处理过程中①区的 NH_4^+-N 去除率逐渐升高，15 周后稳定在 97% 以上，整个 CAAC 的 NH_4^+-N 去除率达到 91%。

表 3-27　模拟废水组成

成分	浓度/(mg/L)
葡萄糖（COD_{Cr}）	1500～2000
$(NH_4)_2SO_4$（TN）	45～50
K_2HPO_4（TP）	45～50
$CaCl_2$	0.91
$Fe_2(SO_4)_3$	0.14
pH 值	7.0～7.5

（2）CAAC 工艺对污染物的去除及剩余污泥的减量

1）HRT 对 COD 去除性能的影响

图 3-132 所示为不同时期、不同 HRT 对 COD 的去除情况。当进水 COD 浓度为 1500～2000mg/L 时，反应器出水始终维持在较低的水平，低于 100mg/L。当反应器运行到第 14 周后将水力停留时间（HRT）由 2.1d 调整至 1.8d，24 周后 HRT 调整为 1.5d，33 周后 HRT 调整为 1.3d，每次调整 HRT 后经过短暂的适应去除率恢复到正常水平；HRT>1.3d 时对 COD 的去除率影响较小；当 HRT=1d

时，去除率平均为 87.8%，出水 COD 浓度高于 150mg/L。

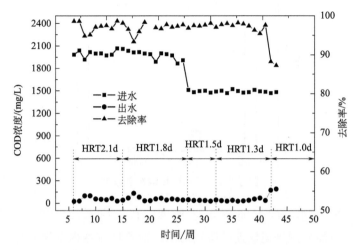

图 3-132　进出水 COD 及去除率变化情况

在 CAAC 工艺中高效的 COD 去除效率是好氧-厌氧耦合的共同效应。仅①区对 COD 的去除率就高达 50%～70%。①区出水进入②区后由于环境条件的改变大部分严格好氧微生物裂解死亡，在胞外各种酶的作用下溶解破裂被其他微生物重新利用。从 pH 值的变化情况可以看出，②区和③区厌氧反应明显，在②区和③区发生了污泥的分解、水解与酸化反应，释放出有机酸引起③区 pH 值的降低。经过②区和③区的处理，进入④区的有机物浓度仅为进水的 8%～13%，有机物被好氧微生物利用，水中的颗粒状有机物和脱落的好氧生物膜，在水流的作用下游离在载体的间隙中，这就使出水 COD 控制在一个较低的水平。

2）温度对 COD 和 NH_4^+-N 的影响

从图 3-133 可以看出，当温度>18.5℃时，COD 去除率>95%，NH_4^+-N 去除

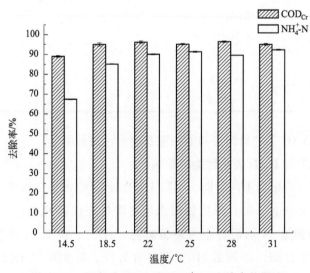

图 3-133　温度对 COD_{Cr} 和 NH_4^+-N 去除率的影响

率＞85％，出水 COD＜50mg/L，NH_4^+-N＜7.5mg/L；当温度为 14.5℃ 时 COD 去除率降低至 89％，NH_4^+-N 去除率＜70％，出水 COD＞120mg/L，NH_4^+-N＞16mg/L。与 COD 相比 NH_4^+-N 的去除率受温度的影响更大，这主要是因为硝化细菌的生长极为缓慢且对温度较为敏感，其最适生长温度在 20～30℃ 之间；当温度低于 18.5℃ 时硝化细菌的活性降低，系统的 NH_4^+-N 去除率就相对较低。

3）有机负荷对处理效果的影响

图 3-134 显示了不同容积负荷下 CAAC 工艺对 COD 的去除效率。从图中数据可以看出当 COD 负荷从 0.90kgCOD/(m^3 · d) 上升到 1.44kgCOD/(m^3 · d) 时，反应器对 COD 的去除率均保持在 89％ 以上，即该反应器具有较强的抗有机物冲击负荷能力。

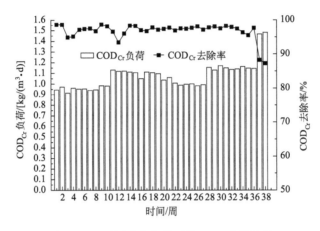

图 3-134 不同进水负荷下的 COD 去除效果

4）污泥减量化特性

为了考查系统的剩余污泥产生情况，根据反应器各段污泥浓度（MLSS）平均值和各区填料上生长的生物膜量的计算，整个反应器内部的污泥量为 609.74g，其中由②区排泥一次，污泥排放量为 74.33g，出水 MLSS 平均值为 15mg/L，连续运行 301d，共向系统中加入 BOD 为 4921.65g，去除率按 95％ 计算可得出表观产泥系数为 0.1571。CAAC 系统表观产泥系数仅为文献资料所报道的活性污泥产泥系数 0.4～0.6 的 31.4％，具有显著的污泥减量化特性。

图 3-135 显示了各区域的 MLSS 变化情况，可以看出在反应器启动的初期①区、②区和③区的污泥浓度都在增加，18 周后逐渐趋于平衡。这是由于启动初期各区域的污泥浓度较低，造成了较高的污泥负荷率（F/M），污泥中的微生物在消耗废水中有机物的同时，大量合成了新的微生物个体，所以启动初期污泥浓度增长速度较快。随着污泥浓度的不断提高，而废水中的有机物含量是一定的，污泥负荷率（F/M）不断降低，微生物首先在满足维持自身生命活动所需能量后，才能将剩余的能量用于生物合成，能量的供给理论上等于能量需要，没有足够的能量合成新的生物体，因此污泥浓度逐渐趋于平衡。CAAC 工艺中，在载体的截留过滤作用和流离原理的作用下微生物被完全停留在反应器内，实现了污泥停留时间和水力

停留时间的完全分离，因此可在高容积负荷、低污泥负荷、长污泥停留时间下运行，从而降低了污泥产量，实现了剩余污泥的减量化。

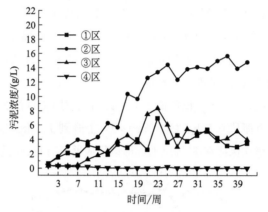

图 3-135　不同区域污泥浓度变化情况

出水 MLSS 浓度一直低于 15mg/L，废水在水流方向上经过①、②、③区的处理后到达④区的有机负荷已经很低，微生物的生长相对缓慢。同时由于④区为好氧区，填料率为 80%，曝气提供的动力使④区内的污水围绕载体形成环流，为游离提供了条件；水中的悬浮颗粒以及老化脱落的生物膜在流动过程中被截留在载体的间隙中，因此出水 MLSS 能控制在较低的水平。出水 MLSS 低是本反应器的一个重要特性。工业应用的好处在于它不需要二沉池，减少了工艺占地面积，因而可降低投资成本。

通过显微镜观察发现在载体表面生长着大量的丝状菌、钟虫和少量的线虫，说明生物相非常丰富，捕食效应的存在也是污泥减量化的原因之一。

5）微生物种群结构及其动态变化

① 不同区域好氧微生物的变化情况。由于好氧微生物在活性污泥中占有较大比例，同时 CAAC 反应器各个区域 DO 不同，导致微生物尤其是好氧微生物数量的巨大波动。所以通过考察好氧微生物数量可以从微观角度考察不同区域污泥的增减，如图 3-136 所示。

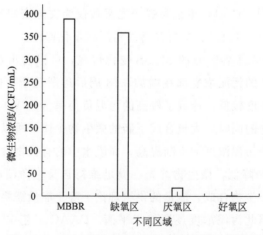

图 3-136　CAAC 反应器不同区域好氧微生物数量

由图 3-136 可以看出 MBBR 区域悬浮微生物的数量最高，是由于载体上挂膜微生物不断更新，老化菌体脱落。悬浮微生物随水流进入缺氧区，由于低浓度氧的存在，使得好氧以及兼性厌氧微生物生长，所以缺氧区微生物数量居其次。而厌氧区环境为绝对厌氧，好氧微生物裂解消亡，导致数量极大减少。可见由于缺氧区和厌氧区的裂解作用导致进入好氧区中悬浮污泥几乎为 0。

通过对 MLSS 测定，可以从宏观角度表征活性污泥中微生物数量，如图 3-136 所示。在 CAAC 反应器的前期运行阶段，除好氧区外的三个区域 MLSS 逐渐升高，与 COD 去除率的不断升高是一致的。而第 23 周时，MLSS 降低是因为反应器位置的移动导致反应器所处温度由 32℃±3℃ 变为 22℃±3℃，导致微生物数量的变化。运行 27 周后 MLSS 又逐渐升高并趋于稳定。MBBR 中大量的载体生物膜老化后发生脱落，随水流进入缺氧区并逐渐积累，导致缺氧区中 MLSS 最高。而在缺氧以及厌氧条件下微生物发生裂解，使得污泥不会大量积累，所以缺氧区和厌氧区不仅起着脱氮除磷的作用，而且是污泥减量化的关键区域。好氧区中 MLSS 几乎为零，保证了较高的出水质量。

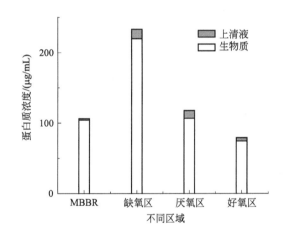

图 3-137　CAAC 反应器不同区域中上清液与固体蛋白质浓度

② 不同区域中关键酶活性和可溶性蛋白质的变化。蛋白质是微生物体内重要的大分子有机物，所以考察不同区域蛋白浓度可以明确菌体裂解程度，为揭示 CAAC 反应器的污水处理性能提供有力的理论依据。

CAAC 反应器不同区域蛋白酶浓度如图 3-137 所示。由图 3-137 可以看出 4 个区域中总蛋白质的变化趋势与 MLSS 相似。缺氧区和厌氧区上清液中蛋白浓度高于 MBBR 和好氧区，但是 MBBR 中的蛋白质浓度低于好氧区，可能因为好氧区中由于充满填料，填料中央氧气浓度较低，污泥发生裂解并释放部分蛋白质。值得关注的是缺氧区上清液中蛋白量/总蛋白的比值小于厌氧区上清液中蛋白量/总蛋白量的比值，说明厌氧区中活性污泥的降解程度大于缺氧区。

CAAC 反应器 4 个区域的蛋白酶变化趋势（图 3-138）与上清液中蛋白质浓度变化趋势相同。因为微生物细胞裂解后释放大量蛋白质，为了解除这种潜在的高浓

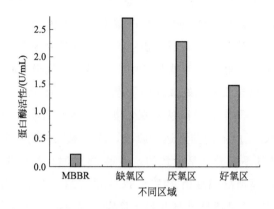

图 3-138 CAAC 反应器不同区域中蛋白酶活性

度蛋白胁迫，微生物必须相应地释放一定的蛋白酶。

脲酶可以分解多肽或者尿素为氨和 CO_2，脲酶浓度测定可以跟踪 NH_4^+-N 的变化趋势。脲酶不仅影响 NH_4^+-N 的变化，而且还影响 TN 以及 NO_3^--N、NO_2^--N 的去除效果。反应器四个区域中脲酶浓度如图 3-139 所示。可以看出缺氧区中脲酶浓度最高，MBBR 为最低。这与 NH_4^+-N 的去除率呈负相关（与进水 NH_4^+-N 浓度相比，缺氧区的 NH_4^+-N 去除率最低，MBBR 为最高，达到 97%）。与蛋白质浓度变化趋势不同的是厌氧区的脲酶浓度低于好氧区，初步推测可能与二者之间的微生物菌群差异有关。

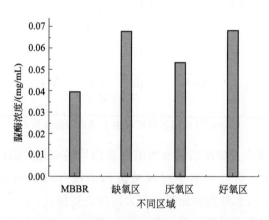

图 3-139 CAAC 反应器不同区域中脲酶浓度

③ 不同区域内细菌 16S rDNA 的 DGGE 分析。以 CAAC 反应器四个区域中不同时期活性污泥为处理对象，提取基因组 DNA。并以总 DNA 为模板扩增细菌 16S rDNA 的高突变区（包括 $V_3 \sim V_5$ 区），结果分别如图 3-140、图 3-141 所示。

以 CAAC 反应器 4 个区域中不同时期活性污泥扩增的 16S rDNA 为对象，进行 DGGE 分析，结果如图 3-142 所示。选取 15 个 OTU 作为分析对象。通过回收 DNA 后，进行相同引物扩增（不含 GC 夹），连接 T-载体后转化，筛选阳性克隆

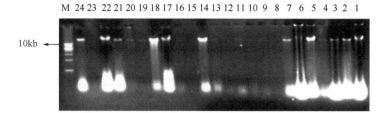

图 3-140　CAAC 反应器四个区域不同时期污泥的总 DNA 图谱

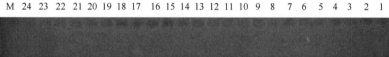

图 3-141　细菌 16S rDNA 的 PCR 图谱

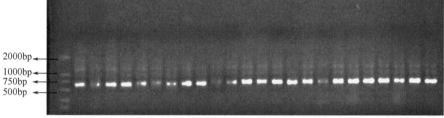

图 3-142　CAAC 反应器 4 个区域不同时期污泥的 16S rDNA 的 DGGE 分析

后测序分析。采用 Quantity One（Bio-rad）分析软件分析泳道相似性，结果如图 3-143 所示。

　　反应器运行初期与稳定期相比，条带相似性＜42%，说明微生物种群发生了较大变化（如泳道 21～24）。反应器运行中期，缺氧区中氧浓度减少，微生物种群变化加速。好氧区与厌氧区微生物种群相似性降低，缺氧区与厌氧区的相似性增加（如泳道 14、18、15 等）。

　　（3）CAAC 工艺中试流程设计

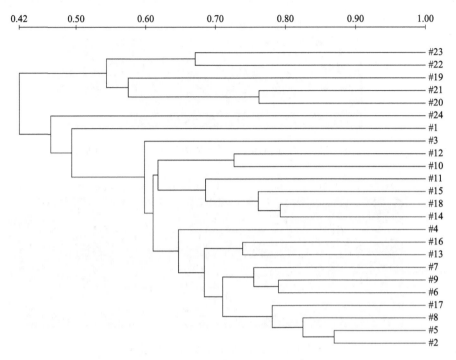

图 3-143　不同区域 DGGE 不同时期的泳道相似性

　　根据实验室规模 CAAC 工艺最佳操作条件及中试处理量（5m³/d）进行 CAAC 工艺中试流程设计与反应器设计。CAAC 工艺中试流程基本与实验室相同，CAAC 工艺中试流程如图 3-144 所示，主要由 MBBR 移动床生物膜反应器、AAC 固定床耦合反应器组成。

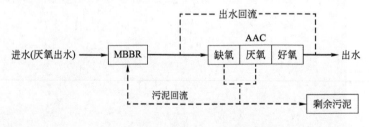

图 3-144　CAAC 工艺中试流程简图

　　首先，IC 厌氧出水经除磷池后进入 MBBR 反应器，实现大部分有机物的去除。MBBR 反应器采用悬浮填料，其具有很大的比表面积和生物亲和性，因此可以延长污泥龄，降低污泥负荷，从而维持代谢，为污泥减量创造条件。

　　其次，在后续处理阶段采用 AAC 反应器在水流方向上通过控制曝气来实现好氧-厌氧耦合，加强微生物的代谢解耦联和隐性生长，从而进一步达到污泥减量和水质净化的目的。

　　最后，如果中试实验中 AAC 反应器污泥较大，为进一步降低污泥量，更好地实现污泥减量化，可将 AAC 反应器缺氧区与好氧区的累积污泥经回流罐回流至 MBBR 反应器中，利用 MBBR 反应器高效的有机物降解能力，使得以污泥形式存在的有机物得到降解。为保证反应器正常运行、出水达标，可适当排放剩余污泥。如果中试出水硝态氮及亚硝态氮含量较高，可考虑出水回流至缺氧区，提高反硝化效率，降低出水中硝态氮及亚硝态氮含量。

1）CAAC 反应器的设计

① MBBR 反应器的设计。MBBR 反应器为立式，筒体内径 1000mm，高度 4737mm，壁厚 6mm，材料为碳素钢 Q235B，总容积 3.77m³，常温下工作（18℃ $\leqslant t \leqslant$ 35℃），工作压力为常压，通过型钢支撑。

② AAC 反应器的设计。大豆乳清废水厌氧出水后处理采用的钢制矩形 AAC 反应器，其工艺尺寸已确定如下：长 4.2m、宽 1.4m、高 2.7m，壁厚 7mm，材料为碳素钢 Q235B，总容积 15.82m³，常温下工作（18℃ $\leqslant t \leqslant$ 35℃），工作压力为常压，平底，设置在铺有砂垫层的平板状钢筋混凝土基础上。

2）CAAC 工艺其他参数设备的确定

① 输液管径。处理量 5m³/d，内径 18mm，流速为 0.23m/s，故选择常用 ϕ25×3.5 管路。

② 输气管径。中试 MBBR 反应器需气量为 38.6m³/h，AAC 好氧区需气量为 21.3m³/h，总需气量为 59.9m³/h；选择 ϕ45×4 管路，对应的气速分别为 9.97m/s、5.50m/s、15.48m/s，基本符合水处理常用气速范围 4～15m/s。

③ 回流罐。以 1h 的液体保有量计算，再考虑罐装载系数 60%～70%，可知需选择的容量为 347L，因此选择 500L 的罐体。

④ 泵与风机。对反应器管路进行机械能衡算，确定污水泵型号为 25WG（扬程 12m，流量 8m³/h）；分别计算 MBBR 反应器和 AAC 反应器曝气管路的管道压力损失，然后计算得所需风压为 23kPa，所需风量为 50.6m³/h，合作单位污水处理厂内鼓风机可以提供上述条件要求，故无需另外选择风机。

3.4.5　主要技术优势及经济效益

① COD 的去除效率高是 CAAC 工艺的重要特性；本工艺在 HRT$\geqslant$1.3d、温度＞18.5℃时，COD 去除率平均值为 95%，出水 COD 浓度一直保持在 50mg/L 以下，COD 去除效果理想，且具有较强的抗冲击负荷能力。

② 由于 CAAC 结合了 MBBR 工艺和 AAC 工艺的优点，不但在整个处理过程中好氧厌氧交替出现，且在同一区域也存在好氧-厌氧的耦合；在流离场作用下，废水中的悬浮物质和污泥富集在载体之间，出水污泥浓度低于 15mg/L，达到国家一级排放标准，无需设置二沉池便可直接排放；CAAC 工艺表观产泥系数为 0.1571，仅为文献资料所报道的活性污泥产泥系数 0.4～0.6 的 26.2%～39.2%，具有显著地污泥减量化特性。

③ DGGE 电泳图谱显示 CAAC 系统运行不同时期不同区域间的微生物种群存在差异性，特征微生物有明显更替。系统自运行初期至运行 74d（泳道 1～12）与

反应器运行稳定期及 96～156d（泳道 13～20）微生物种群结构有较大变化。而且好氧区的微生物种群更替速度慢于其他区域。系统中无意义微生物较少，功能性微生物可占据充足的营养与空间，保障了污泥减量化特性。

④ 胞外关键酶活性以及胞内胞外的蛋白质浓度测定表明缺氧区和厌氧区中的蛋白酶、脲酶活性以及蛋白质浓度均高于好氧区与 MBBR，是实现污泥减量化的关键区域。MBBR 中的 DHA 活性最高，微生物降解基质能力强，是去除 COD 的关键区域。

3.4.6　工程应用及第三方评价

整套中试工艺于大庆日月星有限公司污水处理厂内安装完成，中试运行效果良好。

参 考 文 献

[1]　何争光，谢丽清，张珂，等．复合生物膜反应器味精废水挂膜特性研究 [J]．水处理技术，2011，37（9）：55-58．

[2]　于鲁冀，何青，王震．好氧颗粒污泥的培养及处理味精废水 [J]．环境工程学报，2012，6（6）：1929-1935．

[3]　赵晴，何青，于鲁冀，等．好氧颗粒污泥技术处理味精废水 [J]．化工环保，2012，23（4）：325-328．

[4]　王小菊，赵光华，王震，等．硝化细菌单菌分离方式的探讨 [J]．环境科技，2010，23（6）：8-10．

[5]　何争光，郑敏，贾胜勇．DO 对 SBBR 处理味精废水脱氮效果的影响 [J]．水处理技术，2012，38（10）：103-106．

[6]　王震，范铮，孔德芳，等．好氧颗粒污泥的培养及不同阶段除污性能的研究 [J]．环境科学与技术，2012，35（11）：32-36．

[7]　王震，柏义生，孔德芳，等．用味精生产废水培养好氧颗粒污泥 [J]．化工环保，2013，33（1）：1-5．

[8]　王小菊，何春平，王震，等．高效硝化细菌的筛选及特性研究 [J]．中国环境科学，2013，33（2）：286-292．

[9]　王震，柏义生，孔德芳，等．好氧颗粒污泥的培养及实现同步脱氮 [J]．中国给水排水，2013，22（7）：66-70．

[10]　何争光，贾胜勇，郑敏．SBBR 在味精废水深度脱氮中的应用研究 [J]．工业水处理，2013，（2）：20-23．

[11]　于鲁冀，范铮，孔德芳，等．味精废水处理中好氧颗粒污泥培养及其菌群研究 [J]．工业安全与环保，2014，（2）：47-50．

[12]　颉亚玮，年跃刚，殷勤等．填料投加对玉米深加工废水处理效果的影响 [N]．环境工程技术学报，2011-1（6）．

[13]　辛璐，年跃刚，李晋生，等．玉米深加工废水的混凝实验 [N]．环境工程学报，2012-6（6）．

[14]　宋宏杰，孔德芳，陈涛，等．改良 UASB 处理酒精废水启动试验研究 [J]．水处理技术，2012，38（4）：80-83．

[15]　颉亚玮，年跃刚，殷勤，等．不同废水为碳源对污泥厌氧释磷效果的影响 [J]．给水排水，2012（51）：72-76．

[16]　孔德芳，邵玉敏，陈涛，等．水解酸化-改良 UASB 最佳运行参数研究 [J]．安徽农业科学，2012，40

（7）：4115-4117.

[17]　王惠英，宋宏杰，孔德芳，等 . 内循环 UASB 处理酒精废水及颗粒污泥特性研究 [J]. 中国给水排水，2012，28（9）：13-16.

[18]　范佳琦，章显，孔德芳，等 . 酒糟滤液回用技术在酒精生产中的应用研究 [J]. 中国酿造，2012，31（5）：159-161.

[19]　黄健平，邵玉敏，宋宏杰，等 . 产甲烷改良 UASB 启动试验及最优水力条件研究 [J]. 环境科学与技术，2012，35（9）.

[20]　唐敏，宋宏杰，孔德芳，等 . 混凝过滤-超滤-膜系统深度处理酒精废水试验研究 [J]. 水处理技术，2012，38（7）：95-97.

[21]　于鲁冀，王惠英，陈涛，等 . 水解酸化-改良 UASB 工艺处理玉米酒精废水 [J]. 环境工程学报，2012，11（6）：3970-3974.

[22]　宋宏杰，刘培，唐敏，等 . 混凝沉淀法深度处理酒精废水的应用研究 [J]. 环境工程学报，2012，6（12）：4372-4376.

[23]　孙俊伟，何争光，吴连成，等 . 填料-循环活性污泥系统处理酒精废水试验研究 [J]. 水处理技术，2012，38（9）：47-49.

[24]　陈涛，孔德芳 . 内循环 UASB 的两种进水方式处理酒精废水实验研究 [J]. 工业水处理，2012，32（12）：30-33.

[25]　何争光，闫晓乐，吴连成，等 . 进水方式对填料/CASS 工艺处理酒精废水效果的影响 [J]. 工业水处理，2013，33（1）：28-30.

[26]　于鲁冀，王惠英，陈涛，等 . 改良 UASB 处理玉米酒精废水启动试验研究 [J]. 中国给水排水，2013，29（1）：26-29.

[27]　张瑜贺，延龄豆，玉涛，等 . 探讨 UASB 反应器处理浓缩果汁废水的控制条件 [J]. 环境科学与技术，2010，（8）：152-155.

[28]　张宇，郭海燕 . 清洁生产审核在果汁企业的应用研究 [J]. 环境科学与管理，2014，（6）：192-194.

[29]　黄西川，盛耘 . 浅谈浓缩果汁企业的清洁生产 [J]. 环境保护与循环经济，2008，（10）：19-20.

[30]　CN101774691A，一种用于处理农产品加工有机废水的同步污泥减量反应器 .

[31]　付伟超，吴世晗，朱毅，等 . CAAC 工艺处理模拟大豆深加工废水厌氧出水 [J] . 环境科学研究，2010，23（7）：964-969.

第**4**章
食品加工行业水污染全过程控制

4.1 水污染全过程控制理念

"全过程污染控制"(whole-process pollution control,WPPC)其内容为处理工业水污染应着眼生产全过程,建立一种基于污染物全生命周期综合优化的新策略。

一直以来,科研人员往往习惯于把生产过程和末端处理两个环节分开来考虑。对于我国目前的产业结构,单纯依靠清洁生产或末端无害化处理,往往难以实现工业污染的低成本达标处理,企业需要付出高昂的成本,甚至导致生产过程无经济效益。如果把生产过程作为整体考虑,不片面追求某一个环节的最优,就有望解决工业水污染难题。这并非清洁生产和末端无害化处理的简单加和,而是利用系统工程的思路,将产品生产过程与污染物无害化处理过程作为一个整体统筹考虑。例如,整个工艺中涉及的物质能够在更大范围内循环利用,形成整体工艺的优化。

4.2 食品加工行业水污染全过程控制方案

4.2.1 水污染源解析

在确定控制方案之前,我们首先要知道要控制的是哪些污染物,这些污染物是怎么产生的。这就需要我们对污染源进行详细、系统的解析,找到主要矛盾所在,才能有的放矢地设计控制方案。

从广义上看,水污染源解析(source apportionment)包含两层含义:一是运用多种技术手段定性识别水污染物不同来源;二是通过建立污染物与来源的因果对应关系定量计算各来源的相对贡献。

从实际使用来看,水污染源解析除识别水污染物及其来源的因果对应关系,定量估算其相对贡献外,还包括提出减少水污染物输入的途径和控制措施,并对途径和措施进行评价,是水安全管理研究的重要内容之一。

4.2.1.1　污染源解析方法的选择及说明

（1）水污染源的解析方法

源解析研究的污染来源，可以是具有某种共性的污染类型，也可以是流域产生污染的部位或是某种具体的输出单元，实际研究中需要根据研究的尺度和目标等因素确定源解析所要达到的"精度"。例如在较大的流域尺度上，可将点源和非点源作为来源类型研究其对污染发生的相对贡献，也可以将污染源解析到流域的不同部位（子流域）或者不同产出部门、生产工序。

源解析的方法有以下几种。

1）基于污染负荷估算的源解析法

以污染源为对象，不关注受纳水体实际污染状况及污染物特征。通过模拟不同来源污染物的输出、迁移转化等过程，估算各来源污染物输出或进入水体的负荷，经比较得出各来源的相对贡献。目前较多的是应用非点源污染模型估算污染负荷，污染物也以泥沙及氮磷、农药等化学物质为主。

2）基于污染潜力分析的指数法

综合分析影响污染物输出的主要因子并根据其重要性赋予不同权重，以数学关系建立一个污染物输出的多因子函数，对流域不同单元各因子标准化后赋值并分别进行函数计算获得各单元污染输出潜力指数，比较后得到各个单元污染输出的相对贡献。与上述方法不同的是，此方法计算结果是各单元污染负荷输出的相对值。

3）基于源-受体污染物特征的源解析法

通常并不关注污染物迁移过程及输出负荷，而是从受纳水体污染物特征出发，建立污染物特征因子与潜在来源中相关因子的关联，以此判断污染物的主要来源或计算各来源对受纳水体污染的贡献比例。其中一种直接以受体污染物特征分析来定性地判断污染的主要来源，另一种则是建立受体与污染源特征因子的相关关系，定量地分析各来源的相对贡献。

4）基于排放标准的源解析法

等标污染负荷亦称等标排放量法，是以污染物排放标准或对应的环境质量标准作为评价标准，对各种污染物进行标准化处理，求出各种污染物的等标污染负荷，并通过求和得到某个污染源（工厂）、某个地区和全区域的等标污染负荷。

（2）水污染源的评价

水污染源评价是指在查明污染物排污位置、形式、数量和规律的基础上综合考虑污染物的毒性、危害，通过等标处理，对不同污染源的污染能力进行比较，确定出各个地区（或工矿、企业、流域、城市、工艺工序等）的总污染负荷、重点污染源和主要污染物。由于评价环境中污染源和污染物数量大、种类多，一般要求所考察范围内应使污染源排放出来的大多数种类的污染物都进入评价。水污染源评价方法较多，概括起来主要包括单因子评价法和多因子评价法及基于数学模型的评价方法。

最为常用的水污染源评价方法有以下几种。

1）水污染指数法

采用综合指数对各种污染物的共同影响进行评价。在单因子评价的基础上，把不确定性赋予不同权重，弥补不确定性的缺点。主要缺点是因子太多，选择的不确定性增加。

2）模糊综合评价方法

模糊综合评价方法，是基于模糊数学原理以此来分析和评价具有"模糊性"事物的一种系统分析方法。这是一种以模糊推理为主、定性和定量相结合、精确与非精确相统一的分析评价方法。此评价方法在处理各种难以用数学方法精确描述的复杂系统问题方面表现出了独特的优越性。应用模糊数学法进行污染评价是否成功的关键问题是如何确定各指标的权重。从确定权重的角度，这些方法可大体上分为两类：一是主观赋权法，多是专家咨询打分的方法来确定权重；二是客观赋权法，它是根据各指标之间的相关关系或各项指标值的差异程度来确定权重。层次分析（analytic hierarchy process，AHP）（层次分析法）是目前一种被广泛应用的确定权重的方法，AHP 的关键环节是建立判断矩阵，它的判断矩阵一般是由专家给出。它通过矩阵的建立，将复杂多变的因素和难以定量化的人为因素综合起来，进行逻辑思维，最终以定量的描述来说明问题。AHP 法作为多目标决策方法中的一种，也是模糊数学方法中的一种，将原来模糊的东西明朗细化。

3）灰色系统理论方法

灰色聚类法是在模糊数学方法基础上发展起来的，但与模糊数学方法有所不同，特别是在权重处理上更趋于客观合理。灰色聚类法不丢失信息，用于环境质量评价所得结论比较符合实际，具有一定可比性。污染各因子的"重要性"隐含在其分级标准中，因而同一因子在不同级别的权重以及不同因子在同一级别的权重都可能不同。通过计算不同因子在不同级别中的权重，确定聚类系数，再根据"最大原则法"或"大于其上一级别之和"的原则确定环境质量级别。

4）模型法

模型法比较少见，其应用于特定范围内。例如，变权欧式距离模型是在加权欧式距离模型基础上经过改进而建立的。变权欧氏距离模型评价法原理直观，计算简单、准确，精度较高，能较完整地反映水环境质量污染程度。

4.2.1.2　食品加工行业水污染源解析及评价

食品加工行业水污染源解析及评估的最常用的方法为等标污染负荷法和模糊-层次综合评价法，可应用于不同尺度范围的污染源解析。

等标污染负荷法是以污染物排放标准或对应的环境质量标准作为评价准则，通过将不同污染源排放的各种污染物测试统计数据进行标准化处理后，计算得到不同污染源和各种污染物的等标污染负荷值及等标污染负荷比，从而获得同一尺度上可以相互比较的量。

其计算式如下。

（1）某一工序中某一污染物的等标污染负荷

$$p_{ij} = \frac{c_{ij}}{c_{oi}} \times Q_{ij} \tag{4-1}$$

式中　p_{ij}——i 污染物在 j 工序的等标污染负荷；

　　　c_{ij}——i 污染物在 j 工序的实测浓度，mg/L；

　　　c_{oi}——i 污染物的排放标准，mg/L；

　　　Q_{ij}——含 i 污染物在 j 工序的排放量，m^3。

（2）某工序所有污染物的等标污染负荷之和

即为该工序的等标污染负荷之和 p_{nj}，按下式计算：

$$p_{nj} = \sum_{i=1}^{n} p_{ij} = \sum_{i=1}^{n} \frac{c_{ij}}{c_{oi}} \times Q_{ij} \tag{4-2}$$

式中　p_{ij}——i 污染物在 j 工序的等标污染负荷；

　　　c_{ij}——i 污染物在 j 工序的实测浓度，mg/L；

　　　c_{oi}——i 污染物的排放标准，mg/L；

　　　Q_{ij}——含 i 污染物在 j 工序的排放量，m^3。

（3）某污染物在所有工序的等标污染负荷之和

即为该污染物的等标污染负荷之和 p_{ni}，按下式计算：

$$p_{ni} = \sum_{j=1}^{n} p_{ij} = \sum_{j=1}^{n} \frac{c_{ij}}{c_{oi}} \times Q_{ij} \tag{4-3}$$

式中　p_{ij}——i 污染物在 j 工序的等标污染负荷；

　　　c_{ij}——i 污染物在 j 工序的实测浓度，mg/L；

　　　c_{oi}——i 污染物的排放标准，mg/L；

　　　Q_{ij}——含 i 污染物在 j 工序的排放量，m^3。

（4）污染物负荷比

① 某一工序污染物的等标污染负荷之和 p_{nj} 占所有工序等标污染负荷总和 $p_{j总}$ 的百分比，称为该工序的等标污染负荷比 K_j，按下式计算：

$$K_j = \frac{p_{nj}}{p_{j总}} \times 100\% \tag{4-4}$$

② 某一污染物的等标污染负荷之和 p_{ni} 占所有污染物的等标污染负荷总和 $p_{i总}$ 的百分比，称为该污染物的等标污染负荷比 K_i，按下式计算：

$$K_i = \frac{p_{ni}}{p_{i总}} \times 100\% \tag{4-5}$$

依据等标污染负荷比的大小，可确定主要污染物或主要污染工序。从其计算过程可以看出，该方法简单明了、通用性强，且具有较好的综合性。等标污染负荷法是一种比较专业的方法，在环境影响评价中多用于对污染源的解析与评价。

4.2.2 水污染控制技术评估

建立技术评估体系是开展行业技术评价的前提，设定的评价指标是否合理，决定了评估结果在整个行业中的可行性、准确性。评估体系的基本要求是评估体系中多层级结构、层级间层次逻辑关系清晰明确；各项指标能够相互独立、相互补充，能充分反映最终评价目的的具体指标，并含定性指标和定量指标。

4.2.2.1 技术评估体系的建立原则

评价指标就是可以体现评价对象某一属性的参量。指标体系则是对多个具有相互联系、存在内在关系的指标的集合，通过指标体系可以更加完整、科学地反映评价对象的性质。

考虑到食品加工行业废水污染控制技术的特点，保证水处理技术综合评价指标的客观、合理和可操作性，评价指标的选取应注意以下几个原则。

（1）目的性原则

明确评估对象是食品加工行业水污染控制技术，所选取的评价指标的筛选都应围绕以技术为核心，并考虑到其对环境、经济、技术等各方面的综合影响，体现技术的主要特征。

（2）科学性与客观性

评价指标的选取必须满足科学性、完整性和代表性。选择的指标体系越科学合理，得到的结果越可靠。同时指标的选取是为了食品行业废水处理技术评价服务的，所以选取的指标要能够客观、真实地反映食品行业废水处理技术的某一性质。通过实地企业调研和文献资料查阅，结合专家的意见，综合运用理论知识，筛选出具有代表性的评估指标，通过定性、定量分析，建立完善的、系统的评估指标体系。

（3）可比性与实用性

评价的指标需要具有一定的数据收集方式和统一的评价方法，最重要的是通过收集到的数据要能够反映出同类型的食品加工企业的不同厂家的污水处理技术，以及食品加工的子行业的污水处理情况。了解不同子行业、不同企业在指标上的差异性，确保指标具有实用性。

（4）可操作性与可行性

可操作性原则要求选择评估指标，遵循以下 3 点：

① 评估体系结构简单，便于操作；

② 评估方法成熟，广泛应用，可信度高；

③ 指标数据的获取难度和数量。

指标数据要容易获得，同时评价的指标要适中，指标数量过少则无法准确反映出食品加工行业废水处理技术的现状，无法得到准确的评价结果。指标数量过多会造成计算过于复杂，并且过多的指标会增加指标获取的难度。同时，指标的选取要综合考虑目前国内的环境管理现状及目前国内的经济水平，保证选取的指标符合我国的现状。

（5）综合性与层次性

食品加工废水处理技术评价涉及经济、技术、环境、运行管理等多个方面，所以在食品加工废水处理的时候，选择的指标应该是一个综合的整体。由于这是一个复杂的整体，所以可以通过建立层次结构的方式对指标进行分类，明晰各指标的联系及隶属关系。

（6）相对性原则

在评估中需要满足定性指标与定量指标相结合，绝对指标与相对指标相结合的要求。在食品加工废水处理评估指标中，存在定性判断指标如技术先进性、对环境影响等，此时应该尽可能地定量化，这样有利于结果的对比，但与此同时作为一个复杂的系统，食品加工废水处理技术也有很多难以定量化但又对最终的评价结果有巨大影响的指标，这就需要我们在进行指标选择的时候将定性指标与定量指标相结合。例如，考虑水处理技术的技术指标时，技术对 BOD 的去除率这一指标就比较容易定量化。但在考虑技术的运行管理指标时，自动化程度这一指标就不太容易量化，但是自动化程度又是对一个末端水处理技术进行评价时必须要考虑的重要因素。同时也存在绝对的指标，如是否存在二次能源利用等。所以在指标筛选时就不能因为该指标无法定量化就将该指标去掉。

4.2.2.2　评估指标建立的流程

依据文献调研结论，结合项目评估的实际情况，提出评估指标体系的建立流程。其建立流程主要步骤是：明确评估目标-评估指标的预选-评估指标的定性定量分析-建立指标体系。结合食品加工废水及其污染控制技术的特点，确定了食品行业的评估指标体系的建立流程，见图 4-1。

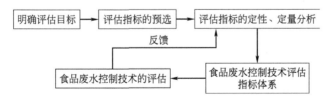

图 4-1　食品加工行业的评估指标体系建立流程

4.2.2.3　食品加工水污染控制技术评估指标体系建立的方法

食品加工水污染控制技术的评价指标体系的建立，目的是从当前食品加工行业水污染控制技术中遴选出具有经济性、先进性、可推广性的技术，并符合最新环保排放指标的水污染控制技术。

评估对象是食品加工行业全过程的污水的控制处理技术。评估指标体系可综合采用调查研究及专家咨询法和目标分解法。

（1）调查研究及专家咨询法

该方法是指通过调查研究，在广泛收集有关指标的基础上，利用比较归纳法进行归类，并根据评估目标设计出评估指标体系，再以问卷的形式把所设计的评估指标体系寄给有关专家征求意见的方法。

（2）目标分解法

该方法是通过对研究主体的目标或任务具体分析来建构评估指标体系。对研究对象进行分解，一般是从总目标出发，按照研究内容的构成进行逐次分解，直到分解出来的指标达到可测的要求。

其中指标体系整体框架的搭建采用目标分解法，具体指标的选取综合采用目标分解法和专家咨询法。评估指标体系分三级指标：一级指标包括生产过程评价指标体系和末端治理评价指标体系；各指标下分若干二级指标；其中部分二级指标根据情况进一步细化为三级评估指标。

4.2.2.4　评估指标体系的构成

在对食品加工行业生产现状调研分析的基础上，广泛搜集资料信息，包括生产规模、产品质量、工艺流程、技术装备、能耗物耗、产污排污、控制措施、运行管理等，通过对技术特点、经济效益、环境效益、资源综合利用能力等的全面分析和专家评价的基础上，形成食品加工工业污染防治最佳可行技术评估筛选体系。

4.2.2.5　评估指标体系的建立

评估的指标体系的建立一般是：

① 确定评估目标，选择合适的方法；

② 收集相关资料，确定评估指标体系；

③ 利用合适的评估模型将评估指标量化、数据化，并计算各项指标的权重；

④ 利用数据模型展开技术评估，得出结果并与实际情况对比。

（1）技术初筛阶段

本阶段工作内容主要包括列出所有技术、确定参选技术、成立评估专家组、确定可行技术等工作环节。评估机构在对被评估技术背景资料全面了解的基础上，列出该行业当前实际应用的所有技术，形成所有技术清单，并按照生产过程和末端治理技术进行分类，并对所有技术进行初步筛选，确定参选技术。从本行业中聘请十名或以上专家成立评估专家组，采用基于专家经验判断的定性评估方法，从参选技术中筛选出可行技术。

（2）技术评估阶段

本阶段工作内容主要包括确定评估指标、综合评估权重分析和定性打分、定量、确定最佳可行技术等工作环节。根据专家组意见确定最佳可行技术的评估指标，采用目标分解法对各指标分级，依据专家对各指标重要性的权重分析及污染防治技术的评估，对可行技术进行综合评估，经过比较和筛选确定最佳可行技术。

4.2.2.6　食品加工行业水污染控制技术评估方法——AHP-FCE 评价模型

层次分析-模糊综合评价法（AHP-FCE）是一种依据模糊集理论、最大隶属度原则，结合加权平均法对系统的多因素综合评价的方法，是一种对多因素影响的事物综合评价的有效途径，由韩利等提出。目前模糊综合评判的研究关键是科学、客观地将多标问题整合成单指标形式，以利于在一维空间进行综合评价，其本质上是如何在评价过程中给这些指标科学、合理地确定权重。

AHP-FCE 是一种将层次分析法和模糊综合评价法相结合的评价方法，已广泛应用于企业柔性指标体系的评价、区域投资环境评价、企业岗位评价与绩效评估等领域。主要由两个部分组成：一是层次分析法；二是模糊综合评价法。其中，模糊综合评价是在层次分析法的基础上进行的，两者相辅相成，共同提高了评价的可靠性与有效性。AHP-FCE 模型将污染控制技术评估指标体系中的定性因素进行了定量化处理，实现了量化评价，同时又解决了评价过程中的多因素、主观判断、模糊性等问题，全面而又有重点地考察了各个指标，克服了以往定性与半定量评估方法的不足，从而使最终的评价结论全面而又可靠，如图 4-2 所示。

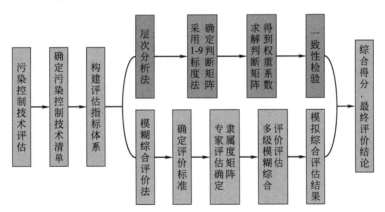

图 4-2　AHP-FCE 综合评价模型

食品加工行业水污染控制技术评估指标的确定，遵循指标易选取、独立性、排他性、定性评价与定量评价相结合等基本原则。对食品加工工业生产现状调研分析的基础上，广泛搜集资料信息，包括生产规模、产品质量、工艺流程、技术装备、能耗物耗、产污排污、控制措施、运行管理等，通过对技术特点、经济效益、环境效益、资源综合利用能力等的全面分析和专家评价的基础上，形成食品加工行业水污染控制技术评估体系。

（1）层次分析法

评估指标体系包含目标层（*A* 层）、准则层（*B* 层）、指标层（*C* 层）三个层次的指标，污染控制技术评价指标体系框架如图 4-3 所示。评估指标体系中，技术性能表征被评估工艺技术自身性能方面的指标，包括技术的稳定性、先进性、适用性、成熟度等具体指标；经济成本表征被评估工艺技术工程投资、运行维护费用和经济收益的指标，包括工程投资、运行成本和经济收益等具体指标；环境影响表征被评估工艺技术在环境影响方面的指标，包括资源消耗和综合能耗；污染控制表征被评估工艺技术对各种污染物处理的效果情况的指标，包括废水减少量和污染物减少量等具体指标。

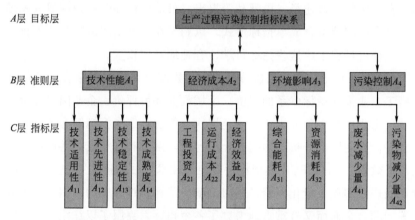

图 4-3　食品加工行业水污染控制技术评价指标体系

针对食品加工行业中某关键节点的污染情况，行业有多项污染控制或治理技术，为比较技术间的优异性，可采用 AHP-FCE 体系对各项技术的各个指标进行打分评估，指标分为三个等级，分别是"很好、较好、一般"，分别赋予"5 分、3 分、1 分"，评估体系的指标评价标准见表 4-1。

表 4-1　评估体系的指标评价标准

指标	评价标准		
	很好	较好	一般
技术适用性	非常适用	较适用	适用性一般或差
技术先进性	非常先进	较先进	先进性一般或差
技术稳定性	非常稳定	较稳定	稳定性一般或差
技术成熟度	非常成熟	较成熟	成熟度一般或差
工程投资	工程投资低，绝大部分企业均可以承受	工程投资适中，一般企业可以承受	工程投资高，中小型企业难以承受
运行成本	无运行成本或运行成本低，绝大多数企业可以负担	运行成本较适中，一般企业可以负担	运行成本较高，中小型企业难以负担
经济效益	运行实现盈利	运行盈亏可达平衡	运行不能实现盈利
综合能耗	能耗比常规低	能耗和常规相当	能耗比常规高
资源消耗	主要原材料、水的消耗指标较低，处于先进水平	主要原材料、水的消耗指标中等，处于一般水平	主要原材料、水的消耗指标较高
废水减少量	废水排放量降低≥50%	废水排放量降低≥30%	废水排放量降低<10%
污染物减少量	主要污染物降低≥60%	主要污染物降低≥40%	主要污染物降低<20%

评估指标中参数的计算方法如下。

运用层次分析法确定各评估指标的权重。层次分析法的主要运算步骤如下。

1）建立层次结构模型

建立层次结构模型以后，上下层之间元素的隶属关系即被确定。

2）构造判断矩阵

建立层次分析模型之后，我们就可以在各层次元素中进行两两比较，构造出判断矩阵。通过专家咨询分别考查 B 层因素和 C 层因素的相对重要性，得出 A-B、B-C 重要性判断矩阵。

$$B = (b_{ij})_n = \begin{pmatrix} b_{11} & \cdots & b_{1n} \\ \cdots & \ddots & \cdots \\ b_{n1} & \cdots & b_{nn} \end{pmatrix} \tag{4-6}$$

式中　b_{ij}——因素 i 比因素 j 相对上一层次某属性相比较的重要性；

　　　n——矩阵的阶数。

通常采用 9 级标度法则为判断矩阵的元素赋值，表 4-2 列出了 1～9 标度的含义。

表 4-2　判断矩阵标度及含义

标度	含义
1	表示因素 b_i 与 b_j 比较，具有同等重要性
3	表示因素 b_i 与 b_j 比较，具有稍微重要性
5	表示因素 b_i 与 b_j 比较，具有明显重要性
7	表示因素 b_i 与 b_j 比较，具有强烈重要性
9	表示因素 b_i 与 b_j 比较，具有极端重要性
2,4,6,8	分别表示相邻判断 1,3,5,7,9 的中值
倒数	若 i 元素与 j 元素重要性之比为 b_{ij}，则元素 j 与元素 i 的重要性之比为 $b_{ji}=1/b_{ij}$，$b_{ii}=1$

3）层次排序及一致性检验

评定判断矩阵只是确定指标权重值的第一步，在此基础上还需进行层次排序。层次排序分单排序和总排序。通过单排序可根据判断矩阵计算针对某一准则下层各元素的相对权重，并进行一致性检验；通过总排序即可获得指标对目标层的权重。

求解判断矩阵步骤如下所述。

① 计算判断矩阵每一行元素的乘积 M_i

$$M_i = \prod_{j=1}^{n} b_{ij} \tag{4-7}$$

② 计算 M_i 的 n 次方根 W_i

$$\overline{W}_i = \sqrt[n]{M_i} \tag{4-8}$$

③ 对向量 $W = [W_1, W_2, \cdots, W_n]^{\mathrm{T}}$ 正规化，即：

$$\overline{W}_i = \frac{\overline{W}_i}{\sum_{j=1}^{n} \overline{W}_j}$$ (4-9)

式中 $W = [W_1, W_2, \cdots, W_n]^T$ ——所求的特征向量，也就是同层次相应因素对于上一层次某因素相对重要性的排序权值。

④ 计算判断矩阵的最大特征根 $\lambda_{\max}$

$$\lambda_{\max} = \sum_{i=1}^{n} \frac{(BW)_i}{n W_i}$$ (4-10)

⑤ 计算判断矩阵一致性检验系数 CI

$$CI = \left(\frac{\lambda_{\max} - n}{n - 1} \right)$$ (4-11)

⑥ 计算判断矩阵一致性检验系数 CR，判断其一致性

$$CR = \frac{CI}{RI}$$ (4-12)

其中 RI 为平均随机一致性指标，是足够多个随机抽样产生的判断矩阵计算的平均随机一致性指标，$1 \sim 10$ 阶矩阵的 RI 取值如表 4-3 所列。当 $CR < 0.1$ 时，认为判断矩阵的一致性是可以接受的；$CR > 0.1$ 时，认为判断矩阵不符合一致性要求，需要对该判断矩阵进行重新修正。

表 4-3 平均随机一致性指标

矩阵阶数 n	3	4	5	6	7	8	9	10	11
RI	0.52	0.89	1.12	1.24	1.32	1.41	1.45	1.49	1.52

层次总排序：计算同一层次所有因素对于最高层（总目标）相对重要性的排序权值，称为层次总排序。层次总排序的一致性检验根据公式：

$$CR = \frac{\sum_{j=1}^{m} a_j CI_j}{\sum_{j=1}^{m} a_j RI_j}$$ (4-13)

类似地，当 $CR < 0.1$ 时，认为层次总排序结果具有满意的一致性，否则需要重新调整判断矩阵的元素取值。

4）专家打分

通过邀请对行业较熟悉的行业专家进行咨询，对各级评价中各个指标因素分别进行打分再进行综合评分，采用 AHP 来确定判断矩阵各项指标的分布权重。为了完成指标体系中各个元素重要程度的打分，避免由个人主观决定打分结果而导致的较大误差，可邀请多位行业经验丰富的专家参与打分，让每一位专家分别独立地完成一张专家评定表。评定表的设定基于九分标度法的基本原理，判定指标两两比较时的相对重要性和优劣程度，并填写合适的重要程度赋值，如表 4-4 所列。

表 4-4　全过程污染控制技术评估专家评定表

比较对象(二选一,较重要的请打√)		重要程度(选填数字 1~9)	
一级指标	技术性能	经济成本	
	技术性能	环境影响	
	技术性能	污染产生指标	
	经济成本	环境影响	
	经济成本	污染产生指标	
	环境影响	污染产生指标	
二级技术性能	技术适用性	技术先进性	
	技术适用性	技术稳定性	
	技术适用性	技术成熟度	
	技术先进性	技术稳定性	
	技术先进性	技术成熟度	
	技术稳定性	技术成熟度	
二级经济成本	工程投资	运行成本	
	工程投资	经济效益	
	运行成本	经济效益	
二级环境影响	综合能耗	资源消耗	
二级污染控制	废水减少量	污染物减少量	

每张专家评定表都可还原 5 个互反矩阵,通过对这些矩阵求算最大特征根及其特征向量,最后经一致性检验,得出各个指标的权向量。若该矩阵满足一致性检验,则直接计算判断矩阵对应的权向量;若不满足一致性检验,则征求专家意见,对打分结果适当进行调整,直至满足一致性检验后计算该矩阵的权向量。

(2) 模糊综合评价法

利用模糊综合评价法可以有效地处理人们在评价过程中本身所带有的主观性,以及客观所遇到的模糊性现象。

模糊综合评价按以下的步骤进行。

1) 采用专家打分法获得指标隶属度

邀请多位制革行业相关专家根据指标评价等级标准,对牛皮制革全过程污染控制技术清单中所列技术进行打分,采用百分比统计法统计专家意见,最终得到指标的评语集。

例如:10 位专家,对 C_1 指标进行"很好、较好、一般"三个等级的打分评判,10 位专家中 5 位认为很好,3 位认为较好,2 位认为一般,那么 C_1 指标所对应的隶属度为 0.5、0.3、0.2,汇总得到 C_1 的模糊隶属矩阵为 [0.5,0.3,0.2],且 C_1 在三个评价等级中"很好"等级的程度最高。

2) 一级模糊综合评价

构造准则层 B_i 所包含的最低层的模糊隶属矩阵和权重矩阵,根据公式:

$$B_i = W_i R_i \qquad\qquad (4\text{-}14)$$

式中　W_i——指标层 C 相对于其所属准则层 B_i 的权重矩阵；

　　　R_i——指标层 C 的模糊隶属矩阵；

　　　B_i——准则层 B 中第 i 项指标的模糊评价矩阵。

（3）二级模糊综合评价

通过一级模糊综合运算求出准则层 B 中各项指标所对应的不同评价等级的隶属度，根据公式：

$$A = WR \qquad\qquad (4\text{-}15)$$

式中　W——准则层 B 中的各项指标相对于目标层 A 的权重矩阵；

　　　R——准则层 B 中各项指标的一级综合评价结果所组成的模糊评价矩阵；

　　　A——最终的综合判断结果。

通过水污染源解析可以分析出污染产生的原因、来源、特点、主要污染物等重要信息，根据源解析的结果来筛选控制技术，可以做到有的放矢；然后再利用技术评估方法来评价控制技术的优劣，从而可以确定出最佳的设计方案。

针对某一个食品企业的水污染控制问题，应从整体考虑，合理利用源头节水、过程减污、末端治理等技术手段，综合考量水污染治理方案。

针对某一个食品加工行业水污染控制问题，应集中解析其废水来源与特征，系统研究其废料利用和废水处理的技术路线、途径和工艺。从清洁生产角度、循环经济角度、达标减排角度等多角度出发，综合考虑水污染治理方案。

针对某一个区域水污染控制问题，可以把这些相对集中的企业作为一个整体来考虑，相似的工业废水统一处理，可以因规模优势采用更加先进，成本更低的处理方式。应大力倡导食品加工行业集约化发展。通过建设区域性专业园区，实现废料集中收集与综合利用，废水集中处理与回用，降低单个凉果企业废料综合利用和废水处理成本，从根本上解决区域性和行业性资源环境问题。

4.3　食品加工行业水污染全过程控制方案设计案例

4.3.1　凉果行业水污染全过程控制设计

罗育池等针对我国南方特色的蜜饯制品凉果加工过程中产生的水污染问题，解析其废水来源与特征，系统研究凉果行业节水、废料利用和废水处理的技术路线、途径和工艺。按照"源头节水、中间减污、末端治污"的水污染全过程控制技术路线，从清洁生产角度提出基于"超声波节水清洗＋工序水分质回用"的果蔬清洗与果坯脱盐漂洗节水技术；从循环经济学角度提出腌渍液经真空浓缩＋离子交换脱盐后制成低盐饮料及结晶盐回用技术，废糖液经过滤＋澄清＋脱色后再生回用及生产副产品的废料综合利用技术；针对凉果废水含盐量和 COD 浓度高、水质变幅大等特征，从达标减排角度提出生化处理＋脱盐处理组合工艺；并提出推动凉果企业清洁化改造，倡导行业集约化发展的对策建议。

通过污染源解析发现凉果废水主要来自清洗、盐腌和浸糖 3 个生产工序，包括凉果加工过程产生的果蔬清洗废水、腌渍液、果胚脱盐废水和废糖液等，不同工序产生的废水水质特征如下。

（1）清洗废水

废水以悬浮颗粒物（SS）为主要污染物，COD、BOD_5、氨氮（NH_4^+-N）及总磷（TP）浓度均较低，水量变化幅度大。该废水占凉果废水产生总量的 30％～40％。

（2）腌渍液

主要来自腌渍池内鲜果蔬在食盐腌渍下产生的渗出液，主要污染物以 COD、BOD_5、NH_4^+-N 及 TP 为主，该废水中各污染物浓度均较高，其含盐量是不同工序废水中最高的。该废水占凉果废水产生总量的 5％～10％。

（3）脱盐废水

从腌渍池捞出来的果胚必须先进行脱盐处理。受脱盐方式和次数影响，脱盐废水中 SS、COD、BOD_5、NH_4^+-N 及 TP 浓度波动比较大，该工序废水也属于高盐废水，占凉果废水产生量的 40％～60％。

（4）废糖液

果胚脱盐后进入浸糖工序，会产生大量的废糖液。废糖液具有高有机物、高盐、高氮磷、高酸等特征，占凉果废水产生量的 10％～15％。

（5）综合废水

包括果蔬清洗废水、腌渍液、果胚脱盐废水、废糖液、生产设备和车间地面冲洗废水等。受腌渍液、废糖液定期排放和脱盐工序影响，废水中 COD、BOD_5 和含盐量波动较大。

根据凉果加工工艺、用水环节及废水特征，提出"源头节水、清洁生产→中间减污、循环利用→末端治污、达标减排"的水污染全过程控制技术路线，如图 4-4 所示。

（1）源头节水、清洁生产

根据凉果加工生产用水环节及水质要求，实现水资源多级串联或并联使用。如将果蔬精洗水回用到前段粗洗用水，果胚精洗脱盐水回用到前段粗洗脱盐水等，提高水重复利用率，减少新鲜用水量和废水产生量。

（2）中间减污、循环利用

对凉果加工过程产生的中间副产物尽量进行综合利用，变废为宝，提高资源利用效率，减少污染负荷排放。如将浸糖工序产生的废糖液通过再生处理，达到标准糖浓度的合格糖液回用到浸糖工序，低于标准糖浓度的用于生产果汁或其他饮料。

（3）末端治污、达标减排

针对凉果废水的水量和水质特征，选用对进水高 COD、高 Cl^- 负荷、耐冲击

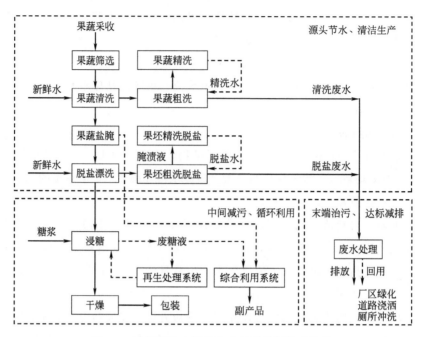

图 4-4　凉果行业水污染物全过程控制技术路线

性强和出水水质达标稳定性好的废水处理工艺，降低出水含盐量，拓宽尾水回用途径。如将尾水回用进行企业厕所冲洗、道路浇洒和厂区绿化等，减少外排量，降低对环境的影响。

最终给出凉果行业水污染全过程控制方案。

① 选取超声波等节水型果蔬清洗工艺设备，并采用清洗工序水分质回用方式，减少新鲜水的用量，达到节水减排的目的。

② 对腌渍液可经"真空浓缩＋离子交换脱盐"后，制成低盐饮料及结晶盐回用，对废糖液可经"过滤＋澄清＋脱色"后再生回用或生产副产品，达到废料综合利用的目的。

③ 针对凉果废水含盐量和 COD 高、水质变幅大等特征，从达标减排角度提出"生化处理＋脱盐处理"组合工艺。

④ 鉴于凉果企业地区集聚性较强，应大力倡导凉果行业集约化发展。通过建设区域性专业园区，实现废料集中收集与综合利用，废水集中处理与回用，降低单个凉果企业废料综合利用和废水处理成本，从根本上解决区域性和行业性资源环境问题。

4.3.2　大豆加工行业水污染全过程控制设计

大豆作为重要的食用油、蛋白食品和饲料蛋白原料，在国家粮食安全中占有重要地位。中国是大豆的原产地，素有"大豆王国"的美誉。大豆加工业在中国农产品加工业中占有非常重要的地位。利用等标污染负荷法对大豆加工整个产业链条进行污染源解析，分析水污染的来源与特征，研究行业节水、废料利用和废水处理的技术路线、途径和工艺。按照"源头节水、中间减污、末端治污"的水污染全过程控制技术路线，从清洁生产角度提出基于"酶法脱胶技术＋大豆蛋白多级逆流提取技术"的源头节水建议；从循环经济及达标减排角度提出基于"连续化好氧-厌氧耦合处理技术（CAAC）"的废水处理方案。

利用等标污染负荷法对大豆油脂加工、大豆蛋白加工、豆制品加工三个大豆加工行业进行污染源解析，得出如下结论：

① 大豆油脂加工过程中工艺废水和冲洗废水累积负荷比达到 90％以上，是产生污染物的主要工序；大豆油脂整个加工过程中主要污染物是 COD 和 BOD，累积负荷比达到了 96％以上。

② 大豆蛋白生产过程中乳清废水的负荷比达到 96％以上，是产生污染物的主要工序；大豆蛋白整个加工过程中主要污染物是 COD 和 BOD，累积负荷比达到了 92％以上。

③ 豆制品生产过程中压榨废水的负荷比达到 91％以上，是产生污染物的主要工序；豆制品整个加工过程中主要污染物是 COD 和 BOD，累积负荷比达到了 93％以上。

根据污染源解析数据的指导，大豆加工行业的水污染全过程控制应主要聚焦到工艺废水、乳清废水、压榨废水三个废水的控制上面。最终给出大豆加工行业水污染全过程控制方案设计：

① 大豆油脂加工过程中的工艺废水主要是在水解酸化过程中产生，酶法脱胶技术可以从源头上减少工艺废水的产生。

② 大豆蛋白加工过程中的乳清废水主要是在碱提酸沉的过程中产生，大豆蛋白多级逆流提取技术可以从源头上减少乳清废水的产生，提高大豆蛋白的产率。

③ 大豆蛋白加工和豆制品加工过程中产生的高浓度废水，可以利用连续化好氧-厌氧耦合处理技术（CAAC）处理，不仅能够实现达标排放，而且可以通过沼气发电实现资源的循环利用。

参 考 文 献

[1] 罗育池，杨佘维，张鹏，等．凉果行业水污染特征及全过程控制技术 [J]．环境工程技术学报，2019，9 (1)：89-95.

[2] 高建萍，刘琳，张贵锋，等．多级逆流固液提取技术提取大豆分离蛋白 [J]．过程工程学报，2011，11 (2)：312-317.

[3] 王金梅，姜芳燕，戴大章，等．磷脂酶高产菌株的筛选、诱变及其在豆油脱胶中的应用 [J]．环境科学研究，2010，23 (7)：948-952.

[4] 周慧平，高燕，尹爱经．水污染源解析技术与应用研究进展 [J]．环境保护科学，2014，40 (06)：19-24.

[5] 姜河，周建飞，廖学品，等．牛皮制革过程污染控制技术评估模型的建立与实证 [J]．中国皮革，

2018，47（11）：40-47.

[6] Lim D J. Technology forecasting using DEA in the presence of infeasibility［J］. International Transactions in Operational Research，2015，25（5）：1695-1706.

[7] 韩利，梅强，陆玉梅，等. AHP-模糊综合评价方法的分析与研究［J］. 中国安全科学学报，2004，14（7）：89-92.

[8] 李艳萍，乔琦，柴发合，等. 基于层次分析法的工业园区环境风险评价指标权重分析［J］. 环境科学研究，2014，27（3）：334-340.